科技社团研究报告

瑞士 韩国 印度及中国香港特区科技社团研究

中国科协学会服务中心　编著

中国科学技术出版社
·北 京·

图书在版编目（CIP）数据

瑞士韩国印度及中国香港特区科技社团研究 / 中国
科协学会服务中心编著 . –– 北京：中国科学技术出版社，
2021.11

ISBN 978–7–5046–9307–5

I. ①瑞…　II. ①中…　III. ①科学研究组织机构—社
会团体—研究—世界　IV. ① G321

中国版本图书馆 CIP 数据核字（2021）第 232685 号

策划编辑	王晓义
责任编辑	徐君慧
装帧设计	中文天地
责任校对	张晓莉
责任印制	徐　飞

出　　版	中国科学技术出版社
发　　行	中国科学技术出版社有限公司发行部
地　　址	北京市海淀区中关村南大街16号
邮　　编	100081
发行电话	010–62173865
传　　真	010–62173081
网　　址	http://www.cspbooks.com.cn

开　　本	710mm×1000mm　1/16
字　　数	296千字
印　　张	14.5
版　　次	2021年11月第1版
印　　次	2021年11月第1次印刷
印　　刷	北京瑞禾彩色印刷有限公司
书　　号	ISBN 978–7–5046–9307–5 / G·923
定　　价	79.00元

编写委员会

主　编　申金升
副主编　朱文辉　褚松燕

编撰组（以姓氏笔画为序）

马　欣	马燕红	王　欢	王　珂	王　慧	田　丽	田贵超
冉　春	吕　潇	乔明哲	刘　莉	刘依静	刘彦君	齐志红
祁红坤	李　荣	李　莹	吴　蕾	吴洪洋	吴媛媛	宋甲英
张海波	范　晓	罗梓超	岳　臣	徐立群	龚　晨	董晓晴
蓝　薇	薛　霞	魏喜武				

课题主持人

瑞士科技社团发展现状及管理体制研究课题组
田贵超　上海科技管理干部学院上海科技政策研究所副所长、
　　　　副研究员

韩国科技社团发展现状及管理体制研究课题组
李　荣　北京市科学技术情报研究所副研究员

印度科技社团发展现状及管理体制研究课题组
李　莹　中国兵工学会高级工程师

中国香港特区科技社团发展现状及管理体制研究课题组
宋甲英　中国电子学会《电子学报》& CJE 编辑部副主任

前　言 ▶

当前，世界百年未有之大变局加速演进，国际经济、科技、文化、安全、政治等格局都在发生深刻调整。我国正处于实现中华民族伟大复兴的关键时期，经济已由高速增长阶段转向高质量发展阶段。新形势需要新担当，呼唤新作为。党的十九届五中全会审议通过了《中共中央关于制定国民经济和社会发展第十四个五年规划和二〇三五年远景目标的建议》，首次提出，坚持创新在我国现代化建设全局中的核心地位，把科技自立自强作为国家发展的战略支撑。同时明确提出"发挥群团组织和社会组织在社会治理中的作用，畅通和规范市场主体、新社会阶层、社会工作者和志愿者等参与社会治理的途径"。这为新时代科技社团肩负新使命、开启新征程指明了方向。

作为全球科技治理体系的有机组成部分，科技社团是科技进步和人类文明发展进程中的一道亮丽风景线，是推动科技创新、服务社会治理、促进社会发展和人类进步的一支非常重要的组织力量。在未来的发展进程中，科技社团如何明确时代赋予的新使命，如何进一步认识当下和未来发展面临的主要问题，如何寻找更有效的突破路径，特别是如何通过合作和交流来进一步推进各国科技界之间、不同文化和文明之间的有效沟通，促进全球科技进步和人类文明，是全球科技社团共同努力的方向。

2020年11月，中国科协、民政部联合印发了《关于进一步推动中国科协所属学会创新发展的意见》，支持中国科协所属学会在参与全球科技治理、强化学术引领、促进科技经济深度融合、建设专业智库、服务公民科学素质提升、服务科技人才成长等方面积极探索，为新时期促进中国科协所属学会高质量发展提供了政策保障。与此同时，加强对中外科技社团的研究，深入考查和分析典型国家科技社团的发展历程、组织架构和治理模式，可以为我国科技社团的发展提供更多的参考。

2018 年，中国科协学会服务中心组织编写了《美英德日科技社团研究》一书，系统研究了美国、英国、德国、日本等国家科技社团的发展状况和管理特点；2019 年，对法国、意大利、澳大利亚和新加坡的科技社团进行研究，出版了《法意澳新科技社团研究》。这两本书力求填补我国科技类社会组织研究的空白。为了在更大范围研究分析境外科技社团发展状况，2020 年，中国科协学会服务中心再次组织专家学者对瑞士、印度、韩国和中国香港特区的科技社团发展状况进行研讨，并汇编成本书，与前述两本专著构成国外及中国香港特区科技社团研究系列。在研究对象所在国家和地区的选取中，主要基于几点考虑：瑞士属于科技创新活跃的国家，且是国际性科技组织相对集中的所在地；韩国属于科技相对发达的后起之秀，科技社团与政府的关系从不信任到紧密合作，成功管理模式和合作机制值得借鉴；印度属发展中国家的大国，科技社团继承了英国传统但又有自身特点；而中国香港特区由于曾经受英国殖民统治，又有与其他国家交往较多的过往特点。各研究报告独立成章，排序不分先后。

本书选取的对象各具特色，因此各章节的重点和架构也不尽相同。此外，这些国家和地区在社会形态、政治体制、科技政策、历史文化等方面差异较大，专家学者们在研究过程中对科技社团的问题可能存在一定的理解差异。本书对于各国科技社团的论述均基于研究对象所在国家和地区的具体情况和社会组织形态进行调整和说明。尽管如此，相关论点难免存在偏颇和疏漏，恳请读者批评指正。

目录
CONTENTS ▶▶

CHAPTER 1

第1章 ▶▶

瑞士科技社团发展现状及管理体制

　　瑞士是具有很强创新力的国家之一，连续7年全球创新指数排名第一，连续9年全球竞争力排名第一，是世界首屈一指的"创新之国"。瑞士科技社团众多，又是许多国际组织所在地，开展瑞士科技社团发展现状及管理体制的研究很有必要。本报告通过一手素材的编译梳理及若干负责人的访谈，对瑞士科技社团的发展历程与现状、内部治理结构、主要业务活动、管理体制进行了研究，进而总结瑞士科技社团发展特色及对我国科技社团发展的启示。

1.1　发展历程与现状

　　瑞士科技社团历史悠久，经验非常丰富。由于科技不断发展，科技的内涵和外延发生了重大变化，瑞士科技社团不断创新组织形式和运作机制，使科技社团支撑经济、社会及各领域发展的作用得到最大限度的发挥。同时，瑞士是世界知名的非政府组织或跨国平台机构总部集聚地，世界贸易组织（WTO）、红十字国际委员会（ICRC）、欧洲核子研究组织（CERN）、世界卫生组织（WHO）、世界自然基金会（WWF），还有基金会性质的跨国智库平台机构如世界经济论坛（WEF）等国际组织和机构的总部都设在瑞士。这使得瑞士科技社团发展具备了国际化基因，既有利于瑞士科技社团拓展国际市场、汇聚国际优质资源，也为各国科技社团发展提供了先进的经验。一些国际组织与瑞士越来越融合发展，"当地化"色彩较为浓厚。本章从瑞士科技社团的界定和规模、成立时间、地域分布、行业分布、组织形式、会员情况 6 个方面对瑞士科技社团的发展历程与现状加以阐述。

1.1.1 科技社团的界定和规模

1.1.1.1 对瑞士科技社团的界定

瑞士没有类似中国科协这样的组织对科技社团进行专业、统一的指导，因此无法获得由权威机构发布的科技社团的名录与行业构成。为了明确瑞士科技社团的发展概况，本研究报告首先对瑞士科技社团进行界定。根据科技社团应发挥的功能，本报告对瑞士科技社团采用广义界定方法，即只要满足促进科学交流、科技培训、科学普及、科技成果转化、科技人才培育等基本功能的非政府组织，均属于瑞士科技社团。依此，瑞士科技社团具有多样化的形式，既包括各类协会，也包括各类行业集群，还包括如世界经济论坛（WEF）这样的跨国智库平台机构或国际组织。

1.1.1.2 瑞士科技社团的规模

由德国绍尔出版公司出版的《世界科学社团与学会指南》（*World Guide to Scientific Associations and Learned Societies*）一书中的数据显示，瑞士科技社团总数位列世界第七，前 6 个国家依次为美国、德国、英国、意大利、法国、加拿大。本报告同时搜集了该统计没有覆盖及近些年成立的科技社团，合计 545 家，排除非科技类社团（如文化、艺术、政治等），共搜集整理到瑞士科技类社团 367 家，其中瑞士技术类社团（偏科技产业类社团）149 家、科学社团（偏基础研究类社团）32 家、具有国际组织性质的科技社团 86 家（详见附录 1.1）。

1.1.2 瑞士科技社团成立的时间分布

在本报告搜集整理的科技社团资料中，有明确成立时间的 284 家，其中设立时间最早的可追溯到 1746 年，19 世纪的 100 年里设立的共有 43 家，显示瑞士科技社团具有悠久的历史。进入 20 世纪后，1941—1980 年是瑞士科技社团快速发展时期，1971—1980 年达到最高峰（46 家），此后开始出现回落（表 1-1）。

表 1-1 瑞士科技社团成立时间分布

（单位：家）

时 间 段（年）	设立科技社团数
1700—1799	2

续表

时　间　段（年）	设立科技社团数
1800—1899	44
1900—1910	22
1911—1920	7
1921—1930	20
1931—1940	8
1941—1950	32
1951—1960	33
1961—1970	36
1971—1980	46
1981—1990	17
1991—2000	14
2001 后	3
合　计	284

数据来源：《世界科学社团与学会指南》数据及社团网站整理计算。

1.1.3　瑞士科技社团的地域分布

本报告综合《世界科学社团与学会指南》统计数据及通过其他渠道找到的数据发现，瑞士西部的几个知名城市是瑞士科技社团总部集聚地，包括苏黎世、日内瓦、洛桑、巴塞尔、伯尔尼、纳沙泰尔等地。这与瑞士西部地区的区位优势密不可分。瑞士西部由日内瓦州、汝拉州、纳沙泰尔州、沃州、伯尔尼州、弗里堡州和瓦莱州 7 个州组成，位居欧洲中央，是欧洲地理、技术和经济核心，特别是与主要的国际和欧洲中心城市保持了良好的连接。该地区与所有邻国签署了多个双边协议，与欧洲之外的美国、日本等签署了双边协议，使该地区具有开放的政治和经济视野。同时，瑞士西部是瑞士优势产业集聚地，生物医药、化学等产业高度发达，为科技社团的成立提供了雄厚的科技产业基础支撑。

《世界科学社团与学会指南》等资料所列瑞士科技社团总部所在地数据分析显示，在 367 家瑞士科技类社团中，位于苏黎世的有 101 家，居首位，约占社团总数的 27.5%；位于日内瓦的有 47 家，列第二，约占社团总数的 12.8%；位于首都伯尔尼的有 45 家，列第三，约占社团总数的 12.3%；位于洛桑和巴塞尔的各为 27 家，各占社团总数的 7.36%。位于这 5 个知名城市的社团数总计达 247 家，占社团总数的 67.3%，显示出瑞士科技社团的高度集聚性。

1.1.4　瑞士科技社团的行业分布

瑞士有辉煌的科技发展历史，民族科学精神根植深厚，这在学科门类齐全的自然科学类社团有显著体现（详见附录 1.2）。

近些年，随着全球科技迅猛发展，瑞士传统优势产业（如生物医药、化学等）借助新一轮科技革命和产业变革优势不断强化。同时，以信息产业为核心的高新技术产业发展迅速，实力强劲。

总体来看，瑞士科技社团涉及行业既包括各门类自然科学、科技哲学等基础学科领域，也聚焦传统优势产业和世界各国重点发展的高科技产业领域，如生命科学、生物制药、生物技术、医疗技术、无线电通信、区块链、纳米技术、航空航天、大数据与信息产业、电子商务、金融新科技等。这既反映出优势产业发展对科技社团服务的旺盛需求，也反映出瑞士科技社团顺应世界范围内新一轮科技革命和产业变革形势，加强相关领域科技服务组织的部署。以本报告深入研究的瑞士科技社团为例，行业分布详见表 1-2。

表 1-2　瑞士代表性科技社团的行业分布

序号	科技社团名称	行 业 领 域
1	瑞士西部微纳米技术集群	微纳米领域
2	瑞士西部生命科学集群	大数据和生物信息、生物材料、心血管疾病、诊断学、内分泌和新陈代谢、免疫学、神经科学、肿瘤学、罕见病用药
3	制药工业协会	生物医药
4	瑞士电信（电子商务）协会	电子商务
5	瑞士工程师和建筑师协会	工程、建筑
6	瑞士航空航天集群	航空航天
7	瑞士生物技术协会	生物技术，具体为创新药、诊断、保健治疗、服务及赋能技术
8	瑞士金融科技创新协会	数字金融科技（如数字资产凭证化、云条例、数字识别信任等）、区块链
9	瑞士加密谷协会	加密技术、区块链、分布式账本技术
10	数字瑞士协会	数字与各行业的结合（如数字教育）、数字转换给各行业带来的挑战（如年长工作群体）及风险等

数据来源：根据公开资料整理得到。

由表1-2可以看出，瑞士科技社团高度集中在瑞士优势产业（生物医药）和当前世界各国重点发展的信息产业方面。

1.1.5 瑞士科技社团的组织形式

近些年，瑞士新成立科技社团采取的形式主要包括协会（association）、集群（cluster）及非营利性基金会 / 跨国智库平台机构等。其中，协会占绝对主体，集群是随着科技、经济不断发展而出现的，相较于协会具有网络化更广、参与主体类型更多、影响力更大等特点的一种形式，是近些年科技社团较多采用的形式，反映出相关产业规模扩大、产业链延长对科技社团新形式的需求。跨国平台机构则是瑞士相较其他国家采用的有自身特色的形式。以本报告深入研究的科技社团为例，采用形式详见表1-3。

表1-3 瑞士代表性科技社团采用形式分布

序号	科技社团名称	科技社团形式
1	瑞士西部微纳米技术集群、瑞士西部生命科学集群、瑞士航空航天集群等	集群
2	瑞士生物技术协会、制药工业协会、瑞士电信（电子商务）协会、瑞士工程师和建筑师协会、瑞士金融科技创新协会、瑞士加密谷协会、数字瑞士协会等	协会
3	世界经济论坛	非营利性基金会 / 跨国平台机构

数据来源：课题组根据公开资料整理。

1.1.6 瑞士科技社团的会员情况

《世界科学社团与学会指南》数据显示，瑞士科技社团的会员以个人会员为主，另有企业会员、协会、实验室、学术团体等组织或集体会员。个人会员又可细分为一般人员、学科（行业）专家、科学家等。大多数科技社团仅吸收个人会员，一些科技社团的会员包括个人会员和组织 / 集体会员等多种类型。

从个人会员数来看，成立于1815年的瑞士自然科学学院和成立于1924年的瑞士土地技术协会拥有会员数最多，多达30000人。会员数超出10000人的科技社

团还有：瑞士追踪协会（28000 人）、畜牧业联合会（28000 人）、瑞士糖尿病学会
（22867 人）、欧洲核学会（20000 人）、STV 瑞士技术协会（17000 人）、瑞士多发
性硬化症学会（12500 人）、瑞士工程与建筑协会（12000 人）。除此之外，瑞士科
技社团个人会员数以 1000 人以内的结构为主，个人会员数处于 1000～10000 人的社
团数次之（详见附录 2）。

1.2　内部治理概况

　　章程是瑞士科技社团内部的最高法律文件。学会章程的各项规定来源于学会所
有会员的共同意志，社团通过章程实现内部民主管理。从章程中可以看出，瑞士科
技社团一般选出理事会（Council）来代表学会成员行使管理学会的权力，也有一些
社团通过管理团队等方式实现内部治理。

1.2.1　内部治理结构

　　瑞士科技社团的内部治理方式以理事会制居多，在管理架构上，有的社团在理
事会下设多层次管理和执行机构，有的社团则采用扁平化的模式。行业特色明显的
社团还会设立专业化团队，一些中小型社团则倾向于采用管理团队的形式实现内部
治理。

1.2.1.1　理事会制——多层次架构

　　理事会制是瑞士科技社团最为典型的治理方式。绝大部分科技社团理事会是
由会员选举产生，部分和政府关系密切的科技社团的理事会（如瑞士科学理事会）
由联邦委员会任命产生。在理事会下，往往还会设立秘书处、专家顾问、执行机
构、联络机构等，形成多层次的治理结构，具有清晰的决策、管理、执行等职能
分工。

　　以瑞士科学理事会为例，协会理事会组成为：主席 1 名；理事会成员 15 名，其
中 2 名副主席、13 名成员；秘书长 1 名；科学顾问 5 名；信息服务者 2 名；管理人
员 2 名（图 1-1）。

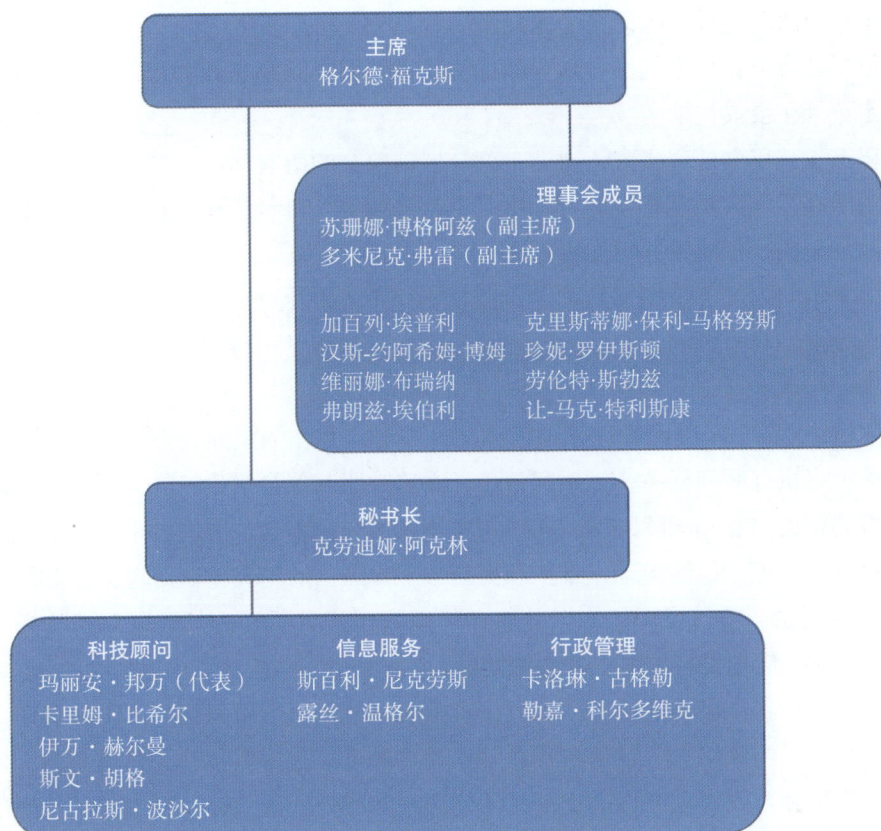

图1-1　瑞士科学理事会内部治理结构

根据《瑞士科学理事会章程》，上述机构和相关人员的职责如下。

主席：负责瑞士科学理事会，并承担瑞士科学理事会章程中规定的任务。

副主席：在主席不在时，由副主席代替主席处理事务。

理事会：承担依据《研究和创新促进法》和《瑞士科学理事会章程》分配的任务。通常应每年举行5次全体会议，并视需要举行工作组会议。主席与秘书处商定议程。主席应至少在会前10天发出书面邀请。理事会按照合议原则处理事务。将要付诸表决的任何项目（如重要决定、提案等）均在议程上具体说明。全体会议的结果记录在会议记录中。秘书长应参加理事会会议。科学顾问可参与讨论相关主题。其他瑞士科学理事会工作人员可在个案基础上参加，但须经秘书长报经主席同意。

工作组：设立工作组是为了根据需要处理具体主题。每个工作组由1名理事会成员和1名科学顾问共同领导和主持，科学顾问承担组织责任。可咨询外部专家。

关于工作组活动的报告应提交全体会议。

秘书处会议：秘书处工作人员参加由秘书长召集的秘书处会议。这些会议作出的决定记录在会议记录中。

秘书长：秘书处负责人，协助主席开展理事会的所有活动，并管理秘书处。理事会的所有工作人员在科学和行政事务上都向秘书长负责。秘书长负责协调科学顾问，并分配执行各项任务所需的资源。

科学顾问：任务由秘书长确定，独立执行任务，并对自己的工作质量负责。经秘书长批准，科学顾问可在必要时征求外部专家的意见。科学顾问应起草理事会会议记录。

项目经理：1个项目管理人员管理文件中心，并作为主席、理事会和秘书处的服务提供者执行所列任务。①新闻评论；②追踪联邦议会辩论；③关注机构风险管理领域的相关国家和国际网站；④按照科学顾问和理事会成员的要求，开展主题研究和提供专家工作；⑤管理、维护和更新数字收藏；⑥与其他联邦办公室和图书馆保持专业联系。项目经理还应向从事与环境责任相关活动的其他联邦机构提供服务。这些服务应根据特别协议的条款提供。

专业合作者：秘书处由专门的合作者组成，他们执行所列任务。①作为瑞士科学理事会成员的联络点；②保持存在并作为接触点；③提供行政和管理支助，包括财务、人事和合同事项方面的支助；④处理内部和外部通信，包括制作和传播瑞士科学理事会出版物，以及网络管理；⑤作为文本翻译和校对的联络点。

1.2.1.2　理事会制——扁平化结构

在实行理事会制的科技社团中，也有一些社团将组织结构扁平化，在理事会下直接设置若干职能部门，简化信息传递路径，提高管理效率。

采用这种治理结构的社团中，较为典型的是瑞士中国学人科技协会（以下简称"协会"）。协会主要采取协会理事会组织架构，协会理事会由以下成员组成：主席（1名）、副主席（1~3名）、秘书长（1名）、理事（若干）。理事会成员由会员全体大会或者理事扩大会议（多于2/3的协会和分会理事及各职能部门负责人出席）选举产生。选举过程应充分体现公平、公开、公正的原则。理事会所有成员的任期为两年，可以连选连任。

协会采取扁平化、矩阵式组织结构，下设若干职能部门，包括理事会、秘书处、综合事务部、对外联络部、信息网络部、学人通讯社。协会根据专业领域下设生命科学分会、金融分会、材料科学分会。另外，协会还下设妇女分会和青年分会（图1-2）。

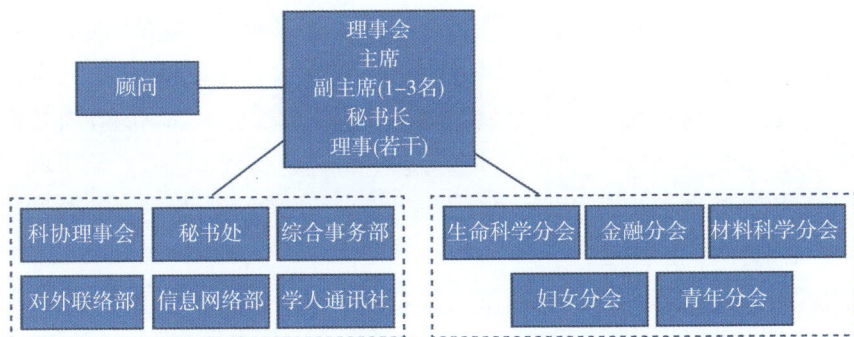

图 1-2 瑞士中国学人科技协会组织架构

协会直属工作部门有 20～30 名工作人员,其中半数为各地学联选派。分会和职能部门的设置由协会理事会提议报会员全体大会或者理事扩大会议审议通过。分会所属职能部门的设置由分会理事会提议,并报分会会员全体大会或者分会理事扩大会议审议通过。分会理事会由分会会员全体大会选举产生,分会主席由分会理事会提名,经协会理事会审核任命。协会所属职能部门负责人由协会理事会任命。协会酌情聘请若干名企事业单位、科研院校的领导及著名专家学者作为协会顾问,其聘请程序为:由各理事提名,经本人同意,报理事会通过。

瑞士中国学人科技协会的组织结构可以有效地提升该机构的活动组织和工作开展能力。通过整合各分会和学联资源,有效地建立协会与各专业分会及各地学联沟通的桥梁,充分拓展协会在全瑞士范围内的影响力,为协会在瑞士各地组织活动建立组织和人员基础。

1.2.1.3 专业团队

在一些行业社团中,由于专业性十分突出,往往会在管理机构中设立专业团队或专业工作组。前者一般根据社团所属的专业分类设立若干专业团队,每个团队之下分别设立理事会作为管理机构;后者则有统一的社团管理机构,再根据专业特征设立若干专业工作组,处理与特定专业相关的问题。

如瑞士工程师和建筑师协会设立了 4 个专业团队:建筑、民用工程、技术和环境。每个团队对应一个协会会议。专业团队的职责是独立自主地处理与特定专业相关的问题,包括草拟专业框架,支持进一步的和持续的培训政策,代表专业利益,帮助形成行业标准和条例,调整行业成员活动以适应整个协会的政策和战略。专业团队也对协会附属的专家协会负责,每个专业团队形成各自的专业委员会。专业团队理事会是每个专业团队的最高管理机构,包括至少 9 名个人和(或)名誉会员。这些成员从所有专业团队成员中选出,每届 4 年。每个专家协会由相关的专业团队理事会里一个委员会成员代表。专业团队理事会选举其中一个成员作为主席,任命成员在专业团队会员和协会代表会议中代表专业团队。当选举代表时,专业团队理事会确保专业团队附属的专家协会代表平衡。此外,瑞士工程师和建筑师协会还设立了 24 个专家协会,处理特定的技术议题。它们通过课程、会议、演讲和考察促进特定领域内新发展和知识方面的经验交流,激励思想交流,增进协会与国家和国际特定领域同行的关系。

又如瑞士航空航天集群的治理架构包括董事会、咨询委员会和集群办公室。其中董事会包括 1 名主席、1 名副主席和 4 名成员;咨询委员会包括专家和瑞士航空航天市场的关键利益相关者,共 6 名成员;集群办公室包括总经理、集群经理在内共 5 名成员。同时,协会拥有 8 个活跃的专业工作组:①航空航天药物;②航空航天供应商;③瑞士机场供应商;④中东部航空航天集群;⑤直升机;⑥航空风险、安全和责任;⑦空间产业和卫星导航;⑧科学和教育。工作组的任务是为会员定期会面、讨论和交流特定主题信息提供平台。会员可以提议和组织新的工作组。

1.2.1.4　运营团队

部分行业性、中小型社团采用运营团队的管理模式,组织架构更为精简。如瑞士电子商务和数字协会,董事会成员由主席、首席运营官及 2 名成员构成;运营团队共有 12 名成员组成,包括主席、首席运营官、会计师、艺术总监、账户管理、高级合伙经理、活动经理、数字市场专家等。瑞士生物技术协会董事会是由来自不同瑞士生物科技公司代表组成的工作组,旨在为瑞士生物科技产业提供支撑服务;团队成员包括 CEO、巴塞尔区域联络人、瑞士罗曼联络人等,还有名誉会员若干。瑞士制药工业协会董事会由主席、3 名副主席和 13 名成员组成,运营团队由 1 名高级经理、4 名执行委员会委员、1 名通信部主管、2 名媒体联系人组成。

此外,为了确保社团发展的宏观战略方向,相当一部分瑞士科技社团设有专家指导委员会。如瑞士西部微纳米技术集群任命的专家委员会成员包括 1 名主席、12 名成员,主要负责提出活动和平台总体战略定位的建议。瑞士工程师和建筑师协会的指导委员会是最高战略管理机构,委员会代表社团处理与其他团体的关系,形成和实施协会战略。委员会由协会主席、2 名副主席和 6～10 名成员组成。所有指导委员会成员由代表会议选出,4 年一选(连任不能超过两届);行政董事在指导委员会发挥顾问作用;协会总部办公室依据指导委员会的指示负责管理协会事务。数字瑞士协会的指导委员会共有 71 名成员,通过整体战略控制指导数字瑞士协会。

1.2.2　会员管理与服务

1.2.2.1　会员范围与规模

瑞士各科技社团吸收的会员十分广泛，以个人为主，也包括团体会员。后者既包括企业、科研机构，也包括政府机构，涵盖科研、开发、生产、销售、金融、培训、咨询等各类组织。从本报告重点研究的数个科技社团看，一般都具有相当数量的会员规模（见表 1-4）。

表 1-4　瑞士科技社团代表性会员结构

科技社团	会员情况
瑞士电信（电子商务）协会	会员包括 172 家公司，涵盖多个行业，如电子商务、旅游服务、决策制定平台、保险、管理咨询、数据、支付解决方案、新一代零售平台、银行和金融市场终身学习课程提供商等
瑞士工程师和建筑师协会	超过 16000 名会员，包括 39 名名誉会员、12791 名个人会员、2579 名公司会员、527 名学生会员及伙伴会员
瑞士生物技术协会	有 291 家会员，涵盖多个领域，包括咨询、诊断、治疗 / 疫苗、化妆品 / 香水、平台技术、产品、细胞技术、金融 / 法律服务、商业发展和战略等
制药工业协会	100 多家团体会员，22 家企业会员，包括罗氏、辉瑞、拜耳、强生、葛兰素史克、诺华、赛诺菲、艾伯维、渤健等知名医药企业
数字瑞士协会	协会采取伞形组织形式，有超过 220 名的协会会员和非政治性的基金会合作伙伴。会员来自企业、政界、学界和民间团体
瑞士中国学人科技协会	拥有注册会员 700 人。会员广泛分布于瑞士境内各大城市的高端企业、研究院所、高校和金融行业，其中具有博士学位的专业人士占总人数的 45%，在读博士研究生占总会员人数的 34%。专业涵盖了医学、生物学、化学、材料科学、物理学、电子信息和计算机科学、工程科学、经济金融学、管理学、农业科学等诸多领域
瑞士西部生命科学集群	有 7 个州会员，包括伯尔尼州、弗里堡州、日内瓦州、汝拉州、纳沙泰尔州、瓦莱州、沃州；12 家机构成员，包括洛桑大学、纳沙泰尔大学、日内瓦大学、弗里堡大学、瑞士生物信息研究所等；39 家研究或学术机构；1020 家企业；62 家私营或公共创新支持机构；5000 名生命科学领域学生
瑞士航空航天集群	超过 151 家企业会员
世界经济论坛	全球 1000 家大公司

1.2.2.2　会员管理

会员管理方面，瑞士科技社团总体上具有 3 方面的特点：一是入会条件非常宽松。会员可以是企业、机构、团体或个人等，从事的是与本社团所在行业相关的业务即可。如《瑞士中国学人科技协会章程》对入会会员的条件要求较宽，旅瑞中国学人及所有希望为中国建设和发展服务的专业人士均可申请成为个人会员；国内相关组织机构、团体、高等院校及海内外各学生团体均可申请成为团体会员；与本协会有合作关系的各类大、中、小企业均可申请成为企业会员；在瑞各地学联组织自动获得团体会员资格。二是入会手续较为简便，一般仅需填写会员资格申请表，提供申请人信息并回答关于入会后的需求等开放式问题。三是会费收取体现对个人和初创企业的优惠，如瑞士加密谷协会对个人和初创企业仅分别收取 100 瑞士法郎和500 瑞士法郎的会费，远低于一般企业的 5000 瑞士法郎（见表 1-5）。

表 1-5　瑞士科技社团会员管理制度

科技社团	入会条件与会费
瑞士工程师和建筑师协会	单一会员制。要求会员将专业活动向可持续方向发展，要求会员采取可仿效的道德方法实践其专业，并符合公平竞争原则。 入会需完成相应表格填写，涵盖个人数据、教育和培训、职业生涯、会员资格数据、协会的专家协会、会员资格要求等方面内容
瑞士加密谷协会	个人会员：100 瑞士法郎；初创公司会员：500 瑞士法郎；中小企业会员：2500 瑞士法郎；公司会员：5000 瑞士法郎；非政府组织 / 协会会员：500 瑞士法郎。 初创企业会员雇员需少于 20 人；中小企业会员雇员需少于 150 人。 3 类企业会员有效期均为 1 年
瑞士中国学人科技协会	协会对入会会员的条件要求较宽，旅瑞中国学人和所有希望为中国建设和发展服务的专业人士均可申请成为个人会员；国内相关组织机构、团体、高等院校及海内外各学生团体均可申请成为团体会员；与本协会有合作关系的各类大、中、小企业均可申请成为企业会员。在瑞各地学联组织自动获得团体会员资格。 会员的义务：遵守协会章程，积极参加协会组织的各项活动，维护协会的名誉和利益，为协会的发展作积极的贡献
瑞士航空航天集群	申请会员需要填写会员资格申请表，包括个人信息及开放式问题。开放式问题如：你想成为会员的动力是什么？你对会员资格的预期？ 会员费：初创企业（建立时间不超过 2 年）为 300 瑞士法郎；产业伙伴、联邦政府和拥有 1 ~ 20 名雇员的州政府为 450 瑞士法郎等
世界经济论坛	会员是所在行业或国家一流的全球性企业，会员数量控制在 1000 家以内，标准是年销售额超过 10 亿美元的企业和管理 10 亿美元以上资本的银行。 会员企业实行申请制，企业提交申请，论坛进行审核。 会员的会费为每年 3 万瑞士法郎（不包括参加年会需要缴纳的参会费）

1.2.2.3 会员服务

瑞士科技社团为会员提供了内容丰富而全面的服务，为企业创新和行业发展赋能。主要包括以下几个方面。

一是提供行业技术支持，成员有机会接触到对商业计划制订极有价值的非公开的行业技术发展第一手资料。如瑞士航空航天集群通过与研究机构和大学的合作，实现航空航天和卫星导航部门的技术转让；数字瑞士协会的成员可以加入国家顶级数字决策制定者网络，获取有组织的数字创新准入并共享技术；瑞士金融科技创新协会的会员可获得协会提供的有关金融科技领域和创新方面最新信息。科技社团一般都举办形式多样的培训课程，帮助会员及时掌握相关知识信息。

二是建立合作网络，实现信息交流共享，会员可以享受到专属的交流机会和广泛的结交环境，讨论问题并结成业务合作关系。如瑞士航空航天集群建立由国内外经济、科学研究和政治等领域专家参加的合作网络，组织知识分享活动，会员可与所有伙伴进行信息和知识交流；瑞士电子商务和数字协会已经建立起会员网络，制定有效的电子商务战略，组织会员间的公开对话，相互学习经验，作为推动电子商务市场走向未来的一部分驱动力。

三是给予会员全方位的资源支持，提供更多商业机会，会员可享受到高质量的人力资源领域服务，以及财务、并购、营销、联络和法律事务等方面的服务。如瑞士生物技术协会的会员可以在最具综合性的瑞士生物科技公司目录里公开公司简介、产品和重要事项，通过在协会网站、出版物及全球范围主流生物技术会议上宣传相关内容，提高品牌认知度并吸引人才；可以使用瑞士生物技术协会会员标识提高公司形象等（详见表1-6）。

表1-6 瑞士科技社团会员服务

科技社团	会员服务与福利
瑞士电信（电子商务）协会	成为会员的福利：①免费获得报告和信息；②参加广受好评的各类活动、倡议；③获得研究数据；④接触到网络促销机会；⑤获得领域内主要专家的法律和财政咨询服务；⑥顶级管理学校和大学提供的培训课程
瑞士工程师和建筑师协会	会员可享受到的服务：以折扣价购买协会主办的出版物，如标准、条例；获赠一套协会主办的杂志；多种培训课程；法律和标准方面的咨询；根据会员需求定制的保险解决方案；通过时事简报和网站提供的规划相关议题的常规和扩展信息等。根据公司会员需求提供定制的最新信息服务，也提供高质量的人力资源领域服务，以及财务、并购、营销、联络和法律事务等服务

科技社团	会员服务与福利
瑞士生物技术协会	成为会员的福利：①在最具综合性的瑞士生物科技公司目录里公开会员的公司简介、产品和重要事项；②拓展会员的知名度，通过在协会网站、出版物及全球范围主流生物科技会议上宣传相关内容，在成千上万的产业联盟中提高会员的品牌认知度；③吸引人才，在协会网站或数字时事简报上张贴职位信息；④使用瑞士生物技术协会会员标识提高会员的公司形象；⑤利用伙伴会员形成的联合购买力，以较低成本为会员的养老基金或商业保险提供一流的商业解决方案；⑥在瑞士生物科技日之类的活动上，参加由协会学术机构提供的专业培训；⑦在其他有世界影响力的活动中，如在协会媒体上做广告，可享受较大折扣；⑧更多收益，为会员提供额外的联合促销；⑨通过活动与合作伙伴会面、与行业先驱交流、从伙伴网络获利等
数字瑞士协会	数字瑞士协会的成员将成为高层次网络的一部分，在所有数字领域得到支持。拥有的福利：①加入快速增长和有效的国家顶级决策制定者网络；②通过所从事的项目在团体内学习和共享成员的专有技术；③获取有效和有组织的数字创新准入；④支持整个瑞士生态，助力公司成为有担当的企业公民
瑞士金融科技创新协会	会员可获得协会提供的有关金融科技领域和创新方面的最新信息；会员中的专家在协会帮助下建立与他人的联系
瑞士加密谷协会	1. 个人会员福利：①在会员目录中列入个人介绍；②加入协会工作组的机会；③被选举担任工作组成员的机会；④参加研究和撰写白皮书；⑤与协会个人会员的网络化联系；⑥收到定期参加协会聚会的邀请；⑦参加协会或合作伙伴组织的活动时费用享受优惠；⑧参加加密谷会议的费用折减 100 瑞士法郎；⑨参加仅限会员的活动；⑩参加直播；⑪根据协会在邮件中和网站上的品牌指导使用协会成员标识；⑫有权给新董事会成员投票和被选举；⑬获取门户网站提供的岗位信息；⑭获取有关区块链和加密技术发展的最新信息。 2. 初创公司会员福利：①在会员目录中列入公司介绍；②利用协会联络渠道；③通过主办活动获得品牌推广机会；④加入协会工作组机会；⑤被选举担任工作组成员的机会；⑥有机会推广法律、税收、办公、空间、孵化器、教育等服务；⑦参加研究和撰写白皮书；⑧与其他所有会员的网络化联系；⑨参与协会或合作伙伴组织的活动时费用享受折扣；⑩举办协会会议折减 500 瑞士法郎或 10% 的费用；⑪参加和组织活动；⑫筹集资金的机会；⑬准许参加现场直播活动；⑭国际大会发言权；⑮构建会员项目；⑯通过工作组进入协会投资网络；⑰接收邀请函参加重要活动的演讲；⑱依据邮件中和网站上的品牌指导使用协会会员标识；⑲有权给董事会新成员投票；⑳在协会网站上发布职位空缺信息；㉑获取有关区块链和加密技术发展的最新信息；㉒获取法律和税收、银行开户及如何设立公司等方面的内容介绍。 3. 中小企业会员福利与初创企业相同
瑞士电子商务和数字协会	过去几年里，协会已经建立起引人注目的会员网络，制定有效的电子商务战略，带来线上销售成功。会员可以与协会的其他会员进行公开对话，学习成功的经验，作为推动电子商务市场走向未来的一部分驱动力

续表

科技社团	会员服务与福利
瑞士中国学人科技协会	会员权利：优先获得协会提供的各项服务；享有选举权与被选举权，同时享有监督本会工作和提出各项建议及入会自愿、退会自由的权利。协会为旅瑞中国学生、学者提供国内人才、科技需求信息，组织实施留学人员为国内项目服务；为国内需求提供科技咨询，协助引进各类高新技术项目和人才；协助国内各级政府部门进行招商引资。宣传中国的改革开放和对外优惠政策，推动中瑞之间在教育、科学与技术等领域开展的交流与合作
瑞士航空航天集群	会员福利：①加入制造商、服务提供商、大学、应用科学大学、联邦、公共机构组成的网络；②排他性地准入由国内外经济、科学研究和政治领域专家参加的合作网络和知识分享活动；③参加公共活动、贸易展览和论坛的费用可享受折扣；④通过与瑞士联邦办公室、国际组织、州及跨学科机构等的合作，在开拓新市场、市场细分方面获得支持；⑤通过与研究机构和大学的合作获得航空航天和卫星导航领域的专有技术转让；⑥与所有伙伴进行信息和知识交流；⑦与欧洲航空航天集群（EACP）等形成交叉集群；⑧国际项目合作机会；⑨集群工作组组织的其他会员专享活动
世界经济论坛	会员可以获取论坛的专家网络、知识产品和各种出版物，包括《全球竞争力报告》及其他研究出版物

1.2.3　收入来源

瑞士科技社团的资金来源主要有会费、会员捐款、组织活动收入、政府补贴、服务协议收入及其他形式的捐赠和资助。在会费方面，标准由会员大会决定，活跃会员缴纳的会费应高于不活跃会员，名誉成员和代理董事会成员可免缴会费。如果章程没有对不同的成员群体规定不同的出资标准，那么每个人都要缴纳相同的会费。除非章程中有明确规定，否则董事会成员不得免缴会费。

以数字瑞士协会为例，经费主要来自会费和赞助费。《数字瑞士协会 2020 年 7 月 1 日至 12 月 31 日法定审计报告》显示，在此期间，协会总收入为 394.6 万瑞士法郎，包括会费 275.5 万瑞士法郎（占总收入的 69.8%）、赞助费 119.1 万瑞士法郎（占总收入的 30.2%）。同期协会总支出为 384 万瑞士法郎，包括服务支出 241.6 万瑞士法郎、人事支出 121.8 万瑞士法郎、其他运营支出 20.6 万瑞士法郎。

又如世界经济论坛，经费主要来自会员缴纳的会费、参加年会的企业缴纳的参会费、合作伙伴赞助费及各类捐赠等。近几年每年的收入基本保持在 3 亿瑞士法郎左右。根据世界经济论坛年度报告显示，2019—2020 财年（统计周期为 2019 年 7 月 1 日至 2020 年 6 月 30 日）总收入为 36700.4 万瑞士法郎，其中会费 2235 万瑞士法郎（占总收入的 6%），参会费 4207.9 万瑞士法郎（占总收入的 12%），合作伙伴赞助费 26227.8 万瑞士法郎（占总收入的 71%），其他收入 4029.7 万瑞士法郎（占总收入的 11%）。

1.3 主要业务活动

瑞士科技社团主要围绕促进和加强创新主体之间的联系合作这一宗旨开展业务活动，成为各行业、各领域甚至各个国家和地区创新发展的平台和纽带，在瑞士科技和创新发展中扮演了重要角色。主要业务活动包括企业创新服务、行业技术服务与管理、政策咨询、出版物与行业标准制定、学术交流与科学普及、国际科技合作等方面。

1.3.1 企业创新服务

企业是瑞士科技社团的重要成员。科技社团不仅为企业提供技术支持，而且以初创企业为重点，从研发、金融、孵化等各个维度，为企业打造创新网络，提供全方位的支持。

例如，瑞士生物技术协会的核心目标是保障瑞士生物科技产业产生的价值持续增长，保障行业对社会经济生态系统作出贡献，使瑞士成为生物科学创新前沿的重要参与者。为此，瑞士生物技术协会致力于从以下方面为瑞士的生物科技公司提供支撑。

一是发展有竞争力的框架条件。具体包括：①促使政策制定者建立有关生物科技产业需求和利益的意识；②沿着精益和务实方向，优化规定，倡导一个有竞争力的税收体制；③培育有利于生命科学教育、技术转让和知识产权保护工作发展的环境。

二是吸引人才，提供技术诀窍和金融资源，驱动创新和增长。具体包括：①为企业获得资金提供便利；②为有吸引力的生物科技投资机会寻找投资者；③为企业获得国内外人才提供便利。

三是通过战略性的国家级和国际级的合作伙伴关系打造网络。具体包括：①为产业利益相关者和生命科学集群建立连接；②组织和促成生物科学领域的国家级和国际级的活动；③通过产业平台和工作组提供特许信息。

四是促进瑞士生物科技产业发展。具体包括：①帮助瑞士生物科技公司实现价值创造；②展现瑞士生物科技公司的多样化和竞争力；③展现创新性产品和技术及其对生活质量的贡献。

又如，瑞士西部生命科学集群把支持初创企业作为优先目标，并提供量身定制的服务，帮助初创企业提高效率，增强它们的业务关系。主要包括：产业网络、经济促进和国际市场。①产业网络数据。1125名活动者中，1020名来自产业界，39名来自学术机构，7名来自各州支持，62名来自创新支持组织（44名来自协会、基金会和风险资本，18名来自孵化器和科技园区）。②经济促进。设立多个经济促进办公室以提供更多支持机会选择，包括伯尔尼经济发展代理处、弗里堡发展代表处、瓦莱州经济事务和创新办公室、纳沙泰尔经济促进办公室等。③国际市场。提供大量的服务以帮助企业促进出口和国际化。

瑞士电子商务和数字协会则是通过网络研讨会和会议使个人参会者有机会遇见行业内顶级从业者，跟踪最新发展动态。在"品牌相见"系列活动中，协会邀请合作者中的15～20人会见生活消费品行业的一个品牌领导者，受邀成员根据区域和专长领域进行遴选，一年将会有9个品牌参与活动。"瞭望台"是有关电子商务和数字化行业信息参考、趋势和数据的国际风向标，经常引导、开展有一定深度和广度的有关线上购物的定性和定量研究，还开展执行工作营，会聚各品牌、零售商、制造商和投资商的主要数据，讨论和评估新兴数据和行业趋势，促进未来行业发展。瑞士加密谷协会开发和定义带有基础支持功能的初创企业框架。在区位、法律、融资等方面支持初创企业，帮助初创企业与地方建立连接，支持初创企业的网络化。瑞士金融科技创新协会推进与金融科技初创公司开展公开对话，向初创公司提供机会，使其每3个月在协会董事会参加投标，与每个会员直接建立网络。

1.3.2 出版物与行业标准制定

很多科技社团都有自己的出版物。瑞士制药工业协会出版年度报告，提供协会发展重点和活动，以及与研究型制药工业机构有关的关键数据和信息。报告含大量图表，包括制药工业主要的地区级和国家级关键数据，如总增加值、人数、生产力、出口和研发支出。报告也包括主要的交流项目和政治议题。出版物可以通过邮件订购，每周寄送一次，如《制药港2030》《健康概况2020》《2020瑞士制药港：巴塞尔地区》等。瑞士科学理事会还对探索性研究和政策分析进行了区分，探索性研究报告针对特定主题进行初步研究，政策分析是委员会为联邦政府制定结论或建议的报告。

在专业认证和制定标准方面，典型的有瑞士工程师和建筑师协会。协会以在标准方面的工作而闻名，制定、更新并发布了大量的标准、条例、指导、建议和文件，均对瑞士建设行业具有十分重要的作用。约有 200 个委员会负责进一步制定这些标准。

1.3.3 政策咨询

在瑞士，一些科技社团还担负着咨询机构的职能，为政府机构提供科技政策执行效果的评估和建议。

如瑞士科学理事会作为瑞士联邦委员会的独立咨询机构，可以主动，也可以根据联邦委员会或联邦经济事务、教育和研究部的命令，就教育、研究和创新有关的具体项目或问题发表意见。同时，理事会还代表联邦经济、教育和研究部定期审查瑞士的研究和创新促进政策。为此，联邦委员会负责评估多年计划和研究联邦措施的有效性，定期对根据《联邦研究与创新促进法》第 15 条得到联邦支持或申请补贴的独立研究机构、研究设施和技术能力中心进行评估，以帮助提高瑞士科学事业的质量。评估可以涉及科学机构、资助工具、资助机构或政府措施。使用的主要方法是由联邦委员会成员和（或）相关领域的外部专家进行同行评审。

又如，瑞士工程师和建筑师协会作为一个活跃的专业性协会，试图努力促进瑞士高质量建造环境建设。为实现这个目标，协会对能源、气候和材料相关的专题发表意见，帮助塑造瑞士的空间发展，涉及教育和培训政策，以及促进实践导向的公共采购。

1.3.4 科技交流与普及

开展科技信息和学术交流、传播科学理念，一直是科技社团的重要使命。如瑞士生物技术协会通过协会的年度交流平台——瑞士生物技术日，吸引来自企业、科研机构、社会组织和其他生物技术行业的相关者，通过专题研讨、专业知识普及和信息交流等方式，促进瑞士生物科技产业的发展。瑞士生物技术日作为协会传统的年度大会，已成为瑞士生物制药行业一年一度的标准聚会，在 2018—2019 年发展尤为迅速，参与者增加了 40%。目前，瑞士生物技术日平台已拥有 40 门瑞士生物科技学术课程，组织了 125 场国内或国际产业交流活动，收到超过 60000 封电子邮件，网络访问者达到 92000 名，覆盖全球 174 个国家。又如瑞士电信（电子商务）协会与瑞士西北应用科技大学、弗里堡管理学院、提契诺大学、瑞士南部应用科技大学等瑞士顶级院校开展合作，提供电子商务环境方面的培训课程，培养未来的专家。同时，收集和分析电子商务行业的最新发展动态和信息，在会员与合作伙伴中分享。

1.3.5　国际化发展

作为欧洲发达国家，又是许多国际组织的总部所在地，瑞士科技社团在国际化发展上具有得天独厚的优势。如瑞士工程师和建筑师协会长期以来在许多国际组织拥有代表权，与国外协会维持着良好的关系。早在 2014 年，瑞士工程师和建筑师协会就设立了自己的国际部，用来整合国外规划和建造行业的网络活动，允许会员进入其他国家市场。在国际化工作中，协会在国际机构中争取会员及专业代表资格；建立和促进与其他专业协会、相关部门和组织及国内外教育研究机构的关系，以共享和获得知识及信息；促进协会国际活跃会员的交流；通过国内外项目和活动实现知识转移。又如，瑞士西部微纳米技术集群居于欧洲中心，在人文交流、技术经济发展等方面与欧洲其他地区保持良好的连接，与美国、日本等欧洲以外国家的联系也十分紧密。同时，瑞士西部国际组织众多，是许多主要国际非政府组织的总部所在地。瑞士西部微纳米技术集群充分利用这一得天独厚的优势，推动集群企业的国际化发展，在国际层面建立强有力的影响力。

1.4　管理体制

瑞士十分强调社会组织的独立性，不设立专门的部门或机构对社团组织的活动和日常运营进行管理和监督，主要根据以《瑞士民法典》为核心的联邦法律制度及各州的相关法律制度确立社团建立和活动的基本准则。瑞士科技社团作为社团组织，遵守执行同其他社团相同的法律、登记监管政策及税收规定。按照自治原则，各社团则依法制定章程，并依据社团章程实现自我管理。

1.4.1　法律框架

瑞士科技社团管理的主要依据是《瑞士民法典》。该法典由瑞士联邦议会于1907 年 12 月 10 日通过，1912 年 1 月 1 日起施行。经过历次修订，现行的《瑞士民法典》关于科技社团的规定主要出自第一编"人法"第二章"法人"第二节"社团"（60A-79D）条。此外，瑞士各州也有相应的州法对设立于本州的科技社团制定规则。

1.4.1.1 主体资格

根据《瑞士民法典》规定，政治、宗教、科学、文化、慈善、社会或其他非商业性质的协会，只要章程明确表明作为法人团体存在的意图，即获得法人资格。根据此规定，瑞士的科技社团只要在成立时以书面形式制定章程，注明协会的宗旨、资源和组织结构，即可获得法人资格。

根据《瑞士民法典》的规定，科技社团必须是非商业性质的，成立时无须注册登记。如果成立目标是产生利润或为某一特定目标提供大量资产，那么作为社团是不符合法律规定的，而有限责任公司、私人有限公司或基金会才是正确的选择。但作为一个社团，仍然可以进行必要的"商业性质的活动"，比如收取会费、参会费等，只要这些活动是为了实现社团的目标。在这种情况下，社团必须进行注册登记。一旦章程得到批准并任命了委员会，该协会就有资格进入商业登记册。申请登记时，必须附章程和委员名单。

由此可见，章程是瑞士社团最为重要的法律文件。根据《瑞士民法典》的规定，社团取得法人资格必须订立章程，且章程不得改变法律的强制性规定。

1.4.1.2 组织机构

根据《瑞士民法典》的规定，社团大会是社团的最高管理机构。社团大会由董事会（理事会）召集，必须按照章程规定召开，并且即使只有五分之一的会员要求，也必须按照规定召开。社团大会的职权，一是决定会员的接纳和排除，任命委员会，并对重大事项进行表决；二是监督董事会（理事会）的活动，并可随时解散董事会（理事会），但不得损害被解职者的任何合同权利。全体会员在社团大会上享有平等的表决权，决议须经出席会员超半数票通过。只有在章程明确允许的情况下，才可以对未发出适当通知的事项作出决议。

根据社团章程的规定，董事会（理事会）有权并有义务管理和代表社团。董事会（理事会）应比照适用《商业记账会计义务守则》，维持本会的业务台账。如果在连续两个营业年度内3项中有2项以上超出所述标准，社团必须将账目提交给外部审计师进行全面审计：①总资产1000万瑞士法郎；②营业额2000万瑞士法郎；③平均每年有50名全职员工。如果负有个人责任或有义务提供更多资本的会员提出要求，协会必须将账目提交给外部审计师进行有限审计。在其他情况下，根据章程规定，社团大会可自由作出认为适当的审计安排。

1.4.1.3　会员制度

《瑞士民法典》规定了会员的加入和退出规则。会员可随时加入社团，如果章程有规定，成员有义务缴纳会费。所有会员均有合法的辞职权利，但须提前 6 个月发出辞职申请，并在该日历年年底或在该期限结束时（如规定了行政期限）届满。会员资格不可转让。章程可以明确规定开除会员的理由，但如果章程没有开除会员理由的规定，开除会员须经全体会员决议并有正当理由。

对于会员的权利和义务，《瑞士民法典》规定，不得违背会员意愿，强迫会员接受社团宗旨的改变。任何会员如认为社团章程或决议违反法律，则有权在得知该决议后一个月内，向法院提出异议。同时，《瑞士民法典》还规定，辞职或被开除的会员对社团的资产没有索赔权，且负有缴纳会员资格期间会费的责任。

1.4.1.4　法律责任

《瑞士民法典》规定，社团以资产承担法律责任。除章程另有规定外，该责任以资产为限。如果社团资不抵债，或根据章程不再任命董事会（理事会），则该协会依法解散。经会员决议，社团也可随时解散。社团宗旨不合法或不道德者，主管机关或利害关系人须申请法院裁定解散。如社团已登记，董事会（理事会）或法院应将解散决定通知商业登记官，以便在社团登记中删除。

1.4.2　管理制度

从《瑞士民法典》的规定可以看出，在瑞士建立一个社团相对简单。因此，瑞士社团众多，分布在体育、文化、政治、科学和慈善等领域。与其他社团一样，科技社团的设立主要遵循以下管理制度。

1.4.2.1　注册登记

成立一个社团，首先必须确保社团有符合成立目的的正确的法律形式。建立社团的目的是至关重要的，目的阐明了社团背后的想法及活动范围，也与成立的方式有关。根据相关法律规定，一般情况下，如果社团追求的是非商业性质的目标，那么只要社团章程明确描述该目标即可获得法人资格，无须登记注册。符合以下两种特殊情形之一的社团必须始终在总部所在地的商事登记处登记：一是为了实现社团的目的而从事必要的"商业性质的活动"；二是社团符合前述将账目提交给外部审计师进行全面审计的条件。此外，登记在商业登记册上的社团必须保持清楚的账目。

由此可见，除了为追求社团目标而进行商业经营或受到审计要求的社团，在商事登记处登记不是强制性的。同时，成立科技社团必须给社团命名，应确保社团的名称不会产生误导，并能与其他现有的社团名称明确区分。

1.4.2.2 创始人会议

创始人组建社团的准备工作包括：成立准备小组；与其他创始人一起，明确社团的宗旨、名称和章程；开立账户（开设该账户必须提供书面记录和书面章程作为证据）；提出董事会（理事会）人选；准备创始人会议；检查确认社团是否有义务进行商业登记；检查社团是否需要保险，及选择哪种保险（例如责任险、财产险或车辆险等）；制定预算；了解社团是否因为非营利性质而符合免税要求，并向相关税务机关提交初步申请。

准备就绪后，应召开创始人会议。需拟定议程和章程草案，提名会议主席和会议记录员，根据议程组织会议，表决通过成立社团的决定，征求并批准社团章程草案，根据章程选举社团管理机构等。在会议记录中应列出创始成员或将与会者名单附加到会议记录中，并由会议主席和会议记录员签字。

1.4.2.3 社团章程

根据瑞士法律制度的相关规定，制定一份符合法律规定的章程，是科技社团获得法人资格的关键条件。因此，章程是科技社团最重要的法律文件，也是成员和董事会（理事会）建立社团的关键任务。

社团章程必须具备如下内容：①成立目的；②社团宗旨；③社团名称和总部；④组织机构；⑤资金来源。在资金获取方面，应说明如何获得实现社团宗旨所需的资金（例如通过收取会费、接受捐款、举办活动获得的收入等）；在社团的组织机构方面，法律规定社团必须有作为权力机构的社团大会，以及作为执行机构的董事会（理事会）。如果该社团被列入商业登记册，还必须有一名审计员。

除此之外，章程还可以规定：本社团的其他组织机构，最好提供有关机构的职责、权力及其工作方式（会议、决策结构等）等方面的信息，以及会员资格（定义哪些会员可以加入社团，谁负责这一程序，会费如何征收，以及如何管理离职等）。

瑞士科技社团章程通常由以下条款构成。

（1）社团名称和地址。依据《瑞士民法典》第60条成立。注册办事处位于_____市。本会在政治和宗教上是独立的。（瑞士社团的注册办事处总是在一个市，而社团的地址可以在不同的地方。）

（2）目标和目的。社团的宗旨是_____。（社团的宗旨必须是非物质的。在这种情况下，可以增加实现社团目标的方式。非商业性社团不追求任何利益。）

（3）资金来源。社团应利用所述资源实现目标：会员捐款／组织活动收入／补贴／服务协议收入／任何形式的捐赠和资助。如果收取会费，章程必须包括相应的条款。否则，只需说明实际收入来源。

会费每年由会员大会审定一次。活跃会员缴纳的会费应高于不活跃会员。名誉成员和代理董事会（理事会）成员免缴会费。财政年度与日历年度一致。如果章程没有对不同的成员群体规定不同的出资水平，那么每个人都要缴纳相同的会费。除非章程中有明确规定，否则董事会（理事会）成员不得免除出资。

（4）会员。会员由支持社团宗旨的自然人和法人组成。有表决权的活跃会员由使用社团服务和设施的自然人组成。拥有投票权的不活跃会员可由自然人或法人组成，他们以非物质和金融方式支持社团。经董事会（理事会）提议，对本会作出突出贡献的个人，可由会员大会授予名誉会员资格。有表决权的活跃会员每年缴纳的会费应等于或高于现役会员缴纳的会费。活跃会员和不活跃会员之间的区别不是强制性的。如果存在各种类型的会员，则必须明确规定各类别会员的权利和义务。

入会申请应向董事会（理事会）提出，由董事会（理事会）决定是否接受。章程未作相应规定的，由会员大会决定是否接纳新会员。

（5）会员资格到期。自然人会员资格因辞职、被开除或死亡而到期，法人会员资格随法人实体辞职、被排除在外或解散而到期。

（6）会员辞职和开除。会员可随时／按日期／年底从社团辞职。辞职信应至少在全体会员大会召开前＿＿＿周送交董事会（理事会）。通知期不得超过6个月。

会员可随时因＿＿＿＿＿（原因，如违反公司章程、违反社团目标等）而被排除在社团之外。董事会（理事会）可在不说明任何理由的情况下随时开除会员。董事会（理事会）负责就开除会员作出决定；会员可就有关决定向会员大会提出申诉。如会员在收到催缴通知后仍未缴纳会费，董事会（理事会）可将其开除。如无相反规定，是否开除会员由会员大会决定。无论何种情形，在会员被开除之前必须举行听证会。

（7）社团理事机构。社团的理事机构包括：①会员大会；②董事会（理事会）；③审计室；④办公室；⑤其他。会员大会和董事会（理事会）是强制性机构。章程应仅列出实际的理事机构。

（8）会员大会。会员大会是社团的最高管理机构。普通会员大会应每年在＿＿＿＿＿年＿＿月＿＿日举行。会员大会宜在上半年召开，最好在第一季度召开。

会员应事先（自由选择的时间，至少提前10天）被邀请参加会议。邀请时应附上议程项目的书面清单。邀请可以通过电子邮件发出。向会员大会提交的文件应在＿＿＿天／周之前以书面形式提交给董事会（理事会）。（提交的是议程项目／事项。在会员大会讨论个别议程项目时，会员必须有机会就这些项目提交动议性提案。）

如果董事会（理事会）或五分之一的会员动议，可随时要求召开临时会员大会。会议应在收到请求后＿＿＿周内举行。（五分之一的法定人数是法律要求的最低限度。章程中不得超过这一限额，即要求达到三分之一的法定人数将是违法的，因为它为会员召开会议规定了更高的门槛。召集会员大会的权利也可授予其他机构或个人。）

会员大会是社团的最高管理机构。它具有不可撤销的责任和权力：①最后一次会员大会决议的批准；②批准董事会（理事会）年度报告；③接受审计报告和批准年度账目；④董事（理事）解任；⑤选举主席、其他董事会（理事会）成员和审计师，其中董事会（理事会）成员也可以单独选举产生；⑥会费变动的确定；⑦批准年度预算；⑧关于活动方案变动的决议；⑨关于董事会（理事会）和成员提交意见的决议；⑩社团章程修正案；⑪关于开除成员的决定；⑫关于解散社团和拨付清算所得的决议。

所有正式召开的会员大会均应达到法定人数。会员应以相对多数票通过决议。弃权票和无效票不计算在内。如票数相等，主席应投决定性一票。（也可以规定：成员应以有效票数的绝对多数通过决议。由于多数可以有不同的解释方式，所以最好在社团章程中明确规定多数的类型。）

修改社团章程须经＿＿＿多数票通过。（对于某些事项如修改社团章程、解散社团，可以指定限定多数，例如三分之二多数。）

通过的决议应当作成会议记录。

（9）董事会（理事会）。董事会（理事会）应由至少＿＿＿名成员组成，他们的任期为＿＿＿年，连选可以连任。（也可以规定：任期为＿＿＿年。最多可连选＿＿＿次。）

董事会（理事会）管理社团的事务，对外代表社团。它将通过社团规章制度、设立工作组（专门小组）、雇佣团队或个人来实现社团的目标。

董事会（理事会）的进一步职责和权力：董事会（理事会）拥有本社团章程或根据本章程未委托给其他机构的所有权力。

董事会（理事会）有以下职位：①主席；②副主席；③财务；④秘书；⑤其他。

董事会（理事会）成员可以担任多个职位。

董事会（理事会）应根据社团事务的需要定期召开会议。所有成员均可要求召开会议，并说明此要求的理由。如果没有成员要求口头讨论，可以书面（包括电子邮件）通过决议。董事会（理事会）成员主要按照自愿原则履行职务。他们有权得到实际费用的补偿。（自愿身份是社团免税的一个条件。）

（10）审计师。会员大会应选举____名审计师或法人实体对账目进行审计，并至少每年进行一次抽查审计。审计长应向董事会（理事会）提交报告供董事会（理事会）审议。审计师的任期为____年。可重新选举。

（11）授权签署人。社团决议须由主席及另一名董事会（理事会）成员集体签署。（也可以规定由两名董事会或理事会成员共同签署。）

（12）法律责任。社团的资产应单独承担社团的债务。成员的个人责任除外。（可以规定支付额外供款的义务。）

（13）社团解散。本会的解散可由普通或特别会员大会决议决定。解散需要出席会议的会员以____（所需配额，合格多数）的多数票通过。

如果出席会议的所有会员少于____名（法定人数），则应在一个月内召开第二次会议。在本次会议上，如出席人数少于四分之三，本会可根据简单多数原则解散。

社团解散后，社团的资产应转移给追求相同或类似目的的免税组织。不包括成员之间的资产分配。

（14）生效。在社团成立大会上通过了本章程，并于同一日期生效。

日期：_____

地点：_____

主席：_____

会议记录员：_____

1.4.3　税收政策

瑞士的科技社团以各类协会居多，也有一些社团属于非政府组织或非营利组织。这几类社团原则上均须按照联邦和州税收制度申报纳税，但都可以享受税收优惠政策。通常，出于慈善或公益目的的收入，或者符合特定条件的收入都可以免税。

1.4.3.1　适用于各类协会的税收优惠

一般情况下，各类协会均须提交纳税申报表并缴纳联邦税和州税。如果协会的资源只能用于慈善目的而不能返还给会员，可以申请免税。通常向主要办事处所在的州申请免税资格。

免税项目有：会员费不需缴税；与应税收入有关的费用若超过了会员费，可以扣除；如果利润低于 5000 瑞士法郎，则不需要缴纳联邦税。州一级也会有类似的最低限度规定。净资产超过 80000 瑞士法郎要缴纳少量资本税。同时，出于慈善和公益目的，作为普通纳税人的瑞士个人及普通的瑞士公司向协会支付的款项可以免税，并且不需要缴纳任何州的赠与税。

1.4.3.2　适用于非营利组织 / 非政府组织的税收优惠

根据瑞士相关税收法律规定，追求公共利益目标的机构可以免除：

（1）联邦直接税。受关于联邦直接税（LIFD）的联邦法律管辖。豁免只适用于利润。授予期限未定，可随时审查。

（2）州税。受关于道德人征税的法律管辖。对利润和资本都是免税的。授予期限未定，可随时审查（自 2015 年 11 月 1 日起，10 年豁免期改为未定期限）。

联邦和州免税可同时申请，但州一级的豁免并不能自动导致联邦一级的豁免。在程序上，免税申请必须包括免税表格、协会法文章程及其他所需文件。在发出申请和所有文件后，该程序大约需要 3 个月的时间。最终决定权在财政部。如被拒绝豁免，可提出上诉。

为了获得免税，机构应符合以下条件。

（1）章程必须在解散时提及以下不归还条款："如果协会 / 基金会被解散，可用资产应转入非营利组织，以追求与机构类似的公共利益目标，同样受益于免税政策。在任何情况下，资产都不应返还创始人或股东。它们也不应将部分或全部资产用于自身利益。"

（2）章程还必须提及两个薪酬条款：①"委员会 / 理事会成员在自愿的基础上工作，因此只能报销他们的实际开支和旅费。潜在的出席费不能超过官方佣金。对于超出正常职能的活动，每个委员会 / 理事会成员都有资格获得适当的补偿。"②"协会 / 基金会的受薪雇员只有在委员会 / 理事会上的协商表决权。"

（3）协会委员会或基金会理事会至少有一名成员持有授权书，且该成员是瑞士国民或瑞士居民。任何从免税中受益的组织都必须提交年度纳税申报。

同时，自然人和法人向总部设在瑞士并因公共事业目的或公共服务免税的机构捐款，可从自己的纳税申报单中扣除捐赠金额。自然人最多可扣除应税净收入总额的 20%。法人实体最多可扣除应纳税净利润的 20%。捐赠的现金或资产（股票、设备或不动产资产、债务、知识产权）可以扣除。但是，会员费、强制性付款和劳务费不能扣除。当捐赠金额超过每年 300 瑞士法郎时，机构必须给捐赠者一张捐款收据。

1.5　发展特色

瑞士的科技社团以积极的社会服务能力和组织动员能力，营造优良的创新生态，为企业提供全方位的服务，集聚产业集群，推进国际科技合作，成为推动瑞士科技创新发展的重要力量。凭借卓有成效的工作，瑞士科技社团在行业领域、创新企业及社会公众中享有很高的声誉，在发展理念、服务方式和工作经验方面具有独特的优势。

1.5.1　灵活的社团管理方式

如前所述，瑞士十分强调社会组织的独立性，即非官方特征，不设立专门的部门或机构对社团组织的活动和日常运营进行管理和监督。对科技社团的管理主要根据联邦和各州的相关法律制度，社团按照自治原则制定章程，实现自我管理。与此同时，为了更好地服务于企业，提高国际竞争力，瑞士也建立了有官方背景的协会。如瑞士全球企业协会（SGE）是瑞士官方的出口和投资促进组织，在瑞士和 31 个国家设有办事处，支持瑞士中小企业开展国际业务，帮助外国创新型企业在瑞士落户。它与瑞士外交部一起，根据客户的需求调整合作伙伴网络和地点，为瑞士中小企业提供信息、服务和联系方式，帮助它们完成整个国际化进程；以创新的外国公司为目标，为它们提供瑞士的信息、服务和联系方式。瑞士全球企业协会积极与国内众多协会、利益集团和资助机构合作，贡献了它的国际化专业知识，使合作伙伴协会能够通过特定行业的国际化服务来为成员补充服务范围。作为一个非营利组织，瑞士全球企业协会代表瑞士联邦（国家经济事务秘书处）和各州为客户提供公共服务。自 2016 年以来，瑞士全球企业协会特别代表国家经济事务秘书处和瑞士联邦能源办公室推动瑞士清洁技术解决方案的出口，经过 3 年（2017—2019 年）的试点，瑞士创新的营销已经融入投资促进任务中，成为瑞士国家经济促进和对外经济政策的重要支柱，在促进国际商业的综合专长基础上创造协同效应。

1.5.2　营造优良的创新生态

近年来，瑞士科技社团十分重视为企业创新赋能、推动行业发展，致力于为会员获得人才、新技术和金融资源提供便利，通过营造良好的创新生态，帮助会员在竞争激烈的市场上获取竞争优势。

例如，瑞士电子商务和数字协会赋能会员单位开展自身的经营，同时致力于建立强有力的电子商务运营商共同体。通过网络化活动、培训、机构关系及对数字市场的研究，该协会使消费者对电子商务树立更强的信心，帮助运营商获得更大成功。该协会也主动与媒体和国际机构合作，为行业提供信息、具体数据，同时为行业发声，以帮助行业寻求更广阔的发展前景。协会与合作伙伴路米斯公司一起会聚投资者、品牌商和初创企业，使投资者能够接触到有效的新解决方案，使品牌商能有效应对所面临的挑战。生活方式技术创新奖是一个公开的创新项目。借助该项目，初创企业和萌芽项目有机会向顶级品牌商、专家和投资商组成的陪审团展示它们的思想。

瑞士加密谷协会则支持初创企业入门，促进会员间交流，开发有聚焦功能的工作组和学会；在国内和国际范围内增强行业发展，加强作为知识和创新中心的地位，组织产生价值的活动，连接参与者构建有凝聚力的生态。协会与相关部门、教育机构和其他机构接洽，支持建设性运营条件，促进与贸易协会的合作，提供技术教育和商业教育；改善生态以吸引资本，促进生态的吸引力，建立与国际组织的联系，搭建投资者和促进者的桥梁。

瑞士生物技术协会与大量合作伙伴，以及全球范围内的瑞士生物科技品牌所属的生命科学集群共同致力于增强和促进瑞士生物科技产业，建立广泛的合作伙伴网络，向瑞士生物科技利益相关者提供特许信息和网络化机会。

1.5.3 促进企业间合作与产学研联合

瑞士科技社团不仅为企业创新赋能，而且非常重视促进企业间合作及产学研联合，打造产业化集群，推动产业发展。

如瑞士电子商务和数字协会代表电子商务企业的利益，促进电子商务企业间的合作，为相关知识传播和电子商务（包括相关服务和技术）服务，消除限制行业发展的壁垒；促进、传播倡议和信息，以拓宽和加强电子商务世界和数字市场；为电子商务创立和维持有利的条件，增强消费者和商人对线上销售的信心；开发和培训劳动力，既赋能既有电子商务所有者，也赋能新进电子商务经营者；通过多样化的活动（如游说活动、法律和财政支持、培训和研究），在瑞士国内外建立强有力的电子商务环境，以赋能整个行业的可持续增长。

瑞士西部生命科学集群为了最大限度地发挥创新集群效应，高度重视研究机构和研究网络建设。集群中汇集了大量世界一流水平的学术机构和企业，集聚了基础研究和应用研究技术能力，提供生命科学领域的研究设施和研究生课程，从整体上建立了完善的产学研联合研究网络。瑞士加密谷协会则与苏黎世大学、苏黎世联邦理工学院、国际可信任的区块链应用协会（INATBA）、国际票券标准化协会（ITSA）、国际数字资产交易协会（IDAXA）、苏黎世旅游局、日内瓦宏观实验室、全球数字金融组织等建立战略伙伴关系。

1.5.4　推进产业集群化发展

从经济角度看，集群可定义为制造商、供应商、研究机构（如大学）、服务提供商（如设计公司和工程公司）和相关机构（如商会）的网络。这样的网络在某些地区彼此接近，并且通过价值链上以交易为基础的共同联系建立起来。集群中的成员通过供应商、竞争关系或共同利益形成相互连接的网络，成为一个产业成长集合体，进一步吸引专业化服务提供商，构成不断推进产业提升竞争优势的良性生态。瑞士就拥有一些这样的产业集群，在该国产业发展中占有重要地位。如大型联合企业诺华（Novartis）、罗氏（Roche）、先正达（Syngenta）和一些小型公司在瑞士西北部建立了独特的产业集群，使得巴塞尔城及周围地区成为国内外医药和化学公司首选的落户地。得益于医药巨头诺华和罗氏的连锁效应，生物技术集群已在 4 个地区建立起来：巴塞尔、苏黎世、日内瓦湖周边地区，以及集群规模相对较小的提起诺。

瑞士西部生命科学集群（BioAlps）就是在瑞士西部优良的生物产业发展基础上，着力打造一个由集中在拥有良好基础设施、面积较小、具有吸引力的地理区域内的研究机构、学术机构、初创企业和大型跨国公司组成的活跃且富饶的生态，并为它们提供一个动态的网络和一个创造性、支持性的环境。集群通过投资会议、学术研讨会及"2020 年 BioAlps 网络日"等活动，将生命科学产业最主要的企业家、医疗保健风险投资者、天使投资人、主要的制药技术公司、私人财富持有人等会聚一堂，成为业内公司接触区域内生物技术、制药技术、药物和数字健康领域主要行动者的绝佳机会，产业界、药物界和学术界主要领导者共同分享经验、寻找合作的可能性，开启新项目、开发新产品、探索新技术，从而推动瑞士生命科学产业快速发展。

又如，大日内瓦伯尔尼地区在诸如微纳米技术和精密工程等高附加值产业处于世界领先水平，一些全球性的公司在这里落户。在此基础上建立的瑞士西部微纳米技术集群深深植根于悠久的历史传统，是一个由瑞士西部 7 个州的政府创立的交流平台，包括伯尔尼州、弗里堡州、日内瓦州、汝拉州、纳沙泰尔州、瓦莱州和沃州。集群致力于开发和促进形成区域微纳米行业的科学、产业和经济基地；建立区域内的高等教育、研究中心、技术转让、内部投资和企业网络；通过研究和应用联合项目、成功的技术转让和创新循环，激发该地区的创新热情和营造严谨的科学氛围，取得了产业发展的显著成绩。

1.5.5　国际合作广泛

依托在瑞国际组织开展国际科技合作是瑞士科技社团的一大特色。2018 年年初瑞士联邦政府公布了总部设在瑞士的国际机构的基本情况。根据国际条约和瑞士法律，与瑞士联邦理事会签订总部协定、税收协定和特权与豁免协定的政府间组织、国际机构、准政府国际组织及设立的秘书处共有 43 家。其中，27 家政府间国际组织、国际机构或秘书处与瑞士签订了总部协议；6 家准政府国际组织签订了税收协议；10 家其他国际机构签订了特权与豁免协定。另外，设在瑞士的非政府组织有250 余家。依托这些机构，瑞士将自身的创新融入全球体系中。如总部设在瑞士日内瓦的世界经济论坛（World Economic Forum，简称 WEF）是一个非营利性的基金会，会聚了来自全球学术界、商界、政府、国际组织、民间机构和媒体等的近 5500名顶尖专家，重点围绕经济、科技、产业和全球问题等关键领域，分享研究和分析成果，围绕特定议题开展研讨，参与新技术和创新的设计、开发和部署，致力于通过全球创新合作改善世界发展状况。

1.6　发展经验与启示

在长期的发展历程中，瑞士科技社团在管理体制、服务会员和推动科技创新等方面取得了积极成效，积累了丰富的经验，对我国科技社团的改革创新和进一步发展具有借鉴意义。

1.6.1　"章程＋法律"管理模式，兼顾社团自主运营与规范管理

瑞士科技社团的管理体制十分宽松，只要在成立时以书面形式订立章程，即

可获得法人资格，无须注册登记，社团依章程规定实现内部治理，有利于各行各业科技社团的兴起。然而，"宽松"的另一面则是明确的法律规则，社团一旦为实现目标而进行商业性质的活动就必须登记注册。如果在连续两个营业年度内下述3 项数字中有 2 项以上超标，社团不仅必须登记，而且须将账目提交给外部审计师进行全面审计：①总资产 1000 万瑞士法郎；②营业额 2000 万瑞士法郎；③平均每年有 50 名全职员工。如果社团的目标是产生利润或为某一特定目标提供大量资产，那么应当注册为公司或基金会形式，而不是慈善公益性质的社团。如此规定，既保证了科技社团运营的自主性，又明确了社团不同性质行为的规制，界限清晰，管理规范。

我国科技社团管理模式虽与之不同，但这种管理模式值得借鉴。既要放松对社团成立和活动的程序限制，鼓励科技社团的建立和运营；又要区分社团不同性质的行为并加以明确规范，特别是公益行为和商业行为的区分，以及由此带来的不同监管体系，保障科技社团的有序发展。

1.6.2　发挥社团枢纽平台作用，营造优良创新生态

瑞士科技社团在为企业创新赋能、推动行业发展方面十分重视，致力于为会员获得人才、新技术和金融资源提供便利，充分发挥社团在行业、区域中的枢纽平台作用，会聚各方资源，营造良好的创新生态，形成创新链条。如瑞士加密谷协会不仅帮助会员间交流，还与政府、教育和其他机构接洽，与苏黎世大学、苏黎世联邦理工学院、国际可信任的区块链应用协会、国际票券标准化协会、国际数字资产交易协会、苏黎世旅游局、日内瓦宏观实验室、全球数字金融组织等建立战略伙伴关系，开发专业工作组和学会，提供教育、技术、商业、资本、用户等的聚合，为各方合作建立桥梁。

我国很多科技社团也拥有雄厚的专业技术背景和广泛的会员资源，可借鉴瑞士经验，充分发挥社团作为科技创新平台和枢纽的作用，给予会员全方位的创新交流机会与服务，将优势转化为动能，在创新要素集聚和成果转化、产业化中发挥关键作用。企业是创新的主体，中国科技社团也要重视挖掘合作伙伴网络，提升服务企业的能力；应重视吸收创新型企业会员，建立合作伙伴网络，通过让会员以优惠条件参与合作伙伴的活动来不断拓展会员的网络化资源，优化和完善创新发展生态，为"创新—产品—产业"的发展创造更多机会和良好的外部环境。

1.6.3 植根行业技术优势，推进产业集群化发展

产业集群是制造商、供应商、研究机构、服务提供商和相关机构（如商会）组成的网络，在某一地区彼此接近，并通过价值链上的交易形成共同联系。集群成员通过竞争关系或共同利益形成一个产业成长集合体，构成不断推进产业竞争优势发展的良性生态。近些年，在优良的产业发展基础上，瑞士出现了"集群"这一新型科技社团形式，它较一般协会组织规模更大。代表性的集群类科技社团包括瑞士西部生命科学集群、瑞士西部微纳米技术集群、瑞士航空航天集群等。

我国科技社团也可借鉴瑞士科技社团经验，深入探索如何在服务会员的基础上，进一步将社团的发展与当地产业基础和发展特色相结合，充分考虑整体环境优势、地方行业发展优势资源，顺势而为，在推进产业创新和集群化发展中扮演更为重要的角色。我国目前与瑞士领域集群最接近的组织是产业联盟，但仍有区别。瑞士的产业集群为科技社团性质，而我国的产业联盟更多依托高校、研究机构等事业单位，受现有事业单位管理体制的限制，联盟平台对外服务的意识不强，服务的动力不足，在吸引人才、工资收入等方面无法与企业化运作的平台相竞争，运行机制和管理模式难以完全适应市场环境下产业发展的需求，对联盟的可持续发展也提出了严重挑战。我国可借鉴瑞士相关领域集群的做法，探索性设立具有民间科技社团性质的关键领域集群，激发领域创新主体的创新活力，不断释放创新潜力；可以把重点放在促进领域内创新资源的网络化上，联结相关领域产、学、研、用等环节的深度合作，助力集群服务能级提升和服务能力提高。

1.6.4 向外拓展空间，开展广泛的国际合作

瑞士科技社团开展国际合作的主要特点是依托在瑞各类国际组织开展国际科技合作。据 2018 年年初瑞士联邦政府公布的数据，与瑞士联邦理事会签订总部协定、税收协定和特权与豁免协定的政府间组织、国际机构、准政府国际组织及设立的秘书处共有 43 家，设在瑞士的非政府组织有 250 余家。依托这些机构，瑞士将自身的创新融入全球体系中。有的社团自身也在不断开拓国际化发展空间，如瑞士工程师和建筑师协会专门设立国际部，提升科技社团服务水平和能级。

在当前的国际形势下，我国科技社团应充分借助中瑞科技合作交流平台，大力开展民间科技合作往来，将我国的科技创新进一步融入全球创新网络，寻求更大的

发展空间。对我国国际化程度较高的地区，建议科技社团突出在建立国际网络化连接方面的作用，提高相关领域的全球影响力，加强科技社团与国外同行的交流，赋予民间科技社团一定法律地位和作用，不断提高民间科技社团的社会影响力，从而更好地发挥民间科技社团在推进国际化、促进与他国签署区域多边协议或双边协议等方面的作用。

1.7 科技社团案例

瑞士的科技社团发展历史悠久，行业覆盖面广。本文根据成立时间、所属行业、所在地域、所属学科等特征，选择了 7 家不同特点的瑞士科技社团进行详细案例研究，其中包括瑞士生物技术协会、瑞士加密谷协会、制药工业协会、瑞士工程师和建筑师协会、瑞士西部生命科学集群、瑞士西部微纳米技术集群，以及具有国际组织性质的世界经济论坛。

1.7.1 瑞士生物技术协会

1.7.1.1 基本情况

瑞士是欧洲最强大、最具创新力的生物技术基地。瑞士本土企业在很多方面处于领先地位，将全世界的资金和研究人员吸引到了瑞士。作为欧洲最重要的生物科学证交所，瑞士具备极佳的融资环境。瑞士拥有很多国际知名的化学和制药公司，如诺华、罗氏及来自医疗、生物和纳米技术领域的创新型企业，理想的经济和科学环境为战略合作关系、授权和专利出售提供了最佳的前提条件。现代化的基础设施、高品质的生活及高素质劳动力为强大的、面向未来的瑞士生物技术产业提供了可靠的发展支柱。

得益于发达的生物医药产业，瑞士生物科技领域的社团组织也得到蓬勃发展。瑞士生物技术协会（Swiss Biotech Association）就是其中的典型代表。瑞士生物技术协会成立于 1998 年，位于瑞士西部生物医药高度发达的巴塞尔，代表了瑞士生物科技产业的利益。为了帮助会员在竞争激烈的市场上获取优势，瑞士生物技术协会致力于为会员创造有利条件，获得人才、新技术和金融资源便利。协会与合作伙伴及瑞士生命科学集群共同致力于增强和促进瑞士生物科技产业。协会的核心目标是保证瑞士生物科技产业的价值持续增长，保证行业对社会经济生态系统作出贡献，使瑞士成为生物科学创新前沿的重要参与者。

1.7.1.2　治理结构

瑞士生物技术协会设董事会，由来自不同瑞士生物科技公司的代表组成，旨在为瑞士生物科技产业提供支撑服务。团队成员包括首席执行官、通信部负责人、巴塞尔区域联络人、瑞士罗曼联络人等人员。此外还有名誉会员若干。

除了内部组织机构，瑞士生物技术协会还搭建了合作伙伴网络。国内外伙伴关系有助于协会充分利用自身影响力，增强协会在业界的发言权，有助于协会向瑞士生物科技利益相关者提供特许信息和网络化机会。具体如下。

（1）为瑞士生物科技公司实现最优化的发展条件。渠道包括瑞士生物技术协调委员会、欧洲工业生物技术协会、国际生物技术协会理事会等。

（2）连接投资者或非稀释资金机会。渠道包括欧洲科学基金会等。

（3）优先的商业解决方案。包括养老基金、商业保险及生物科技用信息、研究和数据。全球有超过100家联合促进伙伴组织活动或会议。

（4）培育国际合作和贸易。包括意大利贸易代理、荷兰生物协会、英国生物科技创新协会、瑞典生物协会、日本生物产业协会、韩国贸易投资促进会、瑞士企业港、瑞士交易所。

（5）联结专业利益相关者团体。包括青年人才、商业开发、学术研究等类型的团体。

（6）促进瑞士竞争优势。渠道有大苏黎世区域、瑞士全球企业等。

1.7.1.3　会员管理

瑞士生物技术协会实行会员制，有291家会员，涵盖多个领域，包括咨询、诊断、治疗/疫苗、化妆品/香水、平台技术、产品、细胞技术、金融/法律服务、商业发展和战略等。

加入会员可享受到4个方面的服务：一是"寻找和被发现"，即获取新的商业机会、吸引人才、提高可视度；二是"节约和受益"，即从协会的机会和信息中心中获利；三是"看见和被看到"，即容易和更有效地接入网络；四是"学习和交流"，即获得交流知识的更多机会。

具体的会员福利详见表1-6。

1.7.1.4　发展成效

瑞士生物技术协会经过20多年的发展，目前已成为瑞士生物科技产业的核心资源。协会的年度网络平台——瑞士生物技术日，吸引了大量参与者，通过交流促进了生物科技产业发展。

瑞士生物技术日不仅仅是瑞士生物技术协会成员聚会的地方，也是协会传统上的年度大会。该活动的目标人群是企业家、投资者、研究人员、分析师、政治决策者和行业利益相关者，所以瑞士生物技术日也成为瑞士生物制药行业一年一度的标准聚会。巴塞尔作为生物技术和药物研究、开发和生产极具活力的城市之一，已成为举办活动的理想地点。

协会在 2018 年和 2019 年发展尤为迅速。瑞士生物技术日参与者增加 40%，已拥有 40 门瑞士生物科技学术课程，新增 47 个新会员。共有来自 174 个国家的 92000 名网络访问者，收到 60000 封电子邮件，组织了 125 个国内或国际产业活动，新增 1000 名订阅者。

1.7.2　瑞士加密谷协会

1.7.2.1　基本情况

瑞士加密谷协会是一家独立的、政府支持的协会，于 2017 年 1 月成立于瑞士中部的楚格，旨在充分利用瑞士优势建立世界领先的区块链和密码技术生态系统。类似美国硅谷的建设思路，协会作为一个专业性的组织，力图协调、加速和扩大加密谷的发展，使之成为世界最佳的密码技术和经营生态之地。瑞士加密谷协会涉及的领域包括加密技术、区块链、分布式账本技术等。

瑞士加密谷协会得以设立，离不开瑞士优越的发展环境，是多方面优势资源叠加形成的结果：一是中立、去中央化和自下而上的政治文化。瑞士的政治体制是中立、稳定、可预期及对公民高度负责的。瑞士的去中央化、自下而上的政治文化与未来加密谷技术去中央化、自下而上的特征非常契合。二是隐私文化。瑞士拥有全世界最强的隐私文化，第一部银行秘密法可以追溯到 1713 年。目前的数据保护法也是世界上最严格的。三是极高的生产效率和竞争力。瑞士竞争力和生产力居世界首位，关键动力在于经济增长和生活质量。与此同时，世界领先的基础设施、安全和可预期的法律框架、合理的政策、接近和准入全球市场、友好的营商环境、世界一流的人才、高生活品质等因素，也为瑞士加密谷协会的发展提供了优越的条件。

1.7.2.2　治理结构与业务活动

1. 治理结构

瑞士加密谷协会的主要活动由工作组推动，协会成员受邀参加协会活动。协会注重与合作伙伴的关系，在各领域拥有众多战略伙伴，如苏黎世大学、苏黎世联邦理工学院、国际可信任的区块链应用协会、国际票券标准化协会、国际数字资产交易协会、苏黎世旅游局、日内瓦宏观实验室、全球数字金融组织等。另外，协会还拥有 3 家媒体合作伙伴、2 家公司赞助商。合作伙伴举办的有影响力的活动有瑞士经济论坛等。

2. 业务活动

瑞士加密谷协会的业务活动突出协会的关键目标和聚焦领域。具体如下。

（1）协会管理。支持会员利益和需求，支持初创企业入门及其需要，促进会员间交流，成立不同主题的工作组和学会。

（2）行业生态发展。在国内和国际范围内促进行业发展，加强协会作为知识和创新中心的地位，组织有价值的活动，构建凝聚行业参与者的良好生态。

（3）与政府、教育和其他机构等利益相关者接洽。支持建设和完善运营条件，促进与贸易协会的合作，提供技术和商业教育的聚合服务。

（4）运营管理。建立透明的运营结构，促进行业的多样化和包容性。

（5）投资。改善生态以吸引资本，建立与国际组织的联系，建立投资者和企业之间的桥梁。

1.7.2.3 会员管理

瑞士加密谷协会实行会员制，会员包括个人、初创企业、中小企业、非政府组织/协会等类型。初创企业会员雇员须少于20人；中小企业会员雇员须少于150人。会员有效期均为1年。会员每年需向协会缴纳会费，会费标准依据会员类型而不同。①个人会员 100 瑞士法郎；②初创公司会员 500 瑞士法郎；③中小企业会员 2500 瑞士法郎；④公司会员 5000 瑞士法郎；⑤非政府组织/协会会员 500 瑞士法郎。

个人会员福利包括：在会员目录列入个人介绍；加入协会工作组的机会；被选举担任工作组官员；参加研究和编撰白皮书；与协会个人会员的网络化联系；收到定期参加协会聚会的邀请；折扣价参加协会或合作伙伴的活动；折减 100 瑞士法郎参加加密谷会议；参加仅限会员的活动；参加直播；根据协会的规定使用协会成员标识；有权给新董事会成员投票和被选举；获取门户网站提供的岗位信息；获取有关区块链和加密技术发展的最新信息。

初创企业和中小企业可享受的福利相同，包括：在会员目录中列入公司介绍；使用协会通信渠道；通过主办活动获得品牌推广；有机会加入协会工作组并获得工作组官员候选资格；有机会获得办公空间、孵化器、教育等服务；参加研究和编撰白皮书；与其他所有会员的网络化联系；以折扣价参与协会或合作伙伴的活动；折减 500 瑞士法郎或以 10% 折扣参与举办协会会议；参加和组织活动；筹集资金机会；准许参加现场直播活动；摊位费折扣和国际大会发言机会；构建会员项目；通过工作组进入协会投资网络；接收邀请函参加协会活动并发表演讲；依据协会的规定使用协会会员标识；有权投票选举董事会新成员；在协会网站上发布职位空缺信息；获取有关区块链和加密技术发展的最新信息；获取法律和税收、银行开户及如何设立公司等内容介绍。

1.7.3　制药工业协会

1.7.3.1　基本情况

瑞士是美国之外世界最重要的药物研发中心，制药产业是瑞士经济的支柱，对瑞士经济贡献超过平均水平。作为瑞士私营经济重要的行业之一，制药产业对国内生产总值（GDP）的直接贡献份额是 5.4%。2017 年，瑞士研究型制药公司在研发方面的投入超过 65 亿瑞士法郎，几乎是营业额的 2 倍。总计 254100 个就业岗位有赖于制药产业。

制药工业协会是瑞士研究型制药企业的社团组织，1933 年在瑞士生物医药重镇巴塞尔成立，是瑞士成立较早的科技社团组织之一。协会拥有 22 家企业会员，包括罗氏、辉瑞、拜耳、强生、葛兰素史克、诺华、赛诺菲、艾伯维、渤健等知名医药企业。

制药工业协会主要发挥 3 个方面职能：作为一个倡导性组织，致力于促进瑞士国内外形成创新友好型监管条件，促进药物研发；作为一个对话者，努力与医疗保健系统所有利益相关方进行以问题解决为导向的合作，确保患者能接触到高质量、宽领域和可持续的创新成果；作为一个赋能者，确保促进强化瑞士药物中心的社会、经济和政治环境建设。

1.7.3.2　重点聚焦的议题

议题高度丰富是制药工业协会的一个重要特征。具体包括以下几方面。

（1）聚焦患者。包括营销授权、患者获得救助的通道、药品制造、药品功效、药品安全、供应可靠性。在面对全球健康挑战的当今世界，研究型制药企业承担着严肃的社会责任，并以多种方式为提高全球健康水平作出贡献。比如，许多制药企业参与到大量项目中，通过资金和物质捐助、扩展能力、知识和技术转移、初步和进一步的培训、有利的价格体系、自愿许可或放弃支付等作出贡献。制药公司也通过管理运营、优良制造实践和遵循道德标准，可靠地制造出高品质、安全和有效的药物和疫苗，且符合法律要求。考虑到老龄化人口，制药工业协会对老年人常发疾病的药物产业十分关注，包括各种非传染性疾病，如糖尿病、癌症、心血管病和痴呆。

（2）研发领袖。包括药物开发流程、临床研究、研发和治疗新方法、知识产权保护、动物研究，以高质量健康数据确保医疗进展。研究型制药工业追求系统的专业化战略，创新要求公司持续开展高水平研发投入。只有在没有歧视且对知识产权实行强有力保护的全球市场环境里，这样的长期投资才在经济上是合理的。核心要求是在世界贸易组织（WTO）框架内建立有效的国际贸易体制，以及拓展有清晰聚焦领域的自由贸易协定网络。

（3）强有力的经济架构。包括瑞士的制药中心地位、保护出口市场准入、招募最优秀人才、责任和可持续发展。除了与相关国家和国际标准相符，协会企业在决策过程中越来越多地考虑生态、社会因素。包括为可持续发展作出积极贡献、与其他利益相关者构建伙伴关系，特别是与健康、多样性和包容性及气候保护有关的利益相关者。该目标必定能在有关瑞士制药工业重要性和未来必要的架构条件等方面，实现与社会和政治团体间的透明对话。实现这个目标需要做的一件事就是建立起有关制药工业未来的制度化的咨询委员会，应包括来自科学团体、私营经济组织和政府部门的高级代表。委员会应在制药行业未来发展路径预期方面向联邦委员会提供决策咨询。

1.7.3.3 治理结构及业务活动

1. 治理结构

制药工业协会由董事会和员工组成。董事会包括主席、3 名副主席和 13 名成员。员工包括 1 名高级经理、4 名执行委员会委员、1 名通信部主管、2 名媒体联系人。

2. 业务活动

制药工业协会的业务活动主要包括：医疗保健体系改革、与欧盟及英国签订协议开拓市场、建立和运营可持续基金、招募和培养人才。

此外，制药工业协会也发布年度报告和出版物。年度报告提供协会发展重点和活动，以及与研究型制药工业有关的关键数据和信息。报告内含大量图表。报告包括制药工业主要的地区级和国家级关键数据，如总增加值、人数、生产力、出口和研发支出，也包括主要的交流项目和政治议题。出版物可以通过邮件订购，每周寄送一次，如《制药港 2030》《健康概况 2020》《2020 瑞士制药港：巴塞尔地区》等。

1.7.4 瑞士工程师和建筑师协会

1.7.4.1 基本情况

瑞士工程师和建筑师协会是瑞士建筑、技术和环境方面最主要的专业协会。协会成立于 1845 年，距今已有 175 年的历史，坐落在瑞士知名城市苏黎世。该协会的核心目标是促进瑞士建筑环境的可持续发展和高质量设计，具有高度的专业性和跨学科性质。协会及其会员代表了建筑和建设方面的质量和专业水准，以在标准方面的工作而闻名。协会开发、更新和公布的大量标准、条例、指导、建议和文件，均对瑞士建设行业具有十分重要的作用。约有 200 个委员会负责进一步开发这些标准。

瑞士工程师和建筑师协会包括 4 个专业团体，分别聚焦建筑、民用工程、技术和环境。作为一个活跃的专业协会，瑞士工程师和建筑师协会努力促进瑞士高质量建筑环境建设，代表专业人员的权益。为实现这个目标，协会对能源、气候和材料相关的专题发表意见，帮助塑造瑞士的空间发展。协会在媒体方面保持着活跃度，提供培训课程和法律建议，组织各种各样的会议、大会，以及聚焦当前和未来主题的展览。

协会采用联邦制结构，涵盖 19 个部门，以确保协会关切的议题纳入地方和区域层级的考虑。此外，协会还为活跃于国外或对国际事务感兴趣的会员设立了国际部。

1.7.4.2 治理结构

瑞士工程师和建筑师协会的治理结构具有多层次的特点，包括指导委员会、总部办公室、专业团队、委员会、分部及专家协会。

（1）指导委员会。指导委员会是瑞士工程师和建筑师协会的最高战略管理机构，代表社团处理与其他团体的关系，形成和实施协会战略。委员会由协会主席、2 名副主席和 6 ~ 10 名其他成员组成。所有指导委员会成员由代表会议选出，4 年一选（连任不能超过 2 届）。

（2）总部办公室。协会总部位于苏黎世，总部办公室设管理委员会，依据指导委员会的指示负责管理协会当前的交易，并负责协会的运营管理。管理委员会由常务董事及分布在协会各个部门的约 50 名雇员组成，包括标准和服务业务部、法律和通信部、财务部、人力资源部、信息技术和基础设施支持部。

（3）专业团队。瑞士工程师和建筑师协会包括 4 个专业团队：建筑、民用工程、技术和环境。专业团队的职责是独立处理与特定专业相关的问题，草拟专业框架，支持进一步的和持续的培训政策，代表专业利益，帮助制定专长领域里的行业标准和条例，调整他们的活动以适应整个协会的政策和战略。专业团队也对协会附属的专家协会负责。每个专业团队形成各自的理事会作为其最高管理机构，由至少 9 名个人和（或）名誉会员组成。理事会成员从专业团队成员中选出，每届任期 4 年。每个专家协会由相关的专业团队理事会中的 1 名理事代表。专业团队理事会还要选举其中 1 名成员作为主席，代表专业团队参加协会代表会议。

（4）委员会。瑞士工程师和建筑师协会有许多运营委员会，其中有近 200 个仅从事标准范畴的工作。条码中央委员会和条例中央委员会有 3 个下属的部门委员会——结构设计标准委员会、结构建造标准委员会、建造服务和能源标准委员会。其他知名的委员会有培训委员会、知识产权法专家委员会、审计委员会等。

（5）分部。瑞士工程师和建筑师协会是分散式的结构，包括 18 个区域分部和 1 个国际分部。这些分部负责与地方政府和教育机构进行联络和对话。分部通过这种方式处理地方特定的问题，也能确保事关协会整体利益的问题能在区域层面得到解决。

（6）专家协会。瑞士工程师和建筑师协会目前有 24 个专家协会，具有自治属性，主要维护专家和其他相关专业人士的利益。专家协会通过课程、会议、演讲和考察促进特定领域内新发展和知识方面的经验交流，激励思想交流，增进协会与国内外特定领域同行的关系。

1.7.4.3　会员管理

瑞士工程师和建筑师协会包括 39 名名誉会员、12791 名个人会员、2579 个公司会员、527 名学生会员及伙伴会员。协会要求会员秉持保证质量和专业性的信念，使专业活动向可持续方向发展，并保证专业活动符合公平竞争原则。协会采取单一会员制。会员注册需要完成相应表格填写，涵盖个人基本信息，教育和培训、职业生涯、会员资格相关信息，申请加入的专家协会、会员资格要求等方面的内容。

成为会员后，可享受到的服务包括：协会出版物（如标准、条例）购买折扣，获赠一套协会主办的杂志，多种培训课程，法律和标准方面的咨询，根据会员需求定制的保险解决方案，通过时事简报和网站提供的规划相关议题的常规和扩展信息等。

1.7.4.4　主要业务活动

瑞士工程师和建筑师协会的业务活动主要包括以下几方面。

（1）促进国际化。协会长期以来在许多国际组织拥有代表权，与国外协会维持着良好的关系。早在 2014 年，协会就设立了国际部，用来整合设在国外的规划和建造行业的网络活动，允许会员准入其他国家市场。在国际化工作中，协会在国际机构中争取会员及专业代表资格；建立和促进与其他专业协会、相关部门和组织及国内外教育研究机构的关系，以共享和获得知识及信息；促进协会国际活跃会员的交流；通过国内外项目和活动实现知识转移。

（2）提供信息。包括主要的通用信息，以及针对瑞士国内外工程师和建筑师市场准入的参考信息。

（3）组织活动，安排项目及代表等。

1.7.5　瑞士西部生命科学集群

1.7.5.1　基本情况

瑞士西部生命科学集群总部位于生命科学产业发达的日内瓦。集群专注于生命科学领域，具体包括：大数据和生物信息、生物材料、心血管疾病、诊断学、给药装置、内分泌和新陈代谢、免疫学、神经科学、肿瘤学、罕见病用药等。瑞士西部生命科学集群致力于为生命科学产业的发展提供动态的合作网络，是创新性的、支持性的环境，以及快速进入生命科学世界的入口。集群是一个由集中在拥有良好基础设施、面积较小、具有吸引力的地理区域内的研究机构、学术机构、初创企业和大型跨国公司组成的活跃且富饶的生态系统。

1.7.5.2　治理结构

瑞士西部生命科学集群治理结构包括执行委员会和秘书处。执行委员会由主席、副主席及 7 名委员组成；秘书处由总秘书、项目和社团经理组成。为了方便业务开展，集群还设立了媒体中心。

1.7.5.3　会员管理

瑞士西部生命科学集群的会员主要包括州会员、学术机构和研究机构会员。集群得到了伯尔尼州、弗里堡州、沃州、纳沙泰尔州、日内瓦州、瓦莱州、汝拉州等州和瑞士国家经济事务秘书处的支持。集群有 7 家州会员和 12 家机构会员。机构会员包括洛桑大学、纳沙泰尔大学、日内瓦大学、弗里堡大学、瑞士生物信息研究所等。

集群采用注册制对会员进行管理。会员填表需提交协会数据库，由协会对申请会员进行审核。

1.7.5.4　主要职能

瑞士西部生命科学集群充当了提高行业价值的帮助者，与集群合作有助于成员在行业内部的能力提升。具体来看，集群发挥了下述职能。

（1）企业赋能者。产业网络方面，集群的网络数据显示已有 1125 名会员，其中 1020 名来自产业界，39 名来自学术机构，7 名来自州支持，62 名来自创新支持组织（44 名来自协会、基金会和风险资本，18 名来自孵化器和科技园区）。经济促进方面，不同的经济促进办公室提供广泛的机会选择，包括伯尔尼州经济发展代理处、弗里堡州发展代表处、瓦莱州经济事务和创新办公室、纳沙泰尔州经济促进办公室等；国际市场方面，集群提供大量的服务以促进企业出口和国际化。

（2）创新赋能者。集群每年都推动设立大量新企业，使它们容易接触金融、法律顾问及研发专业知识。在瑞士西部，通过州或联邦机构和学术网络，研究项目可以得到企业的支持。瑞士西部的技术转让结构填补了学术界和企业间的鸿沟。在集群内的许多成功的初创企业都得益于技术转让交易。世界上很少有地区能像瑞士西部这般拥有数量众多的高质量的技术园区和孵化器。

（3）研究机构和教育。集群为最大限度地发挥创新集群效应，高度重视研究机构和研究网络建设及人才培养。瑞士西部生命科学集群集中了大量世界一流水平大学和学术机构，提供生命科学领域的研究设施和研究生课程。瑞士西部还集聚了基础研究和应用研究方面的高新技术能力。从整体上看，集群已拥有完善的研究网络。注重教育和培训的同时也为集群培养了大量优秀人才。

1.7.6 瑞士西部微纳米技术集群

1.7.6.1 基本情况

瑞士西部汝拉山和阿尔卑斯山包围着的区域，在微纳米技术领域拥有杰出的行业专长，已经发展成为微纳米技术领域的头部力量。深深植根于悠久的历史传统，该地区的创新热情和追求极度精确的精神，以及区域内密度极高的高等教育机构、研究中心和私营企业网络，形成了优越的产业生态。

瑞士西部微纳米技术集群是一个由瑞士西部 7 个州的政府推动，相关企业、机构共同设立的平台型组织，7 个州分别是伯尔尼州、弗里堡州、日内瓦州、汝拉州、纳沙泰尔州、瓦莱州和沃州。该集群是独特的能力中心和交流平台。集群的使命包括：开发和促进形成区域微纳米行业的科学、产业和经济基地，同时促进形成区域内教育机构、研发设施、技术转让机制、内部投资和企业良好生态；鼓励所有参与者间进行无缝互动；吸引其他创新力量，带来工作岗位，并确保产生未来的高素质劳动力；成为一个可靠和可获得信息的永久来源，一个传播和交流专业和公共知识的途径。

1.7.6.2 治理结构及业务活动

瑞士西部微纳米技术集群的日常运营由执行秘书处负责。集群专家委员会成员包括 1 名主席和 12 名其他成员，主要负责提出活动和平台总体战略定位的建议。

集群的业务活动有：管理和运营网站；在国际层面建立强有力的影响力，通过组织在行业贸易展览上的分类摊位，起到最为显著的效果；组织专业和公共活动；提供信息、联网可能性和建立商业关系。同时，集群高度重视行业人才的培养，将研究和教育作为其主要业务活动。主要包括：

（1）教育机构。纳沙泰尔大学、日内瓦大学、弗里堡大学、洛桑大学、西瑞士应用科学大学等。此外还有日内瓦工程学校、沃州工程管理大学、弗里堡工程建筑学校等教育机构提供微纳米领域的学士教育、硕士教育、学术和职业教育。

（2）继续教育。绝大多数教育机构都提供研究生教育或继续教育培训。比如瑞士微米技术研究基金会、伯尔尼专业化技术和信息科学高等教育学院、西瑞士应用科学大学、日内瓦工程学校等。

（3）研究中心和实验室。瑞士西部是几家世界知名的研究中心和机构的发源地。主要的研究中心和机构包括：瑞士电子和微米技术中心、伯尔尼专业化技术和信息科学高等教育学院、西瑞士应用科学大学、日内瓦工程学校、沃州工程管理大学、弗里堡工程建筑学校、洛桑联邦工艺学校、日内瓦大学、纳沙泰尔大学、弗里堡大学、洛桑大学等。

1.7.6.3 合作伙伴

瑞士西部微纳米技术集群的一大特色是拥有多种类型的合作伙伴，主要有州伙伴、技术园区、赋能企业、协会和网络、伙伴集群。

（1）州伙伴。瑞士西部微纳米技术集群产生于瑞士西部公共经济部委员会的一个倡议。该委员会是集群首要的组织。7家参与的伙伴州分别是伯尔尼州、弗里堡州、沃州、纳沙泰尔州、日内瓦州、瓦莱州、汝拉州。

（2）技术园区——初创企业、孵化器。每年有几十家新公司投入创新进程。为了满足这些公司的需求，瑞士高度聚焦技术园区。例如沃州科技园区，是瑞士最大的科技园区，占地面积50万平方米，聚集了超过100家公司。

（3）赋能企业。由7个州发起成立的商业创新平台，自1991年以来一直帮助初创企业和中小企业直面创新挑战、组织规划、运营企业、寻求合作，以及接触共同筹资项目等。

（4）协会和网络。瑞士国内的包括：瑞士塑料集群、瑞士导航研究院、微米技术行业等，共计17家；国际的包括：法国贝桑松的TEMIS、法国格勒诺布尔的MINATEC、德国的IVAM等，共计12家。

（5）伙伴集群。瑞士西部微纳米技术集群是瑞士7个州共同治理和支持的4个技术集群之一。另外3个集群为日内瓦湖ICT产业集群、日内瓦湖生命科学集群、西瑞士清洁技术集群。

1.7.6.4　发展特色和优势

瑞士西部微纳米技术集群具有显著的区位优势。一是地理位置优越。该集群由西瑞士 7 个州组成，占据欧洲中央位置，是欧洲技术和经济核心。二是国际化视野。集群所在区域中超过 25% 的瑞士人口（约 280 万）生活在瑞士西部。主要语言为法语和德语，便于与邻国交流。虽然该地区不属于欧盟，然而与所有邻国签署的多个双边协议保证了该地区同样具有开放的政治和经济视野。欧洲以外，该地区与美国、日本等签署了几个双边协议。瑞士西部国际组织众多，是许多主要国际非政府组织的总部，如世界贸易组织（WTO）、国际红十字会（ICRC）、世界卫生组织（WHO）等。三是安全、稳定的政治环境。瑞士传统上保持中立，具有稳定的政治体系，瑞士西部是世界上十分适合居住和发展长期事业的安全地区之一。税收和法律体制也为投资该区域的企业提供清晰的长期优势。四是经济体制优势。瑞士经济以其优秀的绩效、高度专业化的经济主体、具有完美资信的企业而闻名。除此之外，非常自由的政策、稳定的购买力和相对低成本的融资都助力企业实现繁荣发展。瑞士西部正在加强其作为主要经济中心的作用，仅日内瓦就有超过 570 家跨国公司。四是独特的教育体制和高素质劳动力。瑞士教育体系以其高质量和高标准要求而闻名。

同时，集群的行业专长特色明显。瑞士西部拥有独特的行业专长中心，超过2000 家专业化公司，会聚了成千上万的高素质应用型人才和生产专业人员，工作在微纳米行业最前沿的技术领域。继承了高技术行业的多学科传统，构成了在行业内很高层次上开展创新型研究所必需的结构密度，成就了钟表制造、电子工业和微电子工业、通信、安全、测量仪器和传感器行业，以及生物医药器械行业。

此外，瑞士西部微纳米技术集群数据库为集群企业提供了全文本搜索引擎，实现信息资源共享。

1.7.7　世界经济论坛

1.7.7.1　基本情况

世界经济论坛（World Economic Forum，WEF）成立于 1971 年。当年 1 月，在欧盟委员会和欧洲各行业协会的支持下，欧洲的一些商界领袖在瑞士达沃斯召开了一次会议，出生于德国的日内瓦大学商业政策教授克劳斯·施瓦布出任这次会议的主席。世界经济论坛由此诞生，总部设在瑞士日内瓦，最初名为欧洲管理论坛，1987 年更名为世界经济论坛。世界经济论坛性质为非营利性基金会，最为著名的就是在达沃斯 – 克洛斯特斯举办的年会。论坛最初讨论的重点是管理领域问题。1973 年，布雷顿森林体系固定汇率机制的瓦解和中东战争的爆发，使论坛将年会的讨论重点从管理领域扩展至经济和社会问题，政界领导人也首次受邀于 1974 年 1 月前往达沃斯。1979 年出版的《全球竞争力报告》让世界经济论坛扩展成为一个知识中心，着手打造自有的研究与知识输出能力，为各国提供信息参考。2015 年，世界经济论坛与瑞士政府签订《东道国协议》，成为"推动公私合作的国际组织"。2019 年，世界经济论坛与联合国签署战略伙伴框架协议，进一步增强了地位和影响力。

世界经济论坛是一个中立组织，不介入任何政治、党派或国家利益，与所有主要国际组织有着密切的合作关系。世界经济论坛致力于彰显企业家精神，同时坚持最高的治理标准，道德公正是论坛一切工作的核心。

世界经济论坛的宗旨是赋能全球领袖，共同塑造更美好的未来。当今世界瞬息万变，即便最具创新力的政府、企业和组织，也难以独立应对技术、环境和社会领域的诸多挑战。世界经济论坛作为深受信赖的全球平台，为全球利益相关者提供携手合作的机会，从而实现改善世界状况的使命。世界经济论坛自设立伊始就注重培育全球公民精神，为了实现改善世界状况的使命，制定了大量行动倡议，涉及公共和私人领域的多方利益相关者。世界经济论坛通过整合公私项目，共同开展行动，充分发挥对世界的影响力，提升了上亿人的生活质量。

1.7.7.2 治理结构与业务活动

1. 治理结构

世界经济论坛致力于成为世界一流的公司治理模式的榜样，将价值观与规则放在同等重要的位置。世界经济论坛的指导原则是合法、负责、透明及集体行动。

世界经济论坛依据职能设立了多层次的组织架构。处在最上层的是董事会，下设主席办公室和合规与机构事务部门。世界经济论坛的工作在董事会的指导下开展。董事会成员由杰出人物担任，他们是世界经济论坛的使命和价值观的守护者，在推广全球公民责任活动的过程中提供指导。董事会成员均为来自商界、政界、学界与公民社会的领袖。作为董事会成员，他们不代表任何个人或行业利益。为了保证董事会涵盖多方利益相关者，董事会成员的数量在商界、国际组织和公民社会代表中是均等分配的。

管理委员会是世界经济论坛的执行机构，共有 10 名人员。它确保世界经济论坛的所有活动均符合自身的使命，同时对外能够代表世界经济论坛。管理委员会集体对世界经济论坛承担执行职责，并向董事会汇报工作。在管理委员会下根据职能不同设立 3 个层次的部门。第一层次为核心支持职能部门，包括：①财务、技术和运营；②人员和文化。同时设立北京、纽约和旧金山、东京 3 个办事处。第二层次为核心发展职能部门，包括：①企业参与；②政策和制度影响；③公共参与；④战略情报。第三层次为核心价值传递职能部门，包括：①全球行业中心；②地区和地缘政治事务中心；③全球公共产品中心；④新经济和社会中心；⑤全球方案中心；⑥第四次产业革命网络中心；⑦网络安全中心；⑧创新创业中心。详见图 1-3。

来自全球超过 60 个国家的各行各业的优秀人才来到世界经济论坛工作。这种全球化的深度和体验使论坛有能力充分支持会员参与全球各项事务。

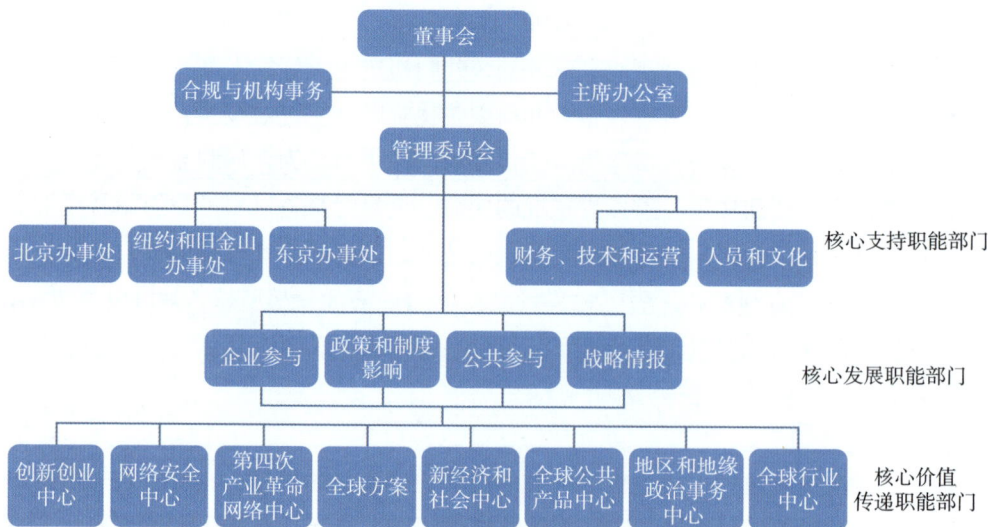

图 1-3　世界经济论坛组织架构

资料来源：https://www.weforum.org/reports/annual-report 2017-2018，课题组翻译整理。

2. 业务活动

世界经济论坛主要开展几方面的业务活动：①设置全球、地区和行业议题，探寻论坛最新的文章，包括及时分析和解读；②通过搭建多个平台，让人们了解世界经济论坛通过公私合作开展的应对全球最重大挑战的活动；③发布全球性议题相关的报告；④围绕全球、地区和行业议题举行各类会议（如论坛年会、区域会议等）。

1.7.7.3　会员管理

世界经济论坛的会员包括机构会员、论坛会员和技术先锋。合作伙伴包括：战略合作伙伴、准战略合作伙伴、行业合作伙伴和地区合作伙伴。

1. 会员

（1）机构会员。论坛的1000家机构会员是论坛所有活动的核心力量，它们的支持对于探寻可持续性全球解决方案，改善世界状况发挥着至关重要的作用。一般来说，机构会员是所在行业和国家一流的全球性企业，对于塑造所在行业和地区的未来发挥着领导作用，被公认为全球领先企业。

（2）论坛会员。论坛会员包括全球顶尖创新者、市场塑造者、变革者、地区领导者等领军型企业；都是具有卓越影响力并持续帮助新兴经济体发展、促进社会繁荣的企业，正日益转变成所属行业和地区的全球领导者；构成了世界经济论坛在全球商业和解决紧急问题的行动中的关键支柱之一，发掘新兴趋势，帮助世界经济论坛实现改进世界状况的使命。

（3）技术先锋。技术先锋通常是那些处在创业阶段的企业，它们来自全球各地，正在设计、开发和运用新的技术。这些企业都有潜力对企业和社会的运行方式产生重大影响。技术先锋必须展现出具有远见卓识的领导力和长期发挥市场领导者作用的潜力。它们的技术必须经过市场的检验。世界经济论坛每年都会对数百家创新企业进行审核，并从中选出大约30家企业担任技术先锋。

2. 合作伙伴

（1）战略合作伙伴。战略合作伙伴由100家全球领先的企业组成，代表了不同的地区和行业，与论坛一样致力于改善世界状况。它们提供必要的支持，是世界经济论坛各项活动及其社区工作背后的主要推动力。这些合作伙伴相信多方利益相关者互动能够推动积极的变革，并与世界经济论坛密切合作，以协助制定行业、地区和全球议程。

（2）准战略合作伙伴。准战略合作伙伴是世界经济论坛精心挑选的会员企业，积极参与世界经济论坛的活动并在行业、地区和全球范围内选择议题。通过访问世界经济论坛多元利益相关者网络和专家，准战略合作伙伴可以为世界经济论坛在重要行业或跨行业相关议题上提供战略性洞见。通过在上述议题中引导积极的变革，准战略合作伙伴致力于塑造行业、地区和全球议题，最终促进全球公民权的实现。

（3）行业合作伙伴。行业合作伙伴是世界经济论坛精心挑选的会员企业，从行业层面积极参与推动世界经济论坛的使命；通过与世界经济论坛的多方利益相关者网络及专家深入开展互动，为解决行业及跨行业重大问题的有关战略决策提供洞察力。由此，可以在诸多问题上引领积极变革，并从行动上支持全球企业公民精神。

（4）地区合作伙伴。地区合作伙伴是世界经济论坛精心挑选的会员企业，从地区层面积极参与推动世界经济论坛的使命，提供议题。具有强大地区影响力或者对某地区具有强烈兴趣的合作伙伴和利益相关者一直致力于引领社会和经济发展，并享有世界经济论坛多元利益相关者网络和专家的特别权限。地区合作伙伴的参与将为世界经济论坛在最重大的地区事件的战略决策中带来预见度和洞见。

1.7.7.4 工作机制

世界经济论坛主要通过邀请各利益相关者参加平台、会议，以及帮助他们融入数字和知识网络开展工作。

1. 参加协作平台

世界经济论坛提供多个平台，整合各方的相关行动。世界经济论坛将其分为3类：完全由世界经济论坛发起和筹集资源；或由利益相关者联合体共同发起和筹集资源；或完全由第三方"领军者"主导和筹集资源但始终促进共同平台发展。平台方法旨在加强全球合作，不仅为推动具体领域发展的国际组织提供支持，同时也被纳入全球整体行动。

2. 参加高级别个性化互动交流

每年1月份，世界经济论坛邀请各利益相关者参加在瑞士举行的达沃斯年会。该年会已成为制定全球、区域和行业议程的全球首要峰会。

另一重要的会议是在中国举办的新领军者年会，专门围绕创业与创新议题展开。此外，世界经济论坛每年还在联合国大会期间，在纽约举办可持续发展影响力峰会，关注全球公共产品，寻求创新解决方案，实现联合国可持续发展目标。

3. 帮助利益相关者融入数字与知识网络

世界经济论坛运用自身的研究能力、人工智能及知识工具，开发数字平台TopLink，实现持续交流互动，创造长期影响力。

附录 1.1 《瑞士民法典》社团相关条款（截至 2020 年 7 月 1 日）

注：以下部分为《瑞士民法典》条文摘译，其中的层次编号遵循原法律条文序号。

第二章　社　　团

A 设立

第 60 条

I. 法人团体

1. 具有政治、宗教、科学、文化、慈善、社会或其他非商业目的的协会，只要其章程明确表明其作为法人团体存在的意图，即获得法人资格。

2. 社团章程必须以书面形式订立，并注明协会的宗旨、资源和组织。

第 61 条

II. 进入商业登记

一旦社团章程得到批准并任命了委员会，该协会就有资格进入商业登记册。

符合以下情形之一的社团必须注册：

1. 为追求其目标而进行商业活动；

2. 符合审计要求。

申请登记时，必须附社团章程和委员名单。

第 62 条

III. 缺乏法人资格的社团

不能取得或尚未取得法人资格的协会被视为简单的合伙企业。

第 63 条

IV. 社团章程与法律的关系

本章程未对社团的组织及其与会员的关系作出规定的，适用下列规定。

社团章程不得改变法律的强制性规定。

B 组织

第 64 条

I. 社团大会

1. 职能、会议召开

社团大会是协会的最高管理机构。

社团大会由委员会召集。

社团大会必须按照章程规定的规则召开，并且如果五分之一的会员要求，也必须按照法律要求召开。

第 65 条

2. 权力

会员大会决定会员的接纳和排除，任命委员会，并决定所有非由本会其他理事机构保留的事项。

监督理事机构的活动，并可随时解散理事机构，但不得损害被解职者的任何合同权利。

只要有正当理由，解雇权就依法存在。

第 66 条

3. 决议

a. 形式

社团大会通过决议。

全体会员对提案的书面同意，等同于社团大会的决议。

第 67 条

b. 投票权和多数

全体会员在社团大会上享有平等的表决权。

决议须经出席委员过半数票通过。

只有在章程明确允许的情况下，才可以对未发出适当通知的事项作出决议。

第 68 条

c. 排除表决权

根据法律规定，每名成员不得就其本人、其配偶或直系亲属与本协会之间的交易或争议进行表决。

第 69 条

II. 委员会

1. 一般权利和义务

根据《社团章程》的规定，委员会有权并有义务管理和代表公司。

2. 会计

委员会应维持本会的业务台账。《商业记账会计义务守则》2 的规定比照适用。

Ⅲ. 审计师

1）如果在连续两个营业年度内超过以下两个数字，社团必须将其账目提交给外部审计师进行全面审计：

1. 总资产 1000 万瑞士法郎

2. 营业额 2000 万瑞士法郎；

3. 平均每年有 50 名全职员工。

2）如果负有个人责任或有义务提供更多资本的会员提出要求，协会必须将其账目提交给外部审计师进行有限审计。

3）《义务守则》2 关于社团外部审计师的规定作必要修改后适用。

4）在所有其他情况下，社团章程和社团大会可自由作出其认为适当的审计安排。

Ⅳ. 组织缺陷

如果社团没有一个规定的管理机构，成员或债权人可以向法院申请命令采取必要的措施。

在特殊情况下，法院可以对社团采取必要措施恢复法定条件设定时间限制，如果必要的话，可以任命一个管理人。

社团承担这些措施所需费用。法院可以命令社团向被任命管理人预付费用。

出于正当的理由，社团可以向法院申请撤换它所任命的管理人。

C　会员资格

第 70 条

1. 入会和退出

会员可随时入会。

所有成员均有合法的辞职权利，但须提前 6 个月发出辞职通知，并在该日历年年底或（如规定了行政期限）在该期限结束时届满。

会员资格不可转让。

第 71 条

Ⅱ. 缴纳会费的义务

如果社团章程有规定，成员有义务缴纳会费。

第 72 条

Ⅲ. 排除会员资格

社团章程可以明确规定排除会员的理由，但也可以无理由地排除会员。

在这种情况下，会员不得基于任何理由对此提出质疑。

除社团章程另有规定外，排除会员资格须经会员大会决议并有正当理由。

第 73 条

IV. 前会员的地位

1）辞职或被排除在外的会员对社团的资产没有索赔权。

2）前会员对其会员资格存续期间尚未缴足的到期会费负有补缴责任。

第 74 条

V. 对于社团宗旨的保护

任何会员不得违背意愿而被迫接受社团宗旨的改变。

第 75 条

VI. 会员保护

任何会员如不同意违反法律或社团章程的决议，则有权在得知该决议后一个月内，向法院提出异议。

附加责任（2004 年增订）

第 75a 条

协会以其资产对其义务负责。除社团章程另有规定外，该责任以资产为限

D 解散

第 76 条

I. 解散方式

1. 通过决议

经会员决议，协会可随时解散。

第 77 条

2. 法定解散

如果公司资不抵债，或根据社团章程不再任命委员会，则该协会依法解散。

第 78 条

3. 判决解散

社团宗旨不合法或不道德者，主管机关或利害关系人得申请法院裁定解散。

第 79 条

II. 从商业登记册中注销

如协会已登记，委员会或法院应将解散决定通知商业登记官，以便注销该条目。

附录 1.2　瑞士主要科技社团列表

序号	社团名称（英文 / 德文）	社团名称（中文）
	技术类社团（1～149）	
1	Arbeitsgemeinschaft Solar 91	太阳能协会
2	Association d'Etudes Baha'les	巴哈森林协会
3	Association suisse de microtechnique	瑞士显微技术协会
4	Commission Medicale Chretlenne	医疗委员会
5	Development Innovations and Networks	发展创新和网络
6	Ecological and Toxicological Association of Dyes and Organic Pigments Manufacturers	染料和有机颜料生产商生态学和毒理学协会
7	Eldgenosslscher Jodlerverband	消防乔德勒协会
8	Fachgruppe fur Industrielles Bauen des SIA	工业建筑协会
9	Fachgruppe fur Raumplanung und Umwelt des SIA	环境规划协会
10	Fachgruppe fur Untertagbau des SIA	地下建筑协会
11	Fachgruppe fur Vermessung und Geoinformation des Schweiz-erischen Technischen Verbandes SVK	瑞士技术监测和地理信息协会
12	Federation des Societes d' Agriculture de la Suisse Romande	畜牧业联合会
13	Federation Internationale des Associtaions d' Etudes Classlques	钢钻协会国际联合会
14	Federation Internationale du beton	结构混凝土国际联合会
15	Forschungsgemeinschaft fur Nationalokonomle	国家拆除作业研究协会
16	Gesellschaft fur Forschung auf biophysikalischen Grenzgebieten	生物物理学交叉研究中心
17	Gesellschaft fur Versuchstierkunde	实验动物学会
18	Institut National Genevois	国家仪器研究所
19	Institut Suisse de Recherche Experimentale sur le Cancer	瑞士癌症实验研究所
20	Organization Gestosis	妊娠中毒症防治组织
21	Schweizerische Arztegesellschaft fur Akupunktur	瑞士针灸医师协会
22	Schweizerische Arztegesellschaft fur Manuelle Medizin	瑞士医生协会
23	Schweizerische Arztegesellschaft fur Regulationsmedizin-Neuraltherapie	瑞士神经疗法协会
24	Schweizerische Akademie der Medizinischen Wissenschaften	瑞士医学科学院
25	Schweizerische Akademie der Technischen Wissenschaften	瑞士科技学院
26	Schweizerische Arbeitsgemeinschaft fur Freie Energie	瑞士自由能源委员会
27	Schweizerische Arbeitsgemeinschaft fur orale Implantologie	瑞士口腔植入学协会

序号	社团名称（英文/德文）	社团名称（中文）
28	Schweizerische Arbeitsgemeinschaft fur Rehabilitation	瑞士康复委员会
29	Schweizerische Botanische Gesellschaft	瑞士植物人协会
30	Schweizerische Diabetes-Gesellschaft	瑞士糖尿病学会
31	Schweizerische Energie-Stiftung	瑞士能源基金会
32	Schweizerische Gesellschaft der Kernfachleute	瑞士核学会
33	Schweizerische Gesellschaft fur Allgemeinmedizin	瑞士综合医学协会
34	Schweizerische Gesellschaft fur angewandte Berufsbildungstorschung	瑞士应用科学协会
35	Schweizerische Gesellschaft fur angewandte Geographie	瑞士应用地理协会
36	Schweizerische Gesellschaft fur Automatik	瑞士自动控制协会
37	Schweizerische Gesellschaft fur Biomedizinische Ethik	瑞士生物医学伦理协会
38	Schweizerische Gesellschaft fur Biomedizinische Technik	瑞士生物医学科技协会
39	Schweizerische Gesellschaft fur Boden und Felsmechanik	瑞士地板和岩力学协会
40	Schweizerische Gesellschaft fur Chirurgle	瑞士外科医生协会
41	Schweizerische Gesellschaft fur cystische Fibrose	瑞士人造纤维协会
42	Schweizerische Gesellschaft fur Dermatologie und Venerologie	瑞士皮肤病性病协会
43	Schweizerische Gesellschaft fur Endokrinologie und Diabetologie	瑞士内分泌学和糖尿病协会
44	Schweizerische Gesellschaft fur Feintechnik	瑞士精密科技协会
45	Schweizerische Gesellschaft fur Gastroenterologie und Hepatologie	瑞士肠胃切除术和喉部协会
46	Schweizerische Gesellschaft fur Gerontologie	瑞士老年医学协会
47	Schweizerische Gesellschaft fur Gynakologie und Geburtshilfe	瑞士妇科产科协会
48	Schweizerische Gesellschaft fur Innere Medizin	瑞士内科医学协会
49	Schweizerische Gesellschaft fur Kardiologie	瑞士心脏外科协会
50	Schweizerische Gesellschaft fur Kartographie	瑞士制图协会
51	Schweizerische Gesellschaft fur Kieferorthopadle	瑞士矫正学会
52	Schweizerische Gesellschaft fur Klinische Chemie	瑞士化学实验学会
53	Schweizerische Gesellschaft fur Lebensmittel-Wissenschaft und Technologie	瑞士食品科技协会
54	Schweizerische Gesellschaft fur Medizinische Radiologie	瑞士医疗放射学会
55	Schweizerische Gesellschaft fur Muskelkranke	瑞士肌肉病协会
56	Schweizerische Gesellschaft fur Neuroradiologie	瑞士神经透析学会
57	Schweizerische Gesellschaft fur Oberftachentechnik	瑞士高等技术学会

续表

序号	社团名称（英文/德文）	社团名称（中文）
58	Schweizerische Gesellschaft fur Onkologie	瑞士肿瘤学学会
59	Schweizerische Gesellschaft fur Otorhinolaryngologie Hals und Gesichtschirurgle	瑞士脖子及面部外科协会
60	Schweizerische Gesellschaft fur Physlkallsche Medizin und Rehabilitation	瑞士植物医学和康复协会
61	Schweizerische Gesellschaft fur Pneumologie	瑞士呼吸科学会
62	Schweizerische Gesellschaft fur pravention und gesundheitswesen（SGPG）	瑞士的预防和医疗协会
63	Schweizerische Gesellschaft fur rheumalogie	瑞士风湿病学会
64	Schweizerische Gesellschaft fur schicksalsanalytische therapie	瑞士菊苣分析治疗中心
65	Schweizerische Gesellschaft fur sportmedizin	瑞士运动医学学会
66	Schweizerische Gesellschaft fur strahlenbiologie und mediznische	瑞士放射医学生物学学会
67	Schweizerische Gesellschaft fur traumatology und versicherungsm-edizin	瑞士创伤和保险医学协会
68	Schweizerische Gesellschaft fur tropenmedizin und parasitologie	瑞士热带医学和寄生虫学学会
69	Schweizerische Gesellschaft fur verhaltenstherapie（SGVT）	瑞士行为治疗学会
70	Schweizerische Gesellschaft fur zerstorungsfrele prufung	瑞士防灾协会
71	Schweizerische homoopatie-gesellschaft（SHG/SGKH）	瑞士同病种协会
72	Schweizerische krebsliga	瑞士癌症联盟
73	Schweizerische licht gesellschaft（SLG）	瑞士照明协会
74	Schweizerische liga gegen epilepsie（SLgE）	瑞士抗癫痫联盟
75	Schweizerische multiple sklerose Gesellschaft（SMSG）	瑞士多发性硬化症学会
76	Schweizerische ophthalmologische Gesellschaft（SOG/SSO）	瑞士眼科学会
77	Schweizerische Rheumaliga	瑞士流脑协会
78	Schweizerische trachtenvereinigung	瑞士追踪协会
79	Schweizerische vereinigung der lack-und farben-chemiker（SVLFC）	瑞士涂料和颜色化学家协会
80	Schweizerische vereinigung fur atomenegie（SVA）	瑞士原子能协会
81	Schweizerische vereinigung fur ernahrung（SVE）	瑞士食品协会
82	Schweizerische vereinigung fur kleintiemedlzin（SVK/ASMPA）	瑞士小型制药协会
83	Schweizerische vereinigung furs ensor technik（SVS）	瑞士毛皮传感器技术协会
84	Schweizerische vereinigung fur zukunftsforschung（SZF）	瑞士未来研究协会

续表

序号	社团名称（英文/德文）	社团名称（中文）
85	Schweizerische zahnarzte-gesellschaft	瑞士牙科学会
86	Schweizerische zentralstelle fur baurationallsierung（CRB）	瑞士建筑合理化中心
87	Schweizerische elektrotechnischer verein（SEV）	瑞士电工协会
88	Schweizerische fachverband fur schweiss-und schneidmaterial（SFAS）	瑞士焊接和切割材料联合会
89	Schweizerische forstverein（SFV）	瑞士森林协会
90	Schweizerische ingenieur-und architekten-verein（SIA）	瑞士工程与建筑协会
91	Schweizerische physlotherapeuten-verband（SPV）	瑞士物理治疗师协会
92	Schweizerische technischer verband STV	瑞士技术协会
93	Schweizerische Verband fur betriebsorganisation und fertigun-gstechnik（SVBF）	瑞士商业组织和制造技术联合会
94	Schweizerische Verband fur die materialtechnik（SVMT）	瑞士材料技术协会
95	Schweizerische Verband fur die warmebehandlung der werkstoffe（SVW）	瑞士材料热处理协会
96	Schweizerische Verband fur interne kommunikation（SVIK）	瑞士内部通信协会
97	Schweizerische Verband fur landtechnik（SVLT）	瑞士土地技术协会
98	Schweizerische Verein fur schweisstechnik	瑞士技术协会
99	Schweizerische Verein fur umweltsimulation（SVU）	瑞士环境模拟协会
100	Schweizerische verkehrssicherheitsrat	瑞士道路安全委员会
101	Schweizerische institute fur	瑞士研究所
102	Societe medicale de la Suisse romande	瑞士医学院
103	Societe Suisse de chirurgie thoracique et cardiovasculaire	瑞士胸部和心血管外科学会
104	Societe Suisse de gemmologie（SGG/SSG）	瑞士宝石学会
105	Societe Suisse de neurologie	瑞士神经科学学会
106	Societe Suisse de pediatrie	瑞士儿科学会
107	Societe Suisse de speteologie（SSS-SGH）	瑞士精神病学学会
108	Spine society of Europe（SSE）	欧洲脊柱学会
109	St galler zentrum fur zukunftsforschung（SGZZ）	圣加勒未来研究中心
110	Union Suisse des societies chirurgicales	瑞士外科学会联合会
111	Verband deulschschweizerischer arzte-gesellschaften（Vedag）	瑞士医生协会
112	Verein zur forderung der wasser-und lufthygiene（VFWL）	水和空气卫生协会

续表

序号	社团名称（英文 / 德文）	社团名称（中文）
113	Vereinigung fur umweltrecht（VUR）	环境问题协会
114	Vereinigung schweizerischer petroleumgeologen und-lngenleure	瑞士石油生态学家和工程师协会
115	Vereinigung umwelt und bevolkerung（ECOPOP）	环境保护协会
116	BioAlps	瑞士西部生命科学集群
117	Interpharma	制药工业协会
118	Micronarc（MEM）	瑞士西部微纳米技术集群
119	Netcomm Suisse（ecommerce）	瑞士电信（电子商务）协会
120	Swiss Aerospace Cluster	瑞士航空航天集群
121	Swiss Biotech Association	瑞士生物技术协会
122	Swiss Fintech Innovations（SFTI）	瑞士金融科技创新协会
123	cryptovalley	瑞士加密谷协会
124	SIA-Swiss Society of Engineers and Architects	瑞士工程师和建筑师协会
125	Digital Switzerland	数字瑞士协会
126	tcbe.ch-ICT Cluster Berne	伯尔尼信息和通信技术集群
127	asut-Swiss Telecommunications Association	瑞士电信协会
128	Cleantech Alps-Western Switzerland Cleantech Cluster	阿尔卑斯清洁技术 - 瑞士西部清洁技术集群
129	Electrosuisse-Association for Electrical Engineering, Power and Information Technologies	电气工程、电力和信息技术协会
130	Energie Cluster	能源集群
131	fial-Federation of Swiss Food Industries	瑞士食品工业联合会
132	ICT Switzerland	瑞士信息和通信技术协会
133	Lignum Holzwirtschaft Schweiz-Umbrella Organization of the Swiss Forestry and Timber Industry	瑞士林业和木材工业组织
134	Möbelschweiz-Swiss Furniture Trade and Industry Association	瑞士家具贸易和工业协会
135	Swiss Internet Industry Association（SIMSA）	瑞士互联网行业协会
136	SWISS MEDTECH	瑞士医疗技术协会
137	SMZ-Swiss Association of Metalworking Suppliers	瑞士金属加工供应商协会
138	SVUT-Swiss Association for Environmental Technology	瑞士环境技术协会
139	SWICO-Swiss Business Association for Information, Communication and Organisational Technology	瑞士信息、通信和组织技术商业协会

续表

序号	社团名称（英文 / 德文）	社团名称（中文）
140	Swiss Business Association Chemistry Pharma Life Sciences	瑞士化学、制药、生命科学企业协会
141	Swiss Cosmetic and Detergent Association	瑞士化妆品和洗涤剂协会
142	Swiss Cleantech	瑞士清洁技术协会
143	Swiss Convenience Food Association	瑞士方便食品协会
144	Swissmem	瑞士电子机械联合会
145	Swiss plastics	瑞士塑料协会
146	Swiss Rail Industry Association	瑞士铁路工业协会
147	Swiss Textiles-Swiss Textile Federation	瑞士纺织联合会
148	Alp ICT	阿尔卑斯信息通信技术协会
149	Federation of the Swiss Watch Industry FH	瑞士钟表工业联合会
国际组织类科技社团（150～235）		
150	Association for Computational Linguistics-Europe	国际计算语言学协会欧洲分会
151	Association of European Paediatric Cardiology	欧洲儿科心脏病学协会
152	Association Internationale des Ecoles des Sciences de l'information	国际信息科学协会
153	International Olympic Association for Medical-Sports Research	国际奥林匹克运动医学研究协会
154	Cardiovascular and Interventional Radiological Society of Europe	欧洲心血管和介入放射学会
155	Commission Electrotechnique Internationale	国际电工委员会
156	Committee for European Studies on Norms on Electronics	欧洲电子规范研究委员会
157	Coseil des Organisations Internationales des Sciences Medicales	国际医学科学组织理事会
158	Cooperative Programme fur Monitoring and Evaluation of the Long-range Transmission of Air Pollutants in Europe	欧洲空气污染物远程传输监控和评估联合计划
159	Euro-International Committee for Concrete	欧洲混凝土委员会（1998年与国际预应力混凝土协会合并为国际混凝土结构协会）
160	European Academy for Medicine of Ageing	欧洲老年医学学会
161	European Association for Body Psychotherapy	欧洲身体心理治疗协会
162	European Association for Computer Graphics	欧洲计算机图形学协会
163	European Association for Machine Translation	欧洲机器翻译协会
164	European Association for Signal Processing	欧洲信号处理协会
165	European Association for Study of Safety Problems in Production and Use of Propellants	欧洲推进剂生产和使用安全问题研究协会

续表

序号	社团名称（英文/德文）	社团名称（中文）
166	European Association for the Study of the Liver	欧洲肝脏研究协会
167	European Astronomical Society	欧洲天文学会
168	European Cetacean Society	欧洲鲸类动物学会
169	European Chemoreception Research Organization	欧洲化学受体研究组织
170	European College of Veterinary Surgeons	欧洲兽医学院
171	European Council of Coloproctology	欧洲结肠直肠学理事会
172	European Cytoskeletal Club	欧洲细胞支架协会
173	European Federation for Experimental Morphology	欧洲实验形态学联合会
174	European Ichthyological Society	欧洲鱼类协会
175	European Kidney Research Association	欧洲肾脏研究协会
176	European Menopause and Andropause Socity	欧洲更年期和男性更年期协会
177	European Nuclear Society	欧洲核学会
178	European Photochemistry Association	欧洲光化学协会
179	European Rare-Earth and Actinide Society	欧洲稀土和锕系元素协会
180	European Respiratory Society	欧洲呼吸协会
181	European Rheumatoid Arthritis Surgical Society	欧洲类风湿性关节炎外科协会
182	European Society for Dermatological Research	欧洲皮肤病学研究协会
183	European Society for Medical Oncology	欧洲内科肿瘤学协会
184	European Society for Movement Analysis in Adults and Children	欧洲成人和儿童运动分析协会
185	European Society for Surgical Research	欧洲外科研究协会
186	European Society for Traumatic Stress Studies	欧洲创伤应激研究协会
187	European Society of Child and Adolescent Psychiatry	欧洲儿童和青少年精神医学协会
188	European Society of Clinical Microbiology and Infectious Diseases	欧洲临床微生物学和传染病学协会
189	European Society of Intravenous Anaesthesia	欧洲静脉麻醉协会
190	Federation Aeronautique Internationale	国际宇航联合会
191	International Association for Biologicals	国际生物制剂协会
192	International Association for Bridge and Structural Engineering	国际桥梁和结构工程协会
193	International Association for Surgical Metabolism and Nutrition	国际外科代谢和营养协会
194	International Association of Biologicals	国际生物制品学会
195	International Association of Environmental Analytical Chemistry	国际环境分析化学协会

续表

序号	社团名称（英文/德文）	社团名称（中文）
196	International Computing Centre	国际计算中心
197	International Corrosion Council	国际腐蚀理事会
198	International Council for the Study of Virus and Virus-like Diseases of the Grapevine	国际葡萄藤病毒病和类病毒病研究理事会
199	International Federation of Surgical Colleges	国际外科学院联合会
200	International Lignin Institute	国际木质素研究所
201	International Neuromodulation Society	国际神经调节学会
202	International Organization for Standardization	国际标准化组织
203	International Ozone Commission	国际臭氧委员会
204	International Research and Consulting Center	国际研究咨询中心
205	International Research Programme on Health, Solar UV Radiation and Environmental Change	国际健康、日光紫外线辐射和环境变化研究计划
206	International Seed Testing Association	国际种子测试协会
207	International Society for Brain Electromagnetic Topography	国际脑电磁地形学会
208	International Society of Chemotherapy	国际化疗学会
209	International Society of Developmental Biologists	国际发育生物学家协会
210	International Society of Disaster Medicine	国际灾难医学协会
211	International Society of Doctors for the Environment	国际环境保护医生协会
212	International Society of Electrochemistry	国际电化学学会
213	International Society of Internal Medicine	国际内科学协会
214	International Solarcar Federation	国际太阳能汽车联合会
215	International Space Science Institute	国际空间科学机构
216	International Telecommunication Union	国际电信联盟
217	International Union for Conservation of Nature and Natural Resources	国际自然和自然资源保护联盟
218	International World Wide Web Conference Committee	国际万维网会议委员会
219	Internationale Architekien-Union	国际建筑联合会
220	Internationale Gesellschaft fur Nutztierhattung	国际农场动物协会
221	Internationale Vereinigung fur gewerblichen Rechtsschutz	国际保护工业产权协会
222	Internationale Vereinigung fur Walsertum	国际海洋保护协会
223	Internationales Kali-Institut	国际氧化钾研究所

续表

序号	社团名称（英文／德文）	社团名称（中文）
224	Laboratoire Europeen pour la Physique des Particules	欧洲肽分子实验室
225	Molecular Diversity Preservation International	国际分子多样性保护组织
226	Organization of European Cancer Institutes	欧洲癌症研究所组织
227	Permanent Working Group of European Junior Hospital Doctors	欧洲初级医院医生常设工作组
228	Retina International	国际视网膜组织
229	Societe et federation international de cardiologie（SIC）	国际心脏病学会及联合会
230	Transfrigoroute international（TI）	国际温控公路运输协会
231	Union internationale contre le cancer（UICC）	国际癌症联合会
232	Union international pour la protection des obtentions vegetales（UPOV）	国际植物新品种保护联盟
233	World foundrymen organization（WFO）	世界铸造工人组织
234	World heart federation（WHF）	世界心脏病联盟
235	World Economic Forum	世界经济论坛
科学社团（236~367）		
236	Allgemeine Anthroposophische Gesellschaft	人智学协会
237	Association Internationale de recherche scientifique en faveur des personnes handicapees mentales	国际残疾人心理科学研究基金会
238	Association Internationale des selectionneurs pour la protection des obtentions vegetales	国际素食主义者保护协会
239	International Association of Scientific Experts in Tourism	国际旅游业科学专家协会
240	Bernische Botanische Gesellschaft	伯尔尼植物协会
241	Bodenkundliche Gesellschaft der Schweiz	瑞士土壤科学协会
242	Bund Schweizer Architekten	瑞士建筑师社团
243	Conference of European Statisticians	欧洲统计学家会议
244	Coseil International sur les Problemes de l'Alcoolisme et des Toxicomanles	国际酒精和嗜酒协会
245	Consultative Council for Postal Studies	邮政研究咨询理事会
246	Europalsche Gesellschaft fur Schriftpsychologle und Schriftexpertise	欧洲笔迹心理学协会
247	Europalsches Zentrum fur die Bildung Imversicherungswesen	欧洲的医疗保险中心
248	European Association for Aviation Psychology	欧洲航空心理学协会
249	European Ornithologist's Union	欧洲鸟类学家联合会
250	Fachgruppe fur Architektur des SIA	新航建筑部

序号	社团名称（英文/德文）	社团名称（中文）
251	International Salzedo Society	国际萨尔泽多协会
252	Fachgruppe fur Betriebstechnlk des STV	科技电视台工作技术组
253	Fachgruppe fur Bruckenbau und Hochbau des SIA	新航桥梁建设专家组
254	Fachgruppe fur das Management Im Bauwesen des SIA	新航建设管理科
255	Forum fur verantwortbare Anwendung der Wissenschaft	科学负责任应用论坛
256	Geographisch-Ethnographische Gesellschaft	地理民族学会
257	Geographisch-Ethnologische Gesellschaft	地理人类学协会
258	Geographische Gesellschaft Bern	伯尔尼地理学会
259	Gesellschaft Pro Vindonissa	温迪施协会
260	Hortus Botanicus Helveticus	瑞士野生植物协会
261	ICA Commitee on Cooperative Research Planning and Development	规划发展联合研究委员会
262	Institut International de Psychologie et de Psychotheraple Charles Baudouin	国际心理学和精神疗法研究所
263	Interessengemeinschaft der botanischen Garten der Schweiz	植物学会
264	International Association for Analytical Psychology	国际分析心理学协会
265	International Association for the Study of Insurance Economics	国际保险经济学研究协会
266	International Institute for Management Development	国际管理发展研究所
267	Internationale Vereinigung fur Naturliche Wirtschaftsordnung	国际自然经济秩序协会
268	Kantonalverband der Zurcher Psychologinnen und Psychologen	心理学协会
269	Modern Asia Research Centre	现代亚洲研究中心
270	Naturforschende Gesellschaft des Kantons Glarus	格拉鲁斯州自然协会
271	Naturforschende Gesellschaft in Basel	巴塞尔自然研究协会
272	Naturforschende Gesellschaft in Bern	伯尔尼自然研究协会
273	Naturforschende Gesellschaft in Zurich	苏黎世自然研究协会
274	Naturforschende Gesellschaft in Luzern	卢塞恩自然研究协会
275	Naturforschende Gesellschaft in Schafthausen	沙夫豪森自然研究协会
276	Naturforschende Gesellschaft in Solothurn	索洛图恩自然研究协会
277	Naturwissenschaftliche Gesellschaft Winterthur	自然学会
278	Schweizerische Afrika-Gesellschaft	瑞士非洲协会
279	Schweizerische Akademie der Geistes und Sozialwissenschaften	瑞士心理和自然科学学院

序号	社团名称（英文 / 德文）	社团名称（中文）
280	Schweizerische Akademie der Naturwissenschaften	瑞士自然科学学院
281	Schweizerische Akademie der Sozial und Gelsteswissenschaften	瑞士社会和金融科学协会
282	Schweizerische Akademische Gesellschaft fur Umweltforschung und Okologie	瑞士环境研究和神学协会
283	Schweizerische Asiengesellschaft	瑞士亚洲学会
284	Schweizerische Astronomische Gesellschaft	瑞士天文学会
285	Schweizerische Bibliophilen-Gesellschaft	瑞士图书学会
286	Schweizerische Chemische Gesellschaft	瑞士化学学会
287	Schweizerische Dendrologische Gesellschaft	瑞士树木学会
288	Schweizerische Fachvereinigung fur Energiewirtschaft	瑞士能源经济协会
289	Schweizerische Geologische Gesellschaft	瑞士地质学学会
290	Schweizerische Geophysikatische Kommission der Schweizerischen Akademie der Naturwissenschaften	瑞士科学院地球物理委员会
291	Schweizerische Gesellschaft fur Agrarwirtschaft	瑞士农业经济协会
292	Schweizerische Gesellschaft fur Altertumswissenschaft	瑞士古老探索协会
293	Schweizerische Gesellschaft fur Astrophysik und Astronomie	瑞士天体物理学和天文学协会
294	Schweizerische Gesellschaft fur Balneologie und Bioklimatologie	瑞士生物气候研究所
295	Schweizerische Gesellschaft fur Blldungsforschung	瑞士鸟类研究机构
296	Schweizerische Gesellschaft fur ein Soziates Gesundheitswesen	瑞士社会医疗协会
297	Schweizerische Gesellschaft fur Ernahrungsforschung	瑞士地球实验协会
298	Schweizerische Gesellschaft fur Fertilitat Sterilitat und Familien-planung	瑞士生育率和计划生育协会
299	Schweizerische Gesellschaft fur Geschichte der Medizin und der Naturwissenschaften	瑞士医学和自然科学历史协会
300	Schweizerische Gesellschaft fur Gesundheitspolitik	瑞士健康政策协会
301	Schweizerische Gesellschaft fur historische Bergbauforschung	历史矿业协会
302	Schweizerische Gesellschaft fur Kommunikations und Medienw-issenschaft	瑞士传播和媒体科学协会
303	Schweizerische Gesellschaft fur Mikrobiologie	瑞士微生物学学会
304	Schweizerische Gesellschaft fur psychiatrie und psychotherapie	瑞士精神病学和心理治疗协会
305	Schweizerische Gesellschaft fur psychologie	瑞士心理学协会
306	Schweizerische Gesellschaft fur skandinavische sludien	瑞士斯堪的纳维亚淤泥协会

续表

序号	社团名称（英文/德文）	社团名称（中文）
307	Schweizerische Gesellschaft fur umweltschulz（SGU）	瑞士环境教育学会
308	Schweizerische Gesellschaft fur vakuum-physik und-technlk	瑞士真空物理技术协会
309	Schweizerische Gesellschaft fur volkswirtschaft und statistik	瑞士经济和统计学会
310	Schweizerische Gesellschaft fur wildtlerbiologie	瑞士野生生物学会
311	Schweizerische Graphische gesellschaft	瑞士图形学会
312	Schweizerische hamopholle-gesellschaft（SHG）	瑞士火腿协会
313	Schweizerische heraldische	瑞士纹章学协会
314	Schweizerische kriminalistsche gesellschaft	瑞士犯罪协会
315	Schweizerische management Gesellschaft（SMG）	瑞士管理学协会
316	Schweizerische mathematische Gesellschaft（SMG）	瑞士数学协会
317	Schweizerische normen-vereinigung（SNV）	瑞士北部协会
318	Schweizerische physikalische Gesellschaft	瑞士物理学会
319	Schweizerische raumfahrt-vereinigung（SRV）	瑞士空间协会
320	Schweizerische stiftung fur alpine forschung	瑞士精神病研究基金会
321	Schweizerische studiengesellschaft fur raumordnungs-und reglon-alpolitik	瑞士区域规划和监管政策研究会
322	Schweizerische vereinigung fur landesplanung（VLP-ASPAN）	瑞士国家规划协会
323	Schweizerische vereinigung fur militargeschichte und militarw-issenschaft	瑞士军事历史和军事科学协会
324	Schweizerische vereinigung fur parapsychologie	瑞士超心理学协会
325	Schweizerische chemilker-verband	瑞士化学协会
326	Schweizerische erdbebendienst	瑞士地震局
327	Schweizerische Verband fur fernunterricht und multimediale lernsysteme	瑞士电视教育和多媒体学习系统协会
328	Schweizerische Verband fur konservierung und restaurierung（SKR）	瑞士保护与修复协会
329	Schweizerische Verband fur sport in der Schule（SVSS）	瑞士学校体育协会
330	Schweizerische Verein des gas-und wasserfaches（SVGW）	瑞士天然气和水生产商协会
331	Schweizerische Verein fur vermessung und kuiturtechnlk（SVVK）	瑞士侦查和特种兵协会
332	Schweizerische wissenschaftsrat（SWR）	瑞士科学委员会
333	Societa ticinese di scienze naturali	提契诺自然科学学会
334	Societad retorumantscha（SRR）	社会科学研究所

续表

序号	社团名称（英文 / 德文）	社团名称（中文）
335	Societes ethica, europalsche forschungsgesellschaft fur ethik	欧洲伦理研究会
336	Societe de geographie de geneve	日内瓦地理协会
337	Societe de physique et dhistoire naturelle de geneve	日内瓦自然物理与艺术学院
338	Societe despsychiatres denfants et	儿童精神病学家协会
339	Societe dhistoire et darcheologie	达尔化学学会
340	Societe entomologique Suisse（SEG/SES）	瑞士昆虫学学会
341	Societe lles eoise des sciences nature	国家科学奖励协会
342	Societe international de chirurgie（SIC）	法国自然科学学会
343	Societe oise des sciences naturellesa	纳沙泰罗斯自然科学学会
344	Societe Suisse de biochimie	瑞士生物化学学会
345	Societe Suisse de zoologie（SSZ/SZG）	瑞士动物学学会
346	Societe Suisse des americanists	瑞士美国学会
347	Societe Suisse dethnologie（SSE/SEG）	瑞士社交障碍协会
348	Societe Suisse durologie	瑞士社交病理学学会
349	Societe vaudoise des Sciences Naturelles	瑞士自然科学学会
350	Societe vaudoise dhistolre et darcheologie（SVHA）	沃州达斯多雷与达尔化学学会
351	Swiss association for north-american studies（SANAS）	瑞士北美研究协会
352	Swiss Society for Optics and Microscopy	瑞士光学和显微镜学会
353	Verband geographie schweiz（ASG）	瑞士地理协会
354	Verein geschichte und informatlk	关联史与信息学协会
355	Vereinigung hohlen der schweiz	瑞士洞穴研究协会
356	Vereinigung schweizerischer kinder-und jugendpsychologen（SKJP）	瑞士儿童和青年心理学家协会
357	World meleorological organization（WMO）	世界气象学组织
358	Proviande	瑞士肉类行业协会
359	SAQ-Swiss Association for Quality	瑞士质量协会
360	Swiss Cofel-Association of the Swiss Fruit, Vegetable and Potato Trade	瑞士水果、蔬菜和马铃薯贸易协会
361	Swiss Health-organization for marketing of the Swiss health system abroad	瑞士健康 - 瑞士医疗系统海外营销组织
362	Swissmechanic（SM）	瑞士机电行业中小企业协会

续表

序号	社团名称（英文/德文）	社团名称（中文）
363	VSSM-association of Swiss master carpenters and furniture manufacturers	瑞士木工和家具制造商协会
364	Swiss Math Association	瑞士数学学会
365	Bitcoin Association Switzerland	瑞士比特币协会
366	Schweizerische vereinigung zum schutz und zur fordrung des berggebietes（VSB）	瑞士山区保护和执法协会
367	Schweizerische vereinigung fur altertumswissenschaft	瑞士老龄科学协会

主要参考文献

［1］亨利·恩斯特塔尔. 社团管理——原则与方法［M］. 北京：中国科学技术出版社，2014.

［2］佚名. 瑞士民法典［M］. 戴永盛，译. 北京：中国政法大学出版社，2016.

［3］佚名. 瑞士民法典［M］. 殷生根，译. 北京：法律出版社，1987.

［4］杨娟. 瑞士国际科技合作的经验和启示［J］. 全球科技经济瞭望，2018（7）：73-75.

［5］邱丹逸，袁永，廖晓东. 瑞士主要科技创新战略与政策研究［J］. 特区经济，2018（348）：39-42.

［6］郭军. 瑞士参与国际科技合作的经验思考［J］. 科协论坛：下半月，2009（8）：3.

［7］赵宏伟，郗永勤. 科技类社团分类模式及发展路径探究［J］. 学会，2010（8）：29-33.

［8］罗曼. 发达国家非营利组织的制度借鉴与启示［J］. 时代金融，2014（2）：54-55.

［9］俞学慧. 科技社团服务创新的重点领域与主要模式探究——欧美创新经济体科技社团服务创新的启示［J］. 科协论坛，2014（8）：10-13.

［10］张国玲，田旭. 欧美国家科技社团发展的机制与借鉴［J］. 科技管理研究，2011（4）：24-27.

［11］孟唯. 非营利组织及其治理［D］. 北京：中国社会科学院研究生院，2003.

［12］廖鸿，石国亮，朱晓红. 国外非营利组织管理创新与启示［M］. 北京：中国言实出版社. 2011.

［13］李红艳. 非政府组织管理研究［M］. 北京：知识产权出版社，2011.

［14］杨文志. 现代科技社团概论［M］. 北京：科学普及出版社，2006.

［15］刘剑文，翟继光. 国外促进科技社团发展的税收政策评析与借鉴［J］. 税务研究，

2007（9）：74-78.

［16］王名. 非营利组织管理概论［M］. 北京：中国人民大学出版社，2003.

［17］王名. 社会组织概论［M］. 北京：中国社会出版社，2010.

［18］马庆钰. 社会组织能力建设［M］. 北京：中国社会出版社，2011.

［19］斯科特，戴维斯. 组织理论：理性、自然与开放系统的视角［M］. 高俊山，译. 北京：中国人民大学出版社，2011.

［20］OPITZ H. World Guide to Scientific Associations and Learned Societies［M］. 9th ed. Munich：K. G. Saur Vereag, 2004.

［21］国际日内瓦欢迎中心网站. 非政府组织税收情况［EB/OL］.［2021-01-16］. https://www.cagi.ch/en/ngo/taxation/taxation-of-ngo.php.

［22］ROSETRUST 网. 如何设立和运营协会［EB/OL］.［2021-01-16］. https://rosetrust.ch/ solutions-services/associations/setting-up-and-running-associations/.

［23］瑞士非政府组织委员会. 瑞士：非营利和营利公司注册要求［EB/OL］.［2021-01-17］. https://neo-project.github.io/global-blockchain-compliance-hub//switzerland/switzerland-registry-requirements.html.

［24］瑞士科学理事会网. 瑞士科学理事会简介、工作计划、出版物等［EB/OL］.［2021-01-17］. https://www.swir.ch/.

［25］瑞士中国学人科技协会网. 瑞士中国学人科技协会简介、章程、组织机构、加入方式等.［EB/OL］.［2021-01-17］. http://www.sinotech.ch/.

［26］瑞士全球企业网. 瑞士生物技术产业简介.［EB/OL］.［2021-01-17］. https://www.s-ge.com/zh/publication/jianjie/shengwujishu.

［27］瑞士生物技术日网. 瑞士生物技术日简介、计划、注册、历史等.［EB/OL］.［2021-01-18］. https://swissbiotechday.ch/home/.

［28］瑞士生物技术协会网. 瑞士生物技术协会简介、治理结构、活动等.［EB/OL］.［2021-01-18］. https://www.swissbiotech.org/.

［29］生物通网. 瑞士建立生物科技网络平台.［EB/OL］.［2021-01-18］. http://www.ebiotrade.com/newsf/2003-11/L20031120102413.htm.

［30］瑞士西部生命科学集群网. 瑞士西部生命科学集群简介、使命、组织、会员等.［EB/OL］.［2021-01-18］. bioalps.org.

［31］瑞士制药工业协会网. 瑞士制药工业协会简介、治理结构、会员等.［EB/OL］.［2021-01-18］. https://www.interpharma.ch/lang=en.

［32］瑞士西部微纳米技术集群网. 瑞士西部微纳米技术集群简介、活动、合作伙伴等.［EB/OL］.［2021-01-18］. http://micronarc.ch/.

［33］瑞士工程师和建筑师协会网. 瑞士工程师和建筑师协会简介、会员、服务、主题

等.［EB/OL］.［2021−01−18］. https://www.sia.ch/en/the-sia/.

［34］瑞士航空航天集群网. 瑞士航空航天集群简介、会员、工作组等.［EB/OL］. ［2021−01−19］. https://swiss-aerospace-cluster.ch/.

［35］瑞士金融科技创新协会网. 瑞士金融科技创新协会简介、功能、组织、项目、活动等.［EB/OL］.［2021−01−18］. https://swissfintechinnovations.ch/.

［36］瑞士加密谷协会网. 瑞士加密谷协会简介、网络、活动、加入协会等.［EB/OL］. ［2021−01−19］. https://cryptovalley.swiss/.

［37］数字瑞士协会网. 数字瑞士协会的简介、项目、活动、会员、主题等.［EB/OL］. ［2021−01−19］. https://digitalswitzerland.com/.

［38］瑞士电信（电子商务）协会网. 瑞士电信（电子商务）协会的透视、加入协会、活动等.［EB/OL］.［2021−01−20］. http://www.netcommsuisse.ch/.

［39］国际电信联盟网（中文）. 国际电信联盟简介、各项活动、出版物、区域代表处等.［EB/OL］.［2021−01−20］. www.itu.int/.

［40］世界经济论坛网（英文）. 世界经济论坛的议题、平台、报告、活动等.［EB/OL］. ［2021−03−20］. https://www.weforum.org/.

［41］世界经济论坛网（中文）. 世界经济论坛的议题、平台、报告、活动等.［EB/OL］. ［2021−03−20］. https://cn.weforum.org/.

第 2 章 ▶▶
韩国科技社团发展现状及管理体制

　　韩国科技社团在国家科技创新体系中发挥着重要的作用。在 70 多年的发展历程中，韩国科技社团经历了萌芽期、发展期与成熟期 3 个阶段，与政府间的关系从一开始的不信任发展到现在的相互依赖。科技社团肩负着促进韩国学术国际影响力、国民科学普及、科技人员个人发展等主要职责，是韩国国家科技创新发展与现代化治理的主要参与力量。

　　本研究报告以接受韩国科学技术团体联合总会管理和指导的 632 家相关学会、协会为研究对象，在厘清韩国科技社团发展沿革、规模、功能定位及时代演化特征的基础上，对韩国科技社团管理与运行的制度现状与特征进行分析、总结。

　　目前，韩国科技社团在政府的引导下，逐渐形成了以围绕国家科技主题、涉及学术领域广泛、聚焦尖端科技为特点的发展布局。从科技社团组织情况来看，韩国科技社团呈现体量较小、分工明确、组织管理结构统一等鲜明特点。从科技社团业务运行来看，在国家发展需求的带动下，韩国科技社团不断加强科学普及、学术繁荣、加速产学联合等职能，并更加注重科技社团在高新技术自主创新与产业发展方面的功能扩展。

　　韩国科技社团的发展与韩国政府对科技社团的管理及科技社团对韩国政府的服务模式有着密切的关系。在科技社团管理方面，首先，韩国政府严格遵照《民法》《科学技术基本法》等国家法律法规对科技社团进行管理。其次，形成了"管理、促进、资助"三大职能相互分离又相互依存的管理体制，即政府部门作为科技社团的注册、登记单位，只负责科技社团宏观发展方向把控；韩国科学技术团体总联合会作为政府与科技社团间的桥梁，负责协助政府推动社团发展、监督社团运行、改善运行基础环境；韩国研究财团作为国家科学基金托管单位，负责科技社团专项运行资助。最后，强调"民主开放"的社团自治功能，在政府的建议下，韩国科技社团在内部管理体系中成立评议会，行使监督理事会及学术委员相关决议，以及促进普通会员、基层会员等参与社团治理等职能。

在科技社团服务方面，围绕科学研究、科学普及两大内容，韩国科技社团服务形成了双路径服务模式：涉及重大科研项目及国家事业等项目，韩国科技社团通过科研招标、劳务委托等形式直接对接政府职能部门；涉及学术会议召开、学术期刊出版、民众科学普及等事业项目，韩国政府委托韩国科学技术团体联合总会为科技社团提供经费、运营场地、对外宣传等运营支撑。

2.1 起源与发展历程

韩国科技社团主要形成于日本殖民时期，是知识分子对抗侵略者学术垄断的重要载体，政治性较强。随着法制的完善及国家科技管理职能的强化，韩国科技社团运行趋于稳定，在科学技术与产业发展需求的带动下，韩国科技社团通过发挥科学研究、科学普及职能，逐渐成为韩国科学发展的主要推动力量。

日本在殖民时期对朝鲜半岛实施科技封锁，当时的知识分子通过组成学社、科技社团等方式，形成用于对抗侵略者学术垄断的力量，而这一成立初衷也使得韩国科技社团带有较强的政治特性，导致早期的韩国科技社团广泛参与民主运动和国内政治斗争，从而被政府视为不安定因素之一，造成政府与科技社团间的不信任关系。

20世纪60年代末期，随着韩国经济、政治逐渐趋于稳定，韩国政府也着手于科技创新管理体系建设及法律制度的完善。在法制监管的作用下，韩国科技社团运行回归正轨。加之这一时期是韩国发展、转变的关键时期，国家科学技术及产业技术变革引发巨大需求，政府与科技社团之间的接触、合作逐渐增加，两者关系出现转机。

进入21世纪，全球科技进入高速发展时代，韩国科技社团科学研究促进职能逐渐凸显，并依托自身优势及对政府的助力最终成为韩国科学发展、科技创新不可或缺的重要组成部分（图2-1）。

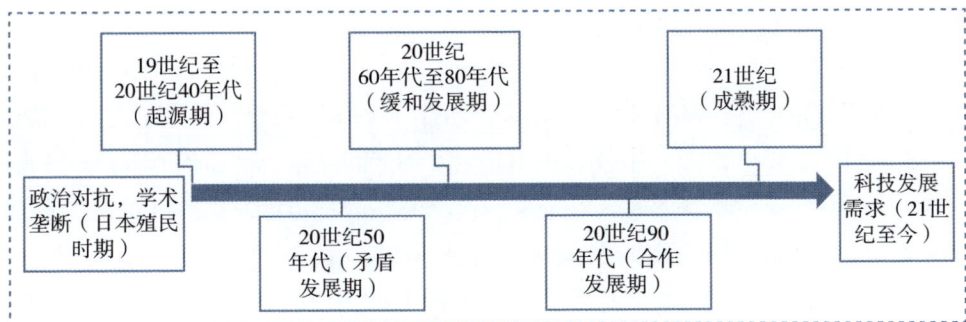

图 2-1　韩国科技社团发展沿革 ①

2.1.1　韩国科技社团的起源（19 世纪至 20 世纪 40 年代）

由于连续经历了两次世界大战及朝鲜南北战争，韩国科技社团的历史起源已无法考证。目前，韩国科技社团起源主要存在两种说法：第一，根据《韩国民俗大百科全书》的记载，韩国科技社团最早出现于高丽封建王朝时期。高丽王朝在结束朝鲜历史上的三国局面后，为加速政权稳定，获得邻国认可，积极派遣使团、学者等开展国际交流，而这一时期，中国儒家思想及印度佛教思想逐渐传入高丽，形成了以学社为代表的社团组织，且多集中于医学及教育领域。第二，根据韩国学者研究，韩国科技社团起源于日本殖民时期。第二次世界大战时期，日本殖民朝鲜半岛，为实现资源掠夺，成立了大量的由日本学者领导、以当地民众为队员的科考小组，对朝鲜半岛的山川河流、动植物、海产资源、矿产资源开展科学考察、拍摄记录、标本制作等活动，而这些科考小组就形成了当时科技社团的雏形。此后，为加强对朝鲜的思想同化，日本提出"帝国主义科学领导战略"，并以"北汉江坪军事项目"为契机对朝鲜引入"日本科学家培养制度"；而当时的朝鲜科学发展十分落后，甚至有韩国学者认为这一时期的朝鲜基本没有本土科学。因此，日本科学思想及发展理念轻而易举地成为朝鲜科学技术发展的榜样。随后，为获得更多朝鲜知识分子的支持，加速拓展日本科学文化在朝鲜民众中的影响力，1933 年，日本学者内田庆太郎及日本官员月木淇等成立了科技出版社，并于当年出版了第一期《科学朝鲜》杂志。1934 年，日本"帝国发明协会朝鲜分会"等以"朝鲜科学技术"为题举办了第一届朝鲜科学科普活动，并设定为朝鲜科学纪念日。通过以上种种行为，日

---

① 根据《韩国民俗大百科全书》及韩国学者金根培所著《超越殖民地科学技术——近代韩国科学技术的进化》一书绘制。

本妄图对朝鲜政府、民间知识分子、普通民众实行科学、文化、思想的全面渗透。

为打破日本科技封锁、思想同化，知识分子开始自发组建科技社团对抗侵略者科学垄断。例如，朝鲜庆尚高级中学、太西馆等在校师生纷纷以促进工业知识传播和发明为目的，以学术期刊出版、实用新型发明专利支持、商标和外观设计注册、工业工厂设计、产业原料鉴定，以及工业产品的生产和销售为业务自发成立社团，1933 年成立的朝鲜发明学会就是在此背景下产生的。

2.1.2　韩国科技社团的发展期（20 世纪 50—90 年代）

20 世纪 50—90 年代是韩国科技社团的发展阶段。这一时期，韩国政府不断加强法制建设，并形成科技社团管理体系，韩国科技社团与政府间也逐渐从矛盾转为合作，最终形成了相互依赖的关系。

2.1.2.1　第一阶段——矛盾发展期（20 世纪 50 年代）

1948 年韩国建国，由于日本殖民朝鲜时期制定的"北工业，南农业"规划布局，建国初期的韩国国家经济贫弱，科技管理体系缺失，工业领域无论是技术人才还是基础设施都处于"真空"状态，科学研究能力严重不足。与此同时，韩国社会也较为动荡，1960 年 4 月 19 日，汉城①爆发了以学生为主的大规模游行，史称"四月革命"。面对民众抗议，李承晚政府派遣军队开枪屠杀示威者，导致 30 人死亡、100 人受伤。而科技社团作为学生、知识分子聚集的主要载体，逐渐被韩国政府视为不安定因素，两者间形成不信任关系。

2.1.2.2　第二阶段——缓和发展期（20 世纪 60—80 年代）

20 世纪 60 年代，时任韩国总统朴正熙首先对国家发展战略作出重大调整，强调重视经济，减少军事投入；其次，快速制订了第一个"五年经济发展计划（1962—1966）"，并提出"出口导向型工业国家发展"目标；最后，加大国外资本在韩国投资优惠以吸引投资，加强国内重点企业财税及技术研发扶持、资助。在第一个"五年经济发展计划"结束时，韩国经济逐渐转好，社会也趋于稳定。

第一个"五年经济发展计划"的执行为韩国奠定了工业化的初步基础，同时，也让韩国政府深切地认识到，单纯的工业促进或产业促进不足以形成国家长期高效发展的主动力，科技才是国家发展的核心力量。为此，韩国于 1966 年 5 月 19 日，以国家科学技术振兴为主题召开首届"全国科学技术大会"，确定了 4 个重要事宜。

---

① 2005 年 1 月，韩国政府通过决议，"汉城"一词不再使用，改称"首尔"。

一是尽快制定、颁布《科学技术基本法》。二是改善科学技术工作者相关福利待遇。三是原技术管理局改组为科学技术厅（现韩国科学技术信息通信部前身），形成国家科技管理框架。四是在国家科学技术负责部门下成立民间科技团体联络专门单位，用于加强科学技术组织与政府间的联系；执行政府系统规划和科学技术促进措施；收集反映民间科技社团、科学技术工作者的观点意见。1966年12月出台第二个"五年经济发展计划（1967—1971）"，提出"科技兴国"战略目标，以韩国知识分子的诉求作为韩国实现科技发展的重要支撑，通过加强科技社团管理，形成科技工作者与政府的沟通渠道。

1966年年底，韩国教育科学技术部将韩国科学技术促进协会、韩国技术协会、韩美技术协会合并，成立了直接服务于韩国教育科学技术部的韩国科学技术团体总联合会（KOFST），并委托该组织开展11项业务：审议和提出促进科学技术发展的措施及建议；在国内外进行交流和引进科学技术；促进和支持科学技术社团和组织发展；支持科学技术委员会工作；收集有关科学技术及研究数据；出版有关科学技术的杂志；为社区发展提供技术支持；提供有关科学技术的各种服务项目；为科学技术发展完成科研项目；建立、运营全国范围的科学技术中心；被确定为促进韩国科技发展所必需的其他项目。韩国科学技术团体总联合会建立后，大韩数学学会、大韩化学学会、大韩病理学会等韩国科学技术团体纷纷加入。1967年，韩国制定并出台第一部《科学技术基本法》，对国家科学发展进行规划。此后，又相继发布了"科学技术基础计划""地方科技推广综合计划"等。自此，韩国国家科技创新体系初步形成。

与此同时，《科学技术基本法》的出台及韩国科学技术团体总联合会的成立也使得科技社团与政府间关系出现缓和。《科学技术基本法》对科技社团的建设发展提出要求，即"政府应充分认识科学技术的作用，科学技术人员应发挥自身的能力，尤其是科技创新能力，为国家经济发展服务""为体现科学技术政策的透明度及合理性，在科学技术政策形成及执行过程中，应让民间专家和相关团体等广泛参与""教育科学技术部为有效地支援科学技术振兴和促进科学技术普及，设立科学技术振兴基金，支援科学技术研究、学术活动和人才培养及国际交流等，支持以振兴、开发、普及科学技术为目的和以作出贡献为宗旨而设立的法人和团体"等。韩国科学技术团体总联合会作为政府与科技工作者间的沟通桥梁，为科技工作者表达诉求、参与国家治理提供了路径。并且，在韩国科学技术团体总联合会的带领下，韩国科学社团组织也自发达成《科学家道德准则》，即"科学家们为全力发展国家科学技术应负有的责任及义务"。

2.1.2.3 第三阶段——合作发展期（20世纪90年代）

进入20世纪90年代，随着计算机、互联网、生物产业的兴起，韩国科技发展聚焦信息技术、新材料技术、生命科学等高新科技领域，发展策略也由"科技兴国"向"尖端科技立国"转变。同时，着重强调国家资助创新能力培养，并以此为目标相继制定、出台第三个、第四个"五年经济发展计划"。为保障国家战略发展的有效推进，人才培养及科学发展促进成为当时韩国推动科技发展的重要工作内容。为此，韩国政府调整原教育科技部下属的科技局为科技部（现科学技术信息通信部），主管尖端科学技术创新管理，以科学技术信息为学术背景的科技社团管理权移交科技部。韩国科学技术团体总联合会服务对象也变为教育部与科技部两个国家部委，科技社团国家管理的系统性进一步加强。其中人才培养方面，韩国政府提出"为提升自主创新能力，加大尖端人才培养力度"，并以此为根据加强产学研合作活动，改革科技管理体制及财政、税收政策，希望以政策引导促进企业、科学团体、科技研发组织创新能力的提升。在政府的鼓励下，韩国科技社团数量快速增加，根据韩国科技部发布的"科学技术信息通信部所属非营利法人状况"报告，截至2020年12月，科技部下属具有尖端技术学科背景的科技类社团组织有519个，韩国科学技术团体总联合会会员团体也增至604个。这些科技类社团组织通过参与技术研发、承担国民科学知识普及，形成韩国高新技术创新研发及国家科学发展的重要推动力量，政府与科技社团的合作关系逐渐加深。

2.1.3 韩国科技社团的成熟期（21世纪至今）

20世纪，韩国通过"工业立国""科技兴国"等一系列国家战略创造了"汉江奇迹"，实现了经济腾飞。科技创新再一次被证实为改变韩国命运的关键因素。进入21世纪后，韩国开发研究院（KDI）于2002年出版的《二十年后韩国经济展望》提出："如果韩国持续推进结构改革，坚持科学研究，到2011年韩国国内生产总值将达到11799亿美元，跃升世界第九经济体"。该报告引起了韩国政府及社会的广泛重视。基于该报告，2003年，韩国提出"二次科技立国"战略，把发展科学技术、加强教育改革、开发人力资源等作为强国二十大基本政策。同年8月，韩国政府在青瓦台召开"新一代成长动力产业报告会"，选定智能型机器人、未来汽车、新一代半导体、数字电视等十个领域作为韩国经济十大支柱产业，科技社团作为专业人才聚集、促进学术繁荣重要的平台，其建设和培育被纳入当年韩国科技部主要工作。

在政府的引导下，韩国科技社团发展也呈现新的趋势：第一，进入 21 世纪后，韩国科技社团建设侧重互联网、信息通信等新技术领域。为配合国家发展战略转变，韩国教育部、科技部、产业通商部设立多个新经济产业课题，韩国科技社团通过大量承接政府科研项目，快速发展壮大。根据韩国科技部"非营利社团法人信息"数据，仅 2003 年，韩国互联网领域科技社团成立数量就达到 23 家，2019 年社团增长到 133 家，是此前社团总数的 2.7 倍[①]。韩国科学技术团体总联合会数据显示，2003 年，总联合会科技社团会员仅 141 家，此后快速增长，2019 年社团会员超 600 家[②]。第二，韩国科技社团学术研究与业务发展聚焦产学研促进。根据国家发展需求的转变，韩国新成立科技社团多聚焦某一新技术产业的关键技术，科技社团成立整体趋势也逐渐由理工类学术向新技术产业学术转变。通过对 2003 年后成立的科技社团进行统计发现[③]：2003 年后，以产业相关技术为学术背景的科技社团占科技社团增加总量的 67%。同时，这一时期成立的科技社团在学会宗旨中大多明确提出"促进产学合作，为相关学术发展创造良好的市场环境"的目标及愿景，这与较早成立的科技社团有着明显差异。新科技社团功能也由传统的"学术促进"向"促进产、学合作"转变，主要体现在科技社团业务运营方面，新科技社团业务从传统科学普及、学术交流向行业标准认定、资格认证，企业咨询服务，技术援助等方面发展。

2.2 科技社团发展现状

2.2.1 韩国科技社团

韩国并没有任何一项条例或法律给出"科技社团"的具体定义。为了研究方便，我们将"由各学术领域专家自发形成的以促进科学发展、振兴国家科技事业、活跃学术氛围为目的的非营利学术性团体组织作为研究对象"。

---

① 根据 2004 年韩国科学技术翰林院出版的《非营利科学技术法人·团体及研究机关培养方案》，截至 2003 年，韩国物联网领域科技社团数量仅为 23 个；根据 2019 年韩国科学团体总联合会会员名单显示互联网、电子信息等网络、信息领域科技社团数量达到 133 个。

② 根据 2004 年韩国科学技术翰林院出版的《非营利科学技术法人·团体及研究机关培养方案》，截至 2003 年底，韩国物联网领域科技社团数量仅为 141 个，根据 2019 年韩国科学技术团体总联合会会员名单显示，截至 2019 年年底，团体会员总数为 632 个。

③ 课题组对照韩国科技社团总联合会 2003 年前后会员名单，以及 2003 年前后两阶段社团设立宗旨后获得相关结论。

韩国科技社团设立及法人身份首先要遵循韩国《民法》中社团、法人的设立规定；其次，在《民法》基础上满足《公益法人设立及运营管理条例》；最后，按照《科学技术基本法》中科技社团成立目的、发展目标、运营业务形成申报意向，并向有关部门申请，部门长官根据"科学技术基本法实施令"对申报社团进行审核，获得批准后方可承认为科技社团，并得到政府支持及约束。

根据韩国《民法》，人分为自然人（年满20周岁并有行为能力的人）和法人，任何自然人都有权利参加社团，社团成员权利受法律保护。以"学术、宗教、慈善、技艺、社交及其他非营利性事业为目的的社团或财团，经有关机构的允许方视其为法人"。根据《公益法人设立及运营管理条例》规定，法人可申请注册、成立财团及社团。财团作为"为了一定的目的而成立的财产集合体"必须为非营利性质，而一般社团组织以营利属性划分，包括非营利社团及营利社团两类。根据《科学技术基本法》第五章第三十三条第一款"政府以振兴科学技术发展及支援学术活动为宗旨，成立非营利科技社团"；第四章第二十二款"对以振兴科学技术，开发、普及科学技术和增加科学技术人员的福利为宗旨的法人和团体给予支援"；以及《科学技术基本法实施令》中"积极开展关于增强科学技术基础，营造创新环境相关举措，例如，大力提倡普及科学技术和创新人才培养；优待科学技术人员；培育政府出资的研究机构；培养科学技术非营利法人等促进方案"等规定，非营利社团向主管单位提交申请，主管单位长官核实批准后可定性为科技社团。根据"科学技术基本法实施令"第九条，申请成立非营利社团必须具备 2 名以上专职人员、一定的科学技术振兴成果或学术活动成果等条件方可认定为科技社团（图 2-2）。

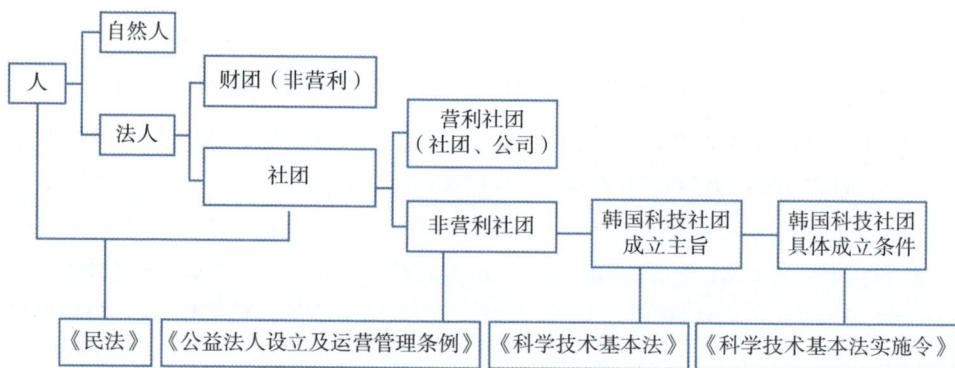

图 2-2　韩国科技社团法人及组织属性 ①

---

① 课题组参照韩国《民法》《公益法人设立及运营管理条例》《科学技术基本法》《科学技术基本法实施令》自制。

2.2.2 韩国科技社团的整体规模与基本类型

目前，韩国具备科技社团属性的全国性学会、协会、研究会、研究团体等共计1000多家。根据韩国第一届"全国科学技术大会"相关提议，"韩国科学技术团体总联合会（KOFST）"作为管理科学工作者、科技社团的官方"委托"管理机构，负责韩国科技工作者与政府间的沟通，促进学术繁荣，促进社团运营基础环境建设等。因此，本课题以韩国科学技术团体总联合会下属的学会、协会组织为主要研究对象。

截至2019年年底，韩国科学技术团体总联合会的学会、协会会员单位共632个，包括公共团体与民间团体。其中，以促进科学进步、科学发展为使命的学术团体为602个（韩国科技社团的主体），总人数507948人。主要分布于自然科学、工程技术、农业、渔业和卫生等领域。如表2-1所示，其中医学类学会46个，工学学会115个，农水产类学会55个，社会福祉保健领域学会119个，综合类学会团体60个，公共团体111个，民间团体（企业团体）96个。

表2-1 韩国学术类社团组织类型与分布情况 ①

类别	团体数	学术指数	会员人数
医学	46	64	50604
工学	115	175	255773
农水产	55	70	30854
社会福祉保健	119	131	114771
综合类学会	60	56	55946
公共团体	111		
民间团体（企业会员）	96		
总计	602	496	507948

2.3 内部治理概况

韩国科技社团具有规模及体量小的鲜明特点。内部组织架构和治理机制相对统

---

① 信息源：韩国科学技术团体总联合会会员分类，https://www.kofst.or.kr/general.bit?sys_type=0000&menu_code=020100&ctype_id=network。

一，且功能设置、运营机制十分完善。此外，根据《科学技术基本法》有关社团民主化的建议，韩国科技社团普遍设置"评议会"，以促进普通会员、基层会员参与社团治理。

2.3.1 韩国科技社团的内部治理架构

科技社团作为社会团体的一类，内部组织架构主要根据《民法》及《公益法人设立及运营管理条例》设置。同时，作为非营利学术团体，其成立目的、发展目标等核心主旨则以《科学技术基本法》为规范。在具体实践当中，每个科技社团会结合自身人文、学术、历史等背景，形成特色机构设置及运行制度。

韩国《民法》中针对社团设立提出法人、理事、理事会、总会、监事、会员、职责与权力及惩处等基本规定。例如："社团法人应设立理事，理事就法人事务各自代表法人。法人不得违反章程的宗旨，尤其是社团法人，应服从社团法人大会的决议"。在《民法》基础上，韩国科技社团成立及运营必须符合韩国"公益法人设立及运营条例"，该条主要是对公益法人、公益法人社团代表、理事、监事等的人数比例、相关责任、主要义务等作出规定。《民法》及"公益法人设立及运营条例"基本构成了科技社团内部组织架构。

《科学技术基本法》对科技社团设立目的、成立主旨、责任及义务作出了详细的规定，例如，"政府培养以振兴科学技术及支援学术活动为宗旨成立的非营利法人或团体""非营利法人或团体应以推动科学技术普及和培养创新人才为目的""作为非营利社团具有加强国民科学技术理解及普及的责任与义务"等。同时，《科学技术基本法》从"自治团体"角度建议各类非营利法人或团体设立评议员，组成评议会，推动民主管理。评议员是由会员代表大会从普通会员中提名、投票选举而来，任期不能超过两年，且原则上不建议评议员担任学会其他管理职务。根据《科学技术基本法》，各类科技社团结合自身人文、学术、历史等背景形成会章并作为社团主要运行、管理制度。

以韩国战略电子学会为例。韩国战略电子学会作为韩国科学技术团体总联合会会员，成立于1996年。该学会设立目标是，汇聚学术人才、领域专家，促进电力电子领域的技术发展，扩大产学界的技术和人才交流。目前，该学会会员有5000多名，主要业务包括，电力电子领域的技术、学术交流，举办国内外学术会议；支持政府决策的专家研讨会；出版专业学术杂志（学会杂志、论文杂志、宣传画册等）（图2-3）。根据韩国《民法》及《公益法人设立及运营条例》，韩国战略电子学会

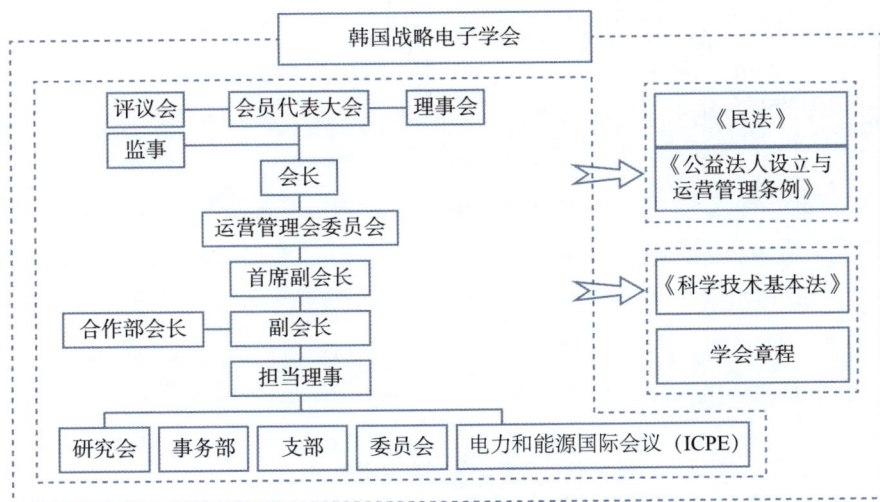

图 2-3 韩国战略电子学会内部组织管理架构

注：ICPE 是为对接电力和能源国际会议成立的专职部门。

成立会员代表会——总会，作为最高权力机构（按照学会会章，总会代表按照 1：20 提名选出），并由总会选举会长一名，作为学会法人代表学会负责学会整体运营及发展决策。由会员代表大会选出理事、监事，并成立理事会。其中，理事会成员 45 人，负责议决学会工作事项，执行总会或会长授权事宜；设立监事 2 人，负责执行监管学会财产状况，监管总会的运营及业务。

《科学技术基本法》建议，选举评议员 120 人组成评议会，负责有关首席副会长、副会长的选举事项，参与关于学会章程修订案审议，参与学会人事委任的事项。同时，结合自身特点及业务内容在会长下设立副会长职务 5 名，包括 1 名首席副会长，负责学会业务企划、总务等业务；副会长下，设置担当理事职务 5 名，协助副会长管理业务及学会运行。

2.3.2 韩国科技社团的会员及分类

韩国科技社团是以会员为主体的非营利组织，具有严格的入会标准和会员等级制度，会员身份往往与会员在该领域的职业资格具有紧密的关联。因此，会员等级往往代表了在该领域的学术地位。不同等级会员所享受的会员服务有所不同。

根据韩国科技社团主流做法，会员可以分为个人会员、团体会员。个人会员又分为正式会员和准会员。团体会员以企业、事业单位为主，分为一般团体会员、特别团体会员，两者间衡量标准以与学会业务、立会宗旨的关联度为主。

以大韩电力学会为例。大韩电力学会成立于 1947 年，拥有超过 60 年的历史。一直以来，大韩电气学会根据政府确定的设立目的，为普及科学知识、引领信息产业社会和知识产业社会发展而努力，主要活动包括活跃电工学术发展、促进产学合作。目前，该学会拥有会员 13187 名，团体会员 126 个，同时与日本、美国等 7 个国家签署合作协议。该学会个人会员主要分为正式会员及准会员两类，其中正式会员又分为一般会员、代理会员、高级会员、名誉会员，以上会员的资格需要根据个人学历、从业时间、学术水平及电器发展贡献进行综合评价。准会员主要为在校学生，且按照学生大学学制展开划分，团体会员方面分为特别团体会员及团体会员，区分标准主要遵从机构性质开展认定。该学会会员管理制度详见表 2-2。

表 2-2　大韩电气学会会员管理制度

会员分类	会员类别	会员资格	年会费
个人会员	会员	4 年制大学毕业生；2~3 年制大学毕业后，从业经历 2 年以上的人；高中毕业后从业经历 4 年以上的人；电工领域学术及应用方面的人，且必须具有从业经验	7 万韩元（3 年会费 14 万韩元；5 年会费 21 万韩元；7 年会费 35 万韩元；终生会员 105 万韩元）
	代理会员	入会时间 15 年以上的正式会员；在学会出版的论文杂志上发表过 20 篇以上论文的会员，以及被会员管理委员会认可为产业界精英的会员；拥有同级别以上的 3 名会员推荐	
	高级会员	具有研究员资格认证，且入会时间在 5 年以上的正式会员；在本学会出版的论文杂志上发表了 30 篇以上论文的会员，以及被会员管理委员会认可为产业界精英的会员；拥有同级别以上的 3 名会员推荐	
	名誉会员	年满 65 岁以上，入会时间在 30 年以上的正式会员；为电气发展作出时代贡献，以及对本会发展作出巨大贡献的会员；获得会员管理委员会、董事会认可	
	准会员（硕士）	硕士研究生（本科毕业后没有从业经历直接攻读硕士生）	4 万韩元
	准会员（学士）	4 年制大学及 2 年制大学在校生准会员中本科生加入时免除入会费	1 万韩元
团体会员	特别团体会员	赞同本学会事业宗旨的人士和团体	年会费的计算根据公司的规模来决定，加入批准由本学会董事会最终表决（100 万韩元以上）
	团体会员	赞同本学会事业宗旨的图书馆及研究所机关	30 万韩元

2.3.3　韩国科技社团的会员服务

韩国大多数科技社团都会根据会员级别、类型的不同提供不同的服务，但服务核心基本围绕会员职业发展、国内外影响力提升为主，且主要包括四个方面：信息共享、科研项目参与、学术交流、对外宣传（图2-4）。

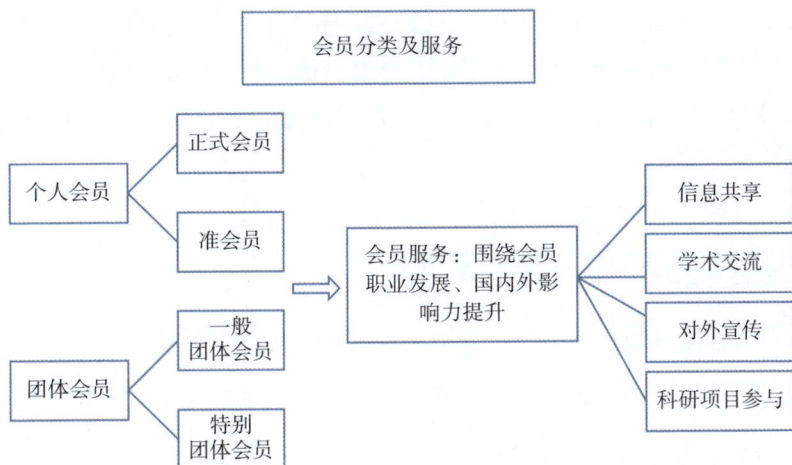

图 2-4　韩国科技社团会员及服务

以韩国海洋工学会为例。韩国海洋工学会成立于1985年，其设立目的是"促进海洋资源开发与生产相关的工学、技术发展"。目前该学会个人会员808名，特别团体会员17个，团体会员9个。在个人会员服务方面，关于信息共享为会员提供的服务包括：免费领取学会出版学术刊物；提供学会收藏的图书和资料；提供海洋工学各种信息。关于科研项目参与为会员提供的服务包括：会员可以学会名义申报社会、国家相关科研项目；会员可参与学会研究项目。关于学术交流、对外宣传为会员提供的服务包括：个人会员可在学会学术刊物和学术大会上进行投稿；会员可以被推荐为学会内、外部各种奖励的候选人。团体会员服务方面，除个人会员相关服务外，主要集中于对外宣传方面，针对性提出"支持团体对外宣传，将会员单位网站投放到学会网站"。在团体会员中关于特别团体会员服务方面，"增加特别团体会员相关介绍，例如，通过学会网站和网页宣传特别会员的主要事业"；"支持特别团体会员业务活动时以学会冠名"。在信息共享方面升级为"提供学会出版的学术刊物、网络杂志等定期刊物"。在学术交流方面升级为"学会主办的各种学术活动，可优先给予特别团体会员宣传展位""可以举办以特别团体会员产品及公司介绍为目的的产学合作研讨会"。在科研项目参与服务方面升级为"对特别团体会员中的中小企业提供技术指导和支持""根据特别团体会员发展困难给予学会相关支援"。

2.3.4 韩国科技社团的财务情况

韩国科技社团的运营经费主要以政府资助为主,在《科学技术基本法》中明确提出"政府对促进科学发展及科学科普的相关事业可提供部分或全部经费"。除政府资助外,科技社团经费来源包括社团经营和社会捐赠。其中社团经营收入主要来自出版物经营、科技服务、行业培训等活动。社会捐赠主要以企业捐赠、学者个人基金捐赠为主。

2.4 社团业务发展现状

韩国科技社团是促进韩国科学技术发展、科学科普,活跃学术交流,加速产学联合,促进新技术产业自主创新的重要力量。整体业务开展体现了"国家需求为导向,市场价值肯定为宗旨"的核心理念。综合来看,韩国科技社团作为社会团体的典型代表,是韩国科学技术研究与创新发展中的主体。从定位而言,韩国科技社团是国家科技创新发展的主要力量,从功能而言,韩国科技社团肩负了促进韩国科学发展与国民科学普及的主要义务与责任。

1. 学术交流

学术会议是科技社团进行学术交流的主要形式,据统计,2019 年韩国各类科技团体组织举办学术会议高达 300 多场,其中,国际会议占比 32%。例如,2019 年韩国遗传学会国际会议(韩国遗传学会主办),信息技术大会(韩国灾难情报学会主办),2019 年人工智能学术大会(夏季)(大韩机械学会主办)等。

2. 期刊出版

期刊出版是科技社团对外普及专业知识的重要途径,也是促进国家科学发展的重要手段。韩国每个科技社团都创办了本领域的期刊,并坚持每年投入大量的资金保障其高质量运行。除了资金投入,大部分韩国科技社团针对期刊编排还会成立专职部门负责,从内容编辑到印刷出版全程参与。资金及专职部门的成立有效保障了期刊业务的稳定运营,2004 年《非营利科学技术法人、团体及研究机构的培养方案报告》中韩国科学技术团体总联合会提供的会员单位期刊发行信息显示,到

2003 年韩国科技团体韩、英期刊数量已经达到上千种，售卖金额累计突破 330 亿韩元（表2-3）。

表2-3　1972—2003 年韩国科技社团期刊出版状况

单位：千元（韩元）

年度	学会数量	韩文杂志		学术发表—公共及国际学术会议		英文杂志		大众化		电子期刊		统计	
		数量	销售金额	数量	销售金额	数量	销售金额	数量	销售金额	数量	销售金额	数量	销售金额
1972	58	182	11200									182	11200
1973	55	101	10100	52	2600	4	680					157	13380
1974	54	99	9900	53	1650	5	450					157	12000
1975	53	82	8200	10	500	2	300					94	9000
1976	46	73	8200	14	700	2	100					89	9000
1977	47	58	8250	14	700	1	50					73	9000
1978	40	58	8900	20	1000	2	100					80	10000
1979	66	113	34300	63	5130	10	570					186	40000
1980	74	99	46.150	73	22750	11	1100					183	70000
1981	84	136	85900	94	12600	14	1500					244	100000
1982	84	115	86950	74	12450	3	600					192	100000
1983	107	144	81010	60	8490	3	500					207	90000
1984	108	163	90000	73	8100	6	900					242	99000
1985	139	257	229.000	111	68000	7	3000					375	300000
1986	146	300	314406	150	106000	17	6000					467	426406
1987	155	312	327000	167	95000	18	8000					497	430000
1988	164	326	362500	170	115500	25	12000					521	490000
1989	176	445	573000	238	197000	40	20000					723	790000
1990	183	480	723592	219	149448	69	64904					768	937944
1991	188	519	890110	229	211740	69	71150					817	1173000
1992	205	516	942664	116	136336	29	40000					661	1119000
1993	209	599	1104648	168	206472	35	55800					802	1366920
1994	226	700	1264000	196	345000	31	61000					927	1670000
1995	235	771	1451657	310	334843	199	178700			15	38800	1295	2004000
1996	251	793	1327600	356	514900	172	184700			18	51800	1339	2079000
1997	265	667	1218320	360	653220	222	233560			19	85000	1268	2190100
1998	278	605	1264450	357	824750	460	339250			101	324700	1523	2753150
1999	279	456	941070	362	855100	108	220600	59	204730			985	2221500
2000	279	455	801900	483	1346000	112	181400	199	306300	162	218400	1411	2854000
2001	282	515	826735	599	1263900	149	387300	218	895624	191	130441	1672	3004000
2002	284	2200	716150	998	1367700	273	251800	404	616750	189	251600	4064	3204000
2003	288	513	63000	685	1386900	181	263100	311	671300	219	481700	1909	3433000
总计		12852	16397862	6874	10254479	2279	2589114	1191	2194704	914	1582441	24110	33018600

以大韩数学会、大韩机械学会、大韩医疗信息学会为例。大韩机械学会成立于
1945 年，成立目的是"通过对机器的学术和技术的研究，促进工业发展，谋求会
员之间的交流、合作与共进"，该学会于 1968 年 10 月正式开展学术杂志发行等活
动。代表杂志包括《机械杂志》《机械科学与技术杂志》等。其中《机械杂志》每
年出版 24 期，《机械科学与技术杂志》每年出版 12 期。大韩数学学会成立于 1948
年，设立目的是"通过数学研究和教育，谋求数学发展和普及，为学术文化发展作
出贡献"。代表期刊包括《韩国数学学会杂志》《韩国数学学会公报》《大韩数学会
论文集》。其中《韩国数学学会杂志》每年出版 24 期，《韩国数学学会公报》每年出
版 12 期，《大韩数学会论文集》每年出版 2 期。大韩医疗信息学会成立于 1972 年，
成立目的是"适应信息社会需求，促进医疗界、学术界、产业界人才交流与共进"。
代表期刊为《医疗信息学研究》，每年发行 12 期（表 2-4）。

表 2-4 韩国科技社团代表性期刊介绍

学会	期刊数量	代表期刊	备注
大韩机械学会	4	《大韩机械学会论文集》《机械杂志》《机械科学与技术杂志》《大韩机械学会杂志》	韩文版
大韩数学会	3	《韩国数学学会杂志》《韩国数学学会公报》《大韩数学会论文集》	英文版、韩文版
大韩医疗信息学会	1	《医疗信息学研究》	英文版

3. 科学普及

科学普及是韩国科技社团重要传统职能之一。韩国科技社团的主要科普形式有
学术论坛、国民科学知识教育、社区科普宣传三种。

以韩国化学会为例。韩国化学会成立于 1946 年，作为韩国成立较早的科技社
团，其会章中明确提出"通过化学教育和推广计划培养未来化学家和普及化学知
识"，为实现这一目标，韩国化学会积极参与中学化学教材编写。1996 年，韩国化
学会与 16 名高级会员合作完成韩国有机化学、无机化学教材编写，并使用至今。
此后，韩国化学会与政府紧密合作，深度参与初中、高中及大学化学教材编写，并
利用多媒体手段完成"一般化学实验视频"制作，深度促进了韩国青少年化学教育
的发展。韩国化学会还针对青少年设立了科普竞赛、化学兴趣学习俱乐部、专题学
习小组，以此加强青少年化学学习的积极性；针对专业人群采用科技奖励形式促进
能力提升（表 2-5）。

表 2-5　韩国化学会科普案例

方式	针对人群	方法	代表
教育、教学参与	学生	化学教材编写	有机化学、无机化学教材编写
			一般化学实验视频
兴趣培养	青少年	兴趣小组	化学兴趣学习俱乐部
			专题学习小组
竞赛、大奖	专业科技工作者	专业化学奖项	韩国化学奖项 18 个
	普通民众	科普知识竞赛	化学知识科普竞赛

4. 社会服务

社会服务是科技社团履行作为公益性团体责任及义务的重要方式。韩国科技社团主要是以教育、社会培训及行业标准认定两大形式开展。

教育方面主要以专业知识补充、从业者基础素养提升为主。以韩国信息处理学会为例，韩国信息处理学会成立于 1993 年，是韩国信息技术（IT）领域科技社团之一，其成立目的是"促进信息处理技术发展"。目前，会员人数为 18000 人，团体会员为 350 家。主要业务为信息处理发展调查研究、学术理论体系研究、学术理论普及。根据设立目标及业务范围，该学会在社会服务方面定期组织专业信息培训，例如 2020 年该学会设立了"第一期人工智能（AI）、大数据等先进技术培训"课程，主要针对人群为在职人员。此前，还开办了"6G 核心技术短期培训""区块链短期培训"等课程，表 2-6 显示近 3 年该科技社团主要培训开展状况。同时，为进一步促进社会服务，该科技社团还设立了社会服务中心，用于完成社会科普及国内信息处理技术领域的发展调查。

表 2-6　韩国信息处理学会培训开展状况（2018—2020）[①]

时间	内容	次数
2020 年	AI、大数据等先进技术培训	1
2019 年	6G 核心技术短期培训	1
	区块链短期培训	2
	人工智能短期培训	1
2018 年	区块链短期培训	1
	人工智能短期培训	2
	演讲培训	1

---

① 根据韩国信息处理学会会员公告统计获得，信息来源：http://kips.or.kr/bbs/on。

5. 国际化促进

"国际化"是近年来各行业发展的一个重要趋势,在韩国这一趋势已渗透科技社团业务发展的各个环节,在前文中所提到的学术交流、期刊出版等业务中都可以发现韩国科技社团接轨国际的发展。这里主要通过对韩国科技社团参与国际学术组织展开统计,反应韩国科技社团国际化发展的程度。

科技社团国际化方面主要体现在加入国际科技组织、开展专业领域国际会议;科技人才交换。通过对韩国科学技术团体总联合会会员单位展开统计,632 家会员单位中加入国际学会共同体组织的科技团体组织达到 518 家,占比 82%;承担过国际学术会议及论坛的科技团体组织达到 137 家,占比 21%;协助举办过国际学术会议及论坛的科技团体组织达到 333 家,占比 52%。人才交流方面,通过对 632 家会员过往 5 年内的访问学者展开统计,有 122 家科技团体组织有派出学者外出交流。

2.5 科技社团的管理体制

韩国政府对科技社团管理采用"业务管理、运营资助、发展促进"三大管理板块分治的管理体系结构,即不同领域科技社团的政府登记、注册部门作为主管单位负责业务、资产审核及宏观发展指导等;韩国研究财团作为"韩国科学基金"托管单位,对科技社团实施运营经费审查与划拨,科普活动经费资助等;韩国科学技术团体总联合会作为政府委托的政府与科技社团间的"纽带",负责辅助政府与科技社团沟通,为科技社团科学普及活动开展提供便利,建设、完善基础运营环境。该管理体系看似将政府对科技社团管理权力分割,而实际上在《民法》《公益法人设立及运营管理条例》《科学技术基本法》及《科学技术基本法实施令》等法律支撑下使管理权高度集中于政府,而非某一部门(图 2-5)。

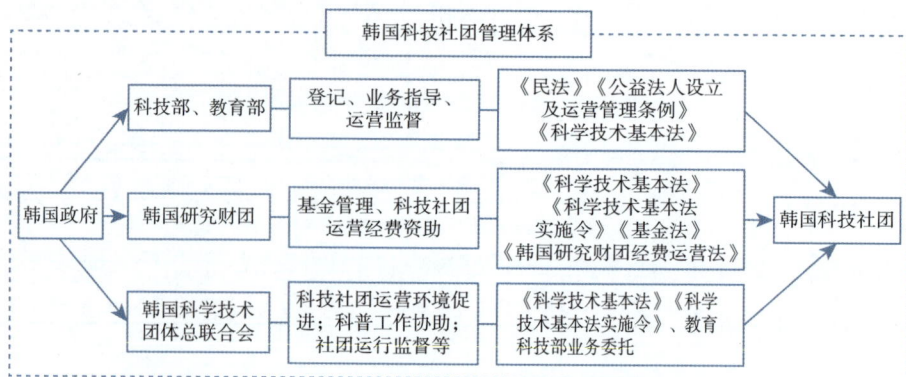

图 2-5 韩国对科技社团的管理体系

2.5.1 科技社团的法律制度体系

在科技社团管理方面，韩国建立了完善的制度及法律，主要包括韩国《民法》《公益法人设立及运营管理条例》《科学技术基本法》《科学技术基本法实施令》。同时，为促进科技社团发展、为政府机关减负、保证资金运行公正，在《科学技术基本法实施令》中，韩国成立并委托韩国科学技术团体总联合会作为辅助政府促进科技社团发展的机构；在《科学技术基本法》中，韩国建立"国家科学基金"并委托韩国研究财团管理，支持科技社团运行发展等。此外，为促进科技社团发展，原韩国教育科技部制定了多个关于科技社团的管理促进条例（图2-6）。

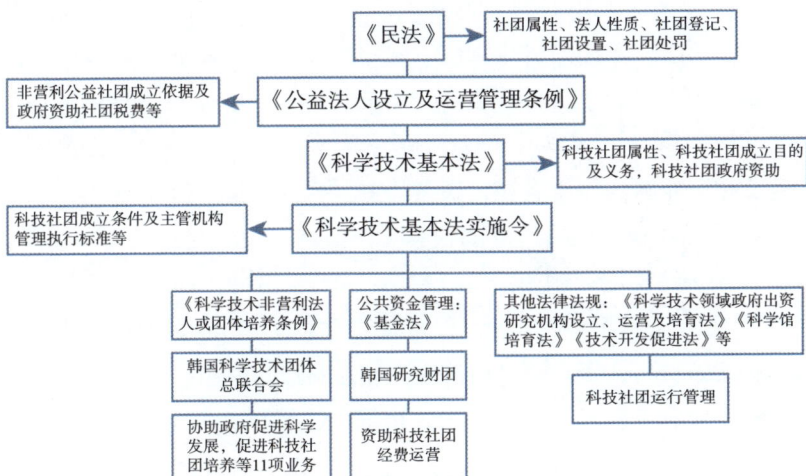

图 2-6　韩国科技社团管理法律体系 ①

《民法》作为韩国民事基本法，广泛适用于韩国各类社团。该法案对韩国科技社团属性、法人属性、社团成立职务等进行了规范。在《民法》基础上，韩国政府制定了《公益法人设立及运营管理条例》，进一步对公益类法人及社团形成要求。《科学技术基本法》对科技社团成立目的、目标及业务内容作出具体规定的同时，针对科技社团的运营支持进行了表述。韩国教育科技部（教育部、科技部）针对《科学技术基本法》制定了《科学技术基本法实施令》，进一步对韩国科技社团成立标准、登记制度、业务具体内容、经费支持等做了细化规定，明确了科技社团具体义务、责任等政府管理内容。此外，在《科学技术基本法》及《科学技术基本法

---

① 课题组根据韩国相关法律法规自制。

实施令》中，韩国政府分别将科技社团资助、科技社团运行促进事业委托给了韩国研究财团及 KOFST。另外，为促进科技社团发展，韩国还制定了《科学馆培育法》《政府出资支持特殊研究机构条例》《专利法》等。以上法案虽然不是针对科技社团形成的专属法律法规，但包含了科技社团促进、扶持等内容。

2.5.2 韩国科技社团登记制度

韩国社团的登记主要参照《民法》，作为非营利社团，科技社团主要由韩国教育部及科技部共同管理。其中，信息通信、互联网、大数据等新一代信息技术领域科技社团由韩国科技部管理，而传统基础科学领域社团则多由教育部负责。

首先，韩国《民法》中对非营利社团成立明确提出"需经过有关主管机关批准，方视其为有效法人"。在实际执行中，韩国根据主要政府公共部门所涉事务进行学科的主管责任划分。例如，司法部主管法律领域，科学技术信息通信部主管信息通信技术、互联网等尖端技术领域；社会福祉部主管卫生慈善、卫生领域；文化观光部主管文化、宗教、旅游领域；教育部主管教育、基础科学等。

其次，在明确主管部门后，社团根据《公益法人设立与运营管理条例》，由主管单位进行社团/财团法人调查，主要包括：成立目的、名称、办事处所在地、业务范围、有关资产、社团运营制度、有关董事任免规定、有关取得及丧失会员资格的规定等多种有效材料，调查通过后确定为非营利社团性质。

最后，在确定为非营利社团性质后，根据本领域相关规定向主管单位再次提交学术社团资格申请，经批准后承认为学术社团。以科技社团为例，其成立应当以《科学技术基本法》《科学技术基本法实施令》细则中规定的"促进科学技术发展，推动国民科学知识普及"为主旨；主要业务以学术交流、期刊出版等为主；具备专职人员及相关学术领域学术成果；具备专职管理人员等条件，具体如表 2-7 所示。

表 2-7 韩国社团及非营利公益社团登记标准 [①]

	社团	非营利公益社团	科技社团
成立基础	以会员为基础	以会员为基础 学术活动成果	以会员为基础
			以会员为基础拥有科学技术振兴成果
			学术活动成果

---

① 课题组根据韩国相关法律自制。

续表

	社团	非营利公益社团	科技社团
初始会员	无	专职人员 2 人以上，会员常规人数在 100 人以上	专职人员 2 人以上，会员常规人数在 100 人以上
注册资产	有固定办公场所（租赁）	无	无
成立目的	以营利为目的的社团；开展营利业务，且利润分配给会员；合伙制，且适用于韩国《商法》的社团	开展面向学术、宗教、慈善、艺术、社会等领域的非营利性业务；明确提出"公共利益"目标；"非营利业务"的社团核心发展方向。成员无利润分配等	目的：促进科学技术发展，推动国民学科知识普及业务：学术交流、期刊出版、学术活动、科学普及等
登记	获得当局的许可	获得主管当局的许可	教育部、科学技术信息通信部的许可

在 20 世纪 80 年代之前，以促进科学、教育为目的的非营利社团主管单位均为教育科技部，20 世纪 80 年代后，韩国的教育科技部又分为教育部、科技部（现韩国科学技术信息通信部），形成了当前教育部及科技部共同管理、登记韩国科技非营利团体的格局。其中，韩国科技部下属科技社团多为互联网、信息通信、电子、互联网、大数据等尖端技术领域，而教育部则侧重基础科学等传统学科领域相关科技社团。

2.5.3　韩国科技社团的资助及监管

韩国研究财团作为"国家科学基金"托管部门，负责科技社团日常运营及业务资助，韩国教育部与科技部对韩国科技社团的管理权包括财务监督、运营指导、人员任免等。同时，为促进国家科学技术整体发展，韩国制定了多项激励制度，且广泛地适用于科技社团。

（1）财政资助。根据《科学技术基本法》，为有效支援科学技术振兴和促进科学技术普及，设立科学技术振兴基金，该基金主要由政府资助、融资款、事业捐赠款、基金运用收益金、配额彩票收益金、配合国家研究开发专项经费及国家规定的其他基金 7 部分组成。基金的主要用途包括：资助科学技术研究、学术活动和人才培养及国际交流等旨在振兴科学技术的事业；对以振兴科学技术，开发、普及科学技术和增加科学技术人员的福利为宗旨设立的法人和财团，或根据《科学馆培育法》规定注册的科学馆进行支援。

目前，该基金以委托协议的形式交韩国研究财团管理并使用。韩国研究财团根据委托及韩国《基金法》制定了相关的配套法案《韩国研究财团法》，对韩国科技社团六类事业给予经费：为推动科学技术普及和培养创新人才进行的调查研究及政策开发；加强国民对科学技术的理解及普及工作；开发科学教育课程及创新人才培养项目；创新人才教育专家的培养、进修；推进和支援旨在科学技术普及和培养创新人才的各项事业；其他由教育科学技术长官指定或委托的事业。

（2）政府监管。根据《公益法人的设立及运营管理条例》《科学技术领域政府出资的研究机构等的设立、运营及培育法》规定，韩国科技社团的组织管理、运营及业务开展必须接受政府管理。例如，韩国科技社团会长及副会长等重要职务由社团代表大会选举，报备主管单位经部长批准后方可任命。每年4月30日前，非营利法人、团体（科技社团）或研究机构要根据实际情况向主管部门提交该年度运行工作计划及资金执行计划，上年的实绩，翌年事业计划书、翌年测定资产负债表及测定收益计算书等。同时，教育科学技术部长官认定季度事业计划书及季度原执行计划书妥当时，科技社团方可开展工作并获得政府资助；在得到政府出资或补助后，机构和法人应按季度向主管部门报告事业执行实绩。同时在每年3月31日向主管部门提交每个事业年度的收入和支出决算书，以及《比较事业计划书的当年事业实绩书》《当年资产负载表及收益计算书》。

（3）财税优惠。财税减免是韩国政府促进科技社团发展的重要激励措施，体现在韩国多个科技促进法案当中，虽然不是针对科技社团而制定的专属制度，但普遍适用于政府出资支持的科研单位。就科技社团而言，以非营利团体运营收益、政府指定非营利法人或团体技术研发收益及税费、研发成果奖励三个方面为例。在《技术转让促进法》中提出"依靠国家、地方自治团体或政府投资、促进或资助产生的成果，依据总统令规定，附加有关应用条件后，可以归属于公共研究机构或其他参与企业（属于国立、公立研究单位或专门组织），且应当以专利等知识产权形式努力保护"。在《公益法人的设立及运营管理条例》中提出"作为非营利社团运营所得相关收益政府将采取免税或减税措施，且收益所得由团体自行支配"。在《科技研发和成果应用法》中提出"特定研究事业发展中，若研发单位为非营利团体或公益法人时，政府将承担相关比例技术费用（承担比例分为50%、30%、20%三个档次），涉及战略技术领域，政府资助比例进行商讨，在进出口方面，需经主管部门批准，相关税费据实际情况而定"。在《科学馆培养法》

中提出"注册科学馆可开展盈利业务，包括出版物制作、销售；展品、纪念品制作及销售；实验器材制作及销售等"。此类激励制度还存在于《专利法》《生命科学培育法》《国家研究开发事业法》等。

（4）发展促进。为促进韩国科技社团发展，政府专门设立"韩国科学技术团体总联合会"，并在《科学技术基本法》第四十九条明确提出"韩国科学技术团体总联合会（KOFST）作为协助韩国教育科技部与科技社团沟通的唯一代表"，并以劳务的形式与韩国科学技术团体总联合会签署十一项有关促进科技社团发展的协议，进而完成政府对科技社团发展及基础运营环境改善方面的促进。例如，1972 年，在韩国政府与科技社团关系缓和阶段，政府通过 KOFST 资助了当时该组织下全部会员（58 个科学技术团体），资助总金额约 112 万韩元，平均每个学会获得 20 万韩元；2003 年，作为韩国"二次科技立国"初期，政府通过 KOFST 资助了当时该组织下全部会员（288 个科学技术团体），资助总金额约 37.64 亿韩元，平均每个学会获得 1300 万韩元。

2.6　科技社团管理机构——韩国科学技术团体总联合会

韩国科学技术团体总联合会（KOFST）作为非营利公益社团组织，性质为非营利法人，是韩国政府明确设立的用于辅助政府管理、登记、促进科学和科技领域学术团体发展的组织机构，主要服务于韩国科技部与教育部。其工作人员多具有官方背景，但不具有官方职务。会员团体涵盖了科学、工程、农业、渔业和卫生等各个领域，会员形式包含了学术组织（学术协会）和各种相关协会及政府资助的研究机构，是促进政府与科技工作者沟通，推动韩国科学技术发展，提升国际竞争力的重要组织。

2.6.1　成立背景、职能定位及发展现状

1966 年，韩国围绕国家科学技术振兴召开第一届全国科学技术大会，并颁布《科学技术基本法》，明确提出以社团联合体形式在国家科学技术行政管理部门下设一专门组织机构，联络协调政府与科技社团组织工作；加强科学技术组织与政府间的联系；执行政府系统规划和科学技术促进措施；收集反映民间科技社团、科学技术工作者的观点意见等。同年 10 月，根据《科学技术基本法》，在当时的韩国教育科学技术部的协助下，设立 KOFST 作为韩国科学技术团体代表，并由当时的

教育科技部直接管辖，所需资金及运营开支由韩国政府负担，合作关系以委托劳务的形式展开。KOFST 的成立严格遵照韩国《民法》及《公益人设立及运营管理条例》，因此，它本身不具有行政权力和具体研究任务，但作为韩国政府指定的科技社团代表组织，对韩国科技社团具有较强的引领性；作为政府沟通、资助科技社团的纽带，具有较强的社团评价职能；作为科技社团集合体，对政府更具有政策促进功能。目前，KOFST 主要服务于韩国教育部及韩国科学技术信息通信部（科技部），会员团体达到 632 个，总人数超过 50 万人，是促进韩国科学技术发展和国际竞争力提升的重要动力。

2.6.2 内部治理与组织架构

KOFST 作为韩国国内科技社团发展、政府科技社团管理的协助单位，虽然不具有专属的学科领域背景，但作为科技社团，内部组织架构及治理模式与韩国一般科技社团基本相同。

根据《民法》，KOFST 以会员总会为最高权力机构，主要由学术团体会员代表、公共团体会员代表、民间团体会员代表、议员、理事会组成。总会下设置会长 1 人作为机构法人，代表社团负责整体运行；设副会长 15 人，组成会长公团，辅助会长管理具体事宜。会长及副会长任命、罢免，由团体内部决议，经过政府批准方可生效。会长及会长公团下设秘书长 1 人，统辖事务处业务，秘书长由董事会推荐会长任命。此外，KOFST 还设置理事会，选举总理事 1 人，负责执行会长决议（理事 100 人以内，选拔原则按照理学、工学、农水产学、保健及综合平均选拔，科学技术信息通信部、产业通商资源部、国土交通部、保健福祉部、农林畜产食品部、教育部长官可以任协会党联理事职务）。根据 KOFST 相关业务，设置企划管理本部、学术振兴本部、建设支援团、政策研究室等部门；设监事 2 人，负责监督财产状况、监督董事会运营状况。根据《科学技术基本法》建议，KOFST 成立评议会，评议员由学术团体会员、公共团体会员及民间团体会员主席组成，主要就学术问题给予总会和会长相关的意见及建议（图 2-7）。

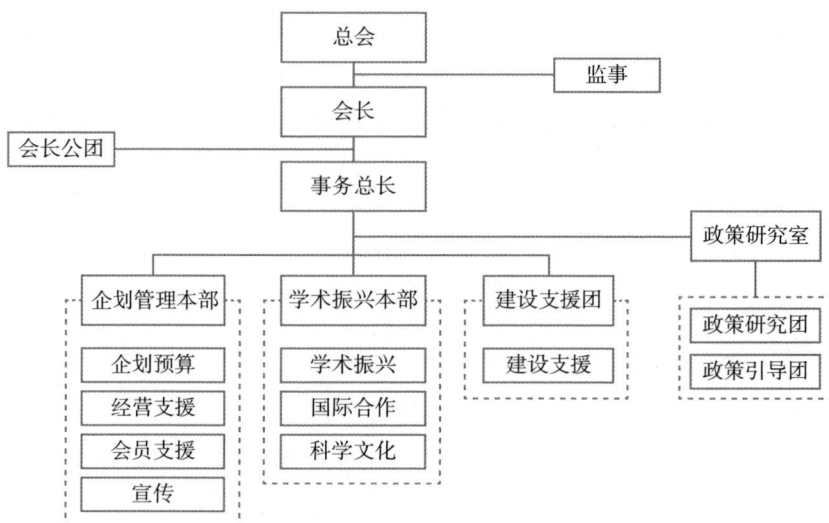

图 2-7　韩国科学技术团体总联合会组织架构 [①]

　　在运行及业务开展方面，根据会章，KOFST 每年 2 月中旬召开全体会议，主要讨论：人事任免及重要职务选举；会章、制度；科研项目、事业计划及预算；业绩、结算公示；法人成立、解散等重大事宜。除定期召开全体会议外，当五分之二以上的总会议员或学术团体会员、公共团体会员，或三分之一的民间团体会员要求召开全体会议时，KOFST 即召开临时大会。在大会表决方面，每次全体会议必须五分之二以上的代表会员出席才视为有效会议。大会决议过半数赞成视为通过。在主要职务的任期方面，根据会章规定，所有管理人员任期为 3 年，监事为 2 年，会长为单任制。下届会长由现任会长任期满 1 年后召开会员代表大会选出候选代表，并于次年选出会长继任者。其次，除事务总长、韩国科技团体总联合会分会长及中央部门相关兼职人员外，其他干部由会员代表大会选出。

　　此外，为实现 KOFST 建设初衷，KOFST 在国内按照地域划分成立了 13 个以促进区域科学发展、提升民众科学知识素养、推动国内科学普及为目的的区域联合会。主要业务包括：促进国家均衡发展，统筹、协助各类学术研究类会员团体加强各地区科学交流活动；提升学术研究类会员团体与地方自治团体关于科学技术合作能效；促进区域科技思想素质、科学知识普及、科技人员的社会参与及责任感加强等（表 2-8）。KOFST 在美、日、德、法等 17 个国家成立了以促进韩国国际学术

---

　　① 信息来源：韩国科学技术团体总联合会组织架构，https://www.kofst.or.kr/general.bit?sys_type= 0000&menu_code=040108。

影响力发展，引进科学技术、科技人才，加速科学传播的海外协会。目前，会员人数达到 20240 人，是韩国对外宣传、提升韩国科学技术影响力、培养和支援海外韩国科技者活动的主要窗口，为韩国构建科技工作者人力及信息交流网络作出巨大贡献（表 2-9）。

表 2-8　韩国区域联合会分布

地区	名称	成立时间
大邱广域市	大邱地区联合会	2003.03.26
忠清南道	忠南地区联合会	2003.04.29
忠清北道	忠北地区联合会	2003.06.30
大田广域市	大田地区联合会	2003.06.23
庆尚南道	庆南地区联合会	2003.07.03
庆尚北道	庆北地区联合会	2016.07.22
光州广域市	光州全南地区联合会	2003.07.22
江原道	江原地区联合会	2003.08.26
济州特别自治区	济州地区联合会	2003.09.04
全罗北道	全罗北道地区联合会	2003.10.08
仁川广域市	仁川地区联合会	2003.10.30
京畿道	京畿地区联合会	2003.11.26
两大广域市	釜山蔚山地区联合会	2011. 5.16

表 2-9　韩国海外协会分布及规模

海外协会名称	成立时间	会员数
在美韩人科技者协会	1971.11.11	7148
在德韩人科技者协会	1973.05.06	850
在英韩人科技者协会	1974.11.01	700
在法韩人科技者协会	1976.01.31	300
在日韩人科技者协会	1983.10.22	3000
中国朝鲜族科技者协会	1989.07.21	2500

续表

海外协会名称	成立时间	会员数
在俄韩人科技者协会	1991.07.08	360
哈萨克斯坦韩国科技者协会	1991.07.08	580
乌兹别克斯坦韩国科技者协会	1991.07.08	717
奥地利韩国科技者协会	1998.09.18	110
澳大利亚韩国科技者协会	2009.12.05	210
芬兰韩国科技者协会	2010.12.17	108
斯堪的纳维亚韩国科技者协会	2011.01.29	198
瑞士韩国科技者协会	2012.02.25	109
荷兰韩国科技者协会	2012.02.25	140
新加坡韩国科技者协会	2013.02.16	143
比利时韩国科技者协会	14.11.29	67
总计		20240

2.6.3　战略蓝图及业务开展

KOFST 作为韩国科技代表团体，主要以促进科技社团基础运行环境建设及辅助科技社团开展相关业务为主。同时，鉴于 KOFST 的特殊地位及职能，该组织具有参与国家科学技术政策编制与执行，提供决策科学支撑的特殊功能。在不同时期，KOFST 会结合时代发展及国家需求，调整战略蓝图，强化自身能力建设，引领韩国科技社团发展。

（1）战略蓝图。21 世纪后，KOFST 将自身发展整体目标调整为"加强政府与科技工作者沟通，促进韩国科学技术发展和国际竞争力全面成长"。基于整体目标，提出三个战略，即"加强组成创新性""加强组织前瞻性""加强组织与市民的沟通性"，并针对性形成"构建科技创新生态环境""加强未来时代活性化参与""提升国民先进、安全等生活质量"三大实施路径和若干实施策略（图 2-8）。

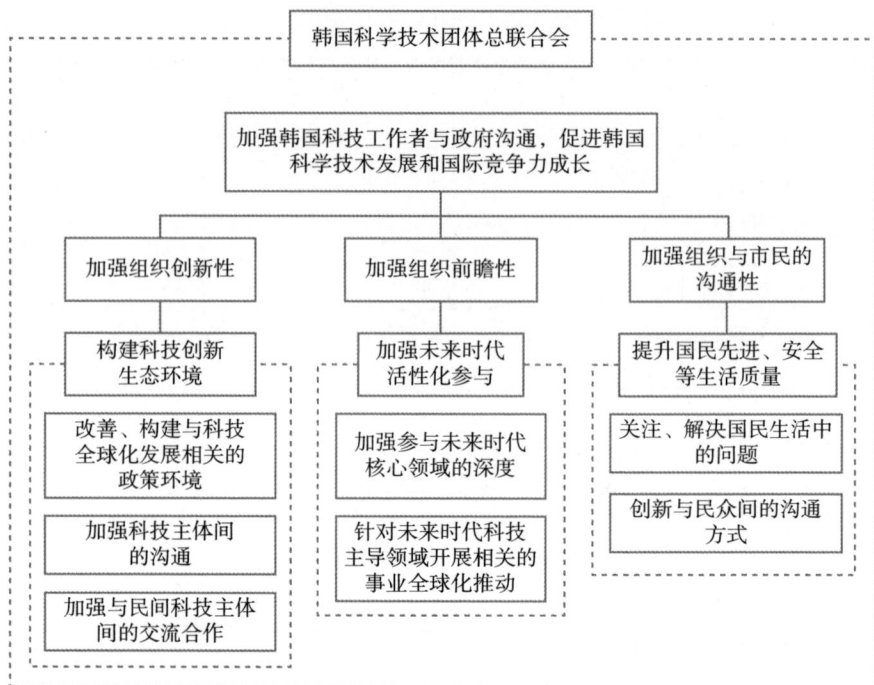

图 2-8 21世纪韩国科学技术团体总联合会战略蓝图 [①]

（2）业务开展。根据政府委托业务以及KOFST战略蓝图，KOFST的业务主要集中于五大方面，即推动科学活动，促进科学发展；海外人才引进，构建全球科技工作者合作网络；促进科学普及，振兴地区科学技术；加强政府与科技工作者沟通；为政府提供专业科技政策咨询。

一是推动科学活动，促进科学发展。KOFST确立了"优秀学术刊物选择性集中培育""扩充学术活动基础""学会学术活动信息化"三项事业。具体包括五个方面：①资助国内、国际学术杂志发行，促进国家学术杂志国际化发展；②鼓励支持举办、承办国内外大型学术交流活动；③研究成果国际化；④学会学术活动信息化；⑤组织会议。以"国内、国际学术杂志发行支援"和"鼓励支持举办、承办国内外大型学术交流活动"为例，"国内、国际学术杂志发行支援"主要是为了提升韩国国际学术杂志竞争力，为国内科技工作者发表优秀论文创造机会，进而提升韩国国际学术影响力。以经费资助模式展开，具体如表2-10。"鼓励支持

① 信息来源：韩国科学技术团体总联合发展蓝图，https://www.kofst.or.kr/general. bit?sys_type=0000&menu_code=040104。

举办、承办国内外大型学术交流活动"主要是为了推动韩国学术发展，促进国内外学者学术交流，进而提升学术团体活跃度。具体实施方面，只支持具有一定水平的学术会议，支持额度在会费的 70% 以内，同一学术团体每年仅限一次，以公募、竞争方式开展，对于世界大赛或与权威外国学术团体共同举办的国际学术大会资助力度将视情况而定。据统计，KOFST 目前经营着 100 个科学会馆，每年组织 80 多场学术会议，主要以专家研讨会、论坛为主。以 2019 年为例，韩国科学技术团体总联合会全年组织会议 93 场，其中学术论坛会议为 41 场，研讨会为 52 场。此外，2019 年，韩国科学技术团体总联合会协助会员协会组织举办相关会议 187 场。期刊出版方面，KOFST 目前共出版 621 期刊物，其中《科学与技术》作为固定刊物，自 1968 年以来每月发行一次。此外，KOFST 还出版有《科学术语表》《韩国科学技术 30 年》《科学技术 20 年》《韩国现代科学技术一百年》《科学技术论文选集》等。

表 2-10　国内、国际学术杂志支援 [①]

	国内学术刊物发行支援工作	国际学术刊物发行支援工作
支援对象	学会、大学附属研究所等非营利学术团体出版发行的年发表论文 20 篇以上的学术刊物	自然科学、工学、农水海洋、医药学领域学术团体发行的英文学术刊物 SCI（E）等登记的学术刊物及 SCOPUS 登记的英文学术刊物
支援规模	2000 万韩元以内（发行经费的 50% 以内）	4000 万韩元以内（发行经费的 70% 以内）
支援内容	原稿编辑费、外语校对费、发行及分发经费、电子杂志发行及发行经费、学术刊物主页或学术刊物投稿管理系统建设及维护费（人工费、审查费、杂费等除外）	原稿编辑费、外语校对费、发行及发行经费、电子杂志发行费、学术刊物主页或学术刊物投稿管理系统建设及维护费（人工费、审查费、杂费等除外）
审查程序	4 阶段审查（条件审查→专家审查→各领域专家审查→综合审查）	4 阶段审查（条件审查→专家审查→各领域专家审查→综合审查）

　　二是海外人才引进，构建全球科学信息网络。以"构建全球大韩民族科学技术网络，促进国内外大韩民族科学家交流，培养新一代科学技术领导，打造南北等海外有关机构之间实质性交流合作"为目标，KOFST 确立"海外科技人员交

　　[①] 根据韩国科学技术团体总联合会资助信息统计获得。信息来源：https://www.kofst.or.kr/general.bit?sys_type=0000&menu_code=030201。

流支援事业"并提出七个实施方案：①培养和支援海外科协协会；②举办世界韩民族科技者共同协议会；③在外韩人专家交流（KC，KC，UKC，AKC）；④举办韩民族青年科学论坛（YGF）；⑤支持新一代科技领导；⑥海外有关机构合作；⑦南北民间科技交流合作。以举办"世界韩民族科技者共同协议会""韩民族青年科学论坛（YGF）"为例。世界韩民族科技者共同协议会以提高韩国产业技术和国际竞争力为目标，通过尖端科技交流、信息交换等研究活动，形成"海外高级科技大脑"，促进国内科技发展和科技的全球化以及全球人力网络建设。韩民族青年科学论坛（YGF），注重青年专家的挖掘、联络，希望通过论坛，建立科技交流平台，帮助海外韩国同胞、青年科技人员深入了解母国科技发展的现状的同时，为国内青年科技人员提供两者间交流合作契机，进而形成关于"引领知识"的合作网络。截至目前，KOFST建立了海外医学会诊平台及合作体系；建立了科技咨询志愿者小组，促进了朝韩学术交流和出版事业；建立"第四次工业革命网""KOFST-IPCC网""青年就业网""科技知识网"等互联网平台，用于收集、沟通、解决、传递民众意见及建议；在美国举办UKC专家交流会，在欧洲举办EKC专家交流会，在亚洲举办CKC专家交流会，在俄罗斯主办AKC专家交流会；与美国科学促进会、中国科学技术协会、越南科学技术协会联盟等组织签署合作备忘录形成科技外交中心；成立科技ODA中心积极开拓海外合作共建，形成国际科研合作，同时，根据国家科技发展战略，对特别国家开展非官方的科技援助计划，从而促进国际影响力成长。

三是促进科学普及，振兴地区科学发展。韩国科学技术团体总联合会以"加强区域科技活动，促进区域科技活性化，提高国民科学知识普及，增强科技人使命感"为目标，提出五个实施方案：①积极开展区域科技活动；②重视地区生活科学问题的解决；③举行科学节纪念仪式；④出版《科学与技术》及韩国科学技术团体总联合会网络期刊；⑤设立韩国最高科学技术奖项。以"积极开展区域科技活动""重视地区生活科学问题的解决"为例。"积极开展区域科技活动"通过13个地区联合会对特殊群体、普通群体、弱势群体开展特讲、论坛等活动形式，实现振兴科学技术（具体如表2-11所示）。"重视地区生活科学问题的解决"则表现为：KOFST较早建立了"科技问题信息中心"及"日常生活科学咨询小组"，主要帮助普通民众科学、客观地分析了解日常生活中相关科学知识，发现人民群众生活密切相关的科学问题等。

表 2-11 地区科技活动 [①]

目的	名称	方式方法
促进科学普及	科技论坛	针对地区科技界热点问题展开交流、研讨
	科学特讲	培养理工科领域下一代人才
	地区特殊化事业	为地区科学技术发展，根据各地区情况开展的特色工作
解决地区科技问题	探索科技解决方案	利用地方自治团体，建立产、学、研等多种相关机构的合作体系
	挖掘各地区生活科学问题	通过新一代科技人才的流入及地区科技振兴活动探索科技问题，促进区域均衡发展

四是加强政府与科技工作者沟通。通过征集科技工作者意见，加强与政府间沟通是韩国科学技术团体总联合会设立的核心目的之一。为此，韩国科学技术团体总联合会确立了"科学界重点问题应对""科学界观点传播""科学界参与国家科技政策制定"三大任务。以"科学界参与国家科技政策制定"为例。科学界参与国家科技政策制定以建立国内外舆论集聚网络为形式，广泛收集各阶层的意见和建议，在此基础上，通过讨论会、专题研讨会等开放式会议形成科技发展政策的改进意见，由 KOFST 直接提交政府或通过期刊等工具形成社会传播。此外各分会还定期对地方科学馆、公共图书馆予以资金、人员方面支持，包括建立科技馆（主楼和新楼），在 1972 年成立"技术志愿者小组"用于社区发展等。2020 年上半年，KOFST 还针对全球新型冠状病毒肺炎疫情与韩国医学类学会会员共同策划了防疫抗疫科普专题（表 2-12）。

表 2-12 韩国科学技术团体总联合会 2020 年科学普及活动开展情况

名称	排期	日期	内容
从科学技术角度审视新型冠状病毒肺炎（COVID-19）	13 期	2020.3	COVID-19 的特性、治疗方案、医学后遗症等知识科普传播
COVID-19 后的转变	14 期	2020.3	COVID-19 后疫情时期，科技和经济、社会方面的变化论述
COVID-19 患者诊疗	15 期	2020.4	重症患者诊疗情况及治疗方案科普
COVID-19 精神健康知识	16 期	2020.4	精神健康问题整理及对策

[①] 根据韩国科学技术团体总联合会网站信息汇总。信息来源：https://www.kofst.or.kr/general.bit?sys_type=0000&menu_code=030100。

续表

名称	排期	日期	内容
COVID-19 治疗剂及疫苗开发到哪里了？	17 期	2020.4	COVID-19 疫苗，治疗剂开发现状
后 COVID-19 时代：新常态	18 期	2020.4	COVID-19 以后，韩国社会的经济和社会变化情况预测及讨论
COVID-19 第 2 次流行的医疗系统财政费解读	19 期	2020.5	COVID-19 第 2 次流行的保健医疗系统等对策解读
COVID-19 后疫情时期信息技术发展	20 期	2020.5	后 COVID-19 时代，信息利用话题讨论
COVID-19 后疫情时期经济、产业发展	21 期	2020.5	后 COVID-19 时代，国民经济结构重组
COVID-19 后疫情时期教育趋势	22 期	2020.6	教育领域的变化
COVID-19 后疫情时期网络安全发展	23 期	2020.6	后疫情时代，在非对称面环境中网络安全技术变化、
COVID-19 后疫情时期生物经济发展	24 期	2020.7	后疫情时代，市场和公共需求变化眺望

五是为政府提供专业科技政策咨询。这是韩国科学技术团体总联合会区别于普通科技社团的又一大突出特点。KOFST 根据政府委托业务对政府具有决策支撑功能。为此，KOFST 成立政策研究所，具有收集科技信息、意见、开展可行性调查等功能，除承接政府咨询外，主要根据国家发展前瞻性发掘科技领域可能出现的问题，并形成解决方案。例如，KOFST 承担"国家绩效基础研究课题"，提出"关于科技创新的特殊法令和执行令（建议）"被韩国科学技术委员会采纳。基于国内科学发展环境，提出"关于实施基本科学技术法的建议"和"关于青少年科学和工程技术发展建议"。

2.6.4 财务状况

韩国科学技术团体总联合会运营经费主要以政府资助为主，除政府资助外，经费来源包括社团经营和社会捐赠。其中社团经营收入主要来自出版物经营、科技服务、行业培训等活动。社会捐赠主要以企业捐赠、学者个人基金捐赠为主。2019 年"韩国科学技术团体总联合会财务报告"显示，在资金来源中，政府与国家科学基金资助占经费总来源的56%，传统业务经营收入仅为总资金的10%，值得注意的是，基于基础设施与对外服务等现代业务收入占比高达34%（图2-9，表2-13）。

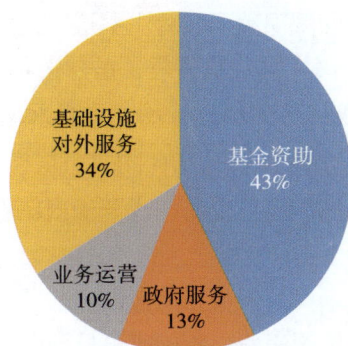

图2-9　韩国科技社团运营经费来源及占比

表2-13　韩国科学技术团体总联合会收支情况 [①]

会计分类	收入（韩元）		支出（韩元）	
	第54届	第53届	第54届	第53届
科学技术振兴基金	13249000000	13825000000	13249000000	13825000000
政府	3564000000	3688000000	3564000000	3688000000
自身运营	3406980456	3072810056	3406980456	3072810056
会馆运营	4507999081	5162246390	4507999081	5162246390
科学场馆运营	6270789964	1613039644	6270789964	1613039644
科学村运营		24469570140		24469570140
统计	30998769501	51830666230	30998769501	51830666230

2.7　主要特点

　　韩国科技社团在70多年的发展历程中，与政府间的关系从一开始的不信任到现在的高度依赖，直至成为韩国国家科技创新发展与现代化治理的主要参与力量，离不开政府与科技社团两者间的努力，且在两者共同努力下，形成诸多发展特点。综合来看，韩国科技社团作为社会团体的典型代表，是国家在科技研究与创新发展中的重要实施者。从定位而言，韩国科技社团是国家科技创新发展的主要力量。从

───────────────

　　① 根据韩国科学技术团体总联合会会员公告（https://www.kofst.or.kr）统计获得。

功能而言，韩国科技社团肩负了促进韩国科学发展与国民科学普及的主要义务与责任。

1. 社团规模小、体量小

韩国科技社团存在明显的规模较小、分工明确、组织结构统一、管理运行全面等鲜明特点。从韩国科技社团发展现状来看，虽然近年来韩国科技社团发展较快，且覆盖领域较广，但社团数量与美、日、德、法等国家相比总量较少。韩国化学会、工学会、电气学会等较早成立的科技社团会员规模只有十几万人，而2000年前后成立的信息通信技术领域相关科技社团人数多不足十万，科技社团总体呈现规模小、体量小的特点。

从科技社团职能及业务来看，各类社团在设立宗旨及主要业务上基本相同，但通过对相关业务开展的实际情况来看，不同类科技社团业务各有侧重，传统基础学科类科技社团多以促进科学发展为主，以信息通信为背景的科技社团以促进产业技术发展为主，综合类科技社团以促进科学普及、人才交流为主，分工比较明确。

在内部治理结构方面，韩国各类科技社团内部治理结构及人事任免方式相对统一。韩国科技社团内部主要管理部门均按照韩国《民法》设置。例如，《民法》规定科技社团需成立会员代表大会作为最高权力机构，设立法人，会长代表学会，成立理事、监事等职务，作为科技社团基本结构设置。目前，韩国科技社团全部根据政府法律法规进行设置。人事任免遵循《科学技术基本法》规定，例如，会长、副会长、监事由会员代表大会选举，由政府主管部门认可后任职，理事由会员大会选举，其他职务视科技社团自身规章而定。

管理运行方面，从会员分类及服务到资金运行监管，再到具体业务开展，韩国科技社团形成了相对完善的规章制度。虽然，根据科技社团学术领域不同，其业务内容开展方式及内容有所差异，但都严格遵守《科学技术基本法》赋予科技社团职责及义务，始终以促进国家科学发展、推动国家学术交流、促进国民科学普及为目标。

2. 完善的社团法制体系

纵观韩国科技社团的发展历程，可以发现：政府部门只负责科学技术社团发展宏观方向把控；科学技术团体总联合会协助政府促进科技社团基础运行环境建设及辅助科技社团开展相关业务；研究财团托管与运营国家基金资助科技社团运行发展。这是推动科技社团发展的关键。而在具体的实施过程中，依法治理成为韩国科技社团治理的关键支撑。韩国政府颁布了多部社团管理相关的法律，完成对科技社团的非营利、公益法人属性的法律界定，并在所有科技社团具体运行过程中的重要管理环节实现了"有章可循，有法可依"。主要法律包括《民法》《公益法人设立及运行管理条例》《科学技术基本法》《科学技术基本法实施令》，配套法案包括《韩国研究财团法》《KOFST 业务协议》等。

3. 三元分治管理模式

在法律框架下，韩国政府对科技社团形成了"管理、促进、资金支持"三元分治管理体系，有效地实现了政府减负和专职部门高效管理。在政府管理方面，主管部门宏观把控科技社团发展内容、方向。在资金支持方面，韩国通过设立财团、基金方式对科技社团进行支持，这与政府直接拨款相比，具有一定的市场属性，在提升财政透明度的同时，有助于科技社团接轨市场。在科技社团发展促进方面，韩国政府设立"韩国科学技术团体总联合会（KOFST）"用于全面促进科技社团发展，建设科技社团发展环境。以上做法看似将科技社团的官权分割，而实际上"权力"分离的背后都具有详细的法律支撑，使得科技社团的官权高度集中于政府，而非某一机构或部门。

4. 双路径服务模式

在韩国特有的"三元分治管理体系"下，韩国科技社团参与国家治理、服务国家科学发展、科学普及也形成双重路径。第一，关于重大科研项目及国家事业，韩国科技社团通过参与"科研招标""劳务委托"等方式直接对接政府职能部门；第二，关于学术会议召开、学术期刊出版、民众科学普及等传统事业，韩国科技社团依托韩国科学技术团体总联合会展开（图 2-10）。该做法最大的特点是，第一，科技社团直接参与重大科研项目及国家事业，与有关部门直接对接，实现了科技社

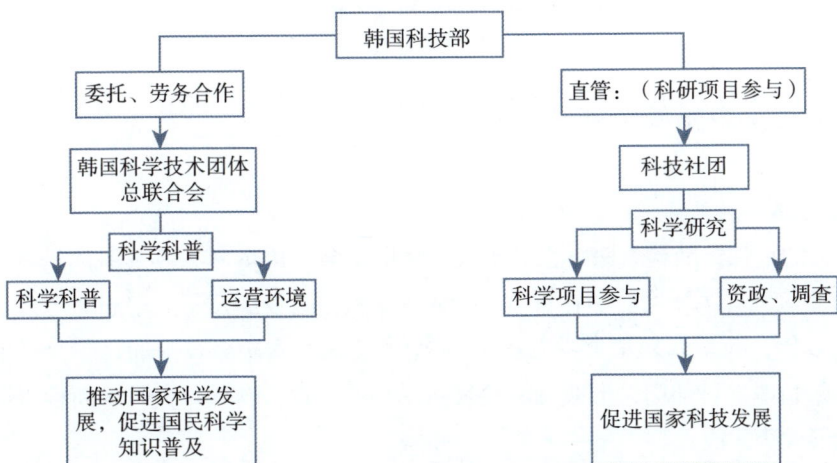

图 2-10　韩国科技社团服务路径

团与政府需求间的高效与精准对接，使得科技社团职能定位与服务更加贴近国家需求，也便于政府作为需求方对科技社团职能与服务能力的直接了解，形成正向反馈，有助于形成更高质量的支撑服务。第二，科技社团科普活动开展交由专职机构负责、推进，一方面给政府职能部门减负，另一方面实现专业化促进高效率产出。

5. 社团内部评议提升内部治理效果

全球治理一体化背景下，"互信、合作"将成为建设世界一流科技社团的基本准则，这就对社团治理提出了更高的要求。为实现这一目标，韩国政府不仅在科技社团外部管理体系融入第三方机构参与社团评价；赋予韩国科学技术团体总联合会监督、促进科技社团日常运营等职能；委托韩国研究财团完成科技社团科研事业评价、经费划拨，同时，还在《科学技术基本法》中以建议形式，提出科技社团应设立评议员，组成评议会促进科技社团的日常运行管理的民主开放。而韩国科技社团也基本按照国家建议，在接受外部监督的同时，在社团内部成立评议会，评议员选拔则以普通会员为主，进而推动普通会员参与社团内部的重要决策、业务促进及监督，促进提升社团民主自治能力的提升。

2.8 科技社团案例

根据全球化背景，在科技发展与科技创新治理的新形势下，结合韩国科技社团分类参与推动国家科技创新发展与治理的政策特点，选取大韩诊断检查医学会、大韩产业工学会、韩国广播·多媒体工学会三家典型科技社团，从发展沿革、内部组织结构、业务运营等方面展开案例剖析，进一步分析归纳韩国科技社团的管理模式及特点。

2.8.1 大韩诊断检查医学会

2.8.1.1 成立背景

今天的大韩诊断检查医学会始于大学病理学会。1946 年，朝鲜脱离日本殖民统治，20 多名朝鲜医学会会员在首尔大学病理学教室自发组建了大学病理学会。

1960 年，大学病理学会举办第 12 次学术会议，本次会议上通过了合并解剖病理与临床病理学科部门，形成诊断检查医学科的决议，自此，大韩诊断检查医学会以部门形式正式成立。

此后，在韩国专职医生制度的引导下，1963 年诊断检查医学部成功培养出韩国第一批（49 名）临床病理科专家。20 世纪 80 年代，随着韩国医学专业细分的趋势，诊断检查逐渐成为医学发展的一个重要分科，政府认为有必要建设专业的诊断检查医学会促进临床诊断医学的发展。在此背景下，一直作为大韩病理学会分科的临床病理学部于 1980 年 10 月 17 日，以第一批（49 名）临床病理科专家为主要会员，在延世大学大韩病理学会召开会员代表大会，成立了现在的大韩诊断检查医学会。

2.8.1.2　宗旨

2020 年是大韩诊断检查医学会成立 40 周年。一直以来，大韩诊断检查医学会的宗旨是"促进医学界与产业合作，开发新诊断检查技术，以培养世界领先的诊断检测医学力量为己任"。截至目前，该学会个人会员达到 1100 人。

2.8.1.3　组织结构

大韩诊断检查医学会以会员总会为最高权力机构，每年定期召开会员代表大会（会长发起，一年一次），主要讨论、表决事宜包括：普通议员选拔、会章修订、地区分会建设、管理人员任免，以及学会内其他评议会和会长提交的相关事宜。决议遵从参会者过半数赞成即通过。

设立会长 1 名，担任学会法人及总会主席，负责学会运营、发展管理，任期 1 年，可连任。副会长 1 名，负责辅助会长管理学会日常事务。

成立理事会，设立理事长 1 名任期一年，可连任，副理事长 1 名。理事会主要由会长、下届会长、理事长、下届理事长及理事组成，共计 30 人，任期 3 年。理事会不定期召开，主要讨论：评议委员的委任事项；专职委员会要求审议的事项；会章和内部制度；学会运营所需事项。

设立监事，根据韩国《民法》及公益法人设立、运营相关法律，大韩诊断检查医学会设立监事职务（2 人），负责学会财务运营等事务。

成立评议会，评议会主席由会长担任，评议员由评议会选出（占全体会员的 20% 左右）。评议会分为定期评议会（会议由会长发起）和临时评议会（有三分之一以上的普通议员要求；理事会有重大决议；其他委员会有重大事务）。会议表决遵从半数参会议员赞成方为通过。主要评议内容包括：①会长、理事长、监事、评议议员选拔；②推举名誉会长；③对理事长提名的理事的追认；④会章修正；⑤对管理人员工作展开评价；⑥预算追认及结算批准；⑦评议其他委员会提交的议案。

结合大韩诊断检查医学会学术特点及主要业务职能，该学会还设立了"专家委员会""考试委员会""编辑委员会""事务委员会"等 32 个委员会，主要负责执行学会决策、辅助理事会管理、学会事项调查研究、促进学会会员学术能力等事宜（图 2-11）。

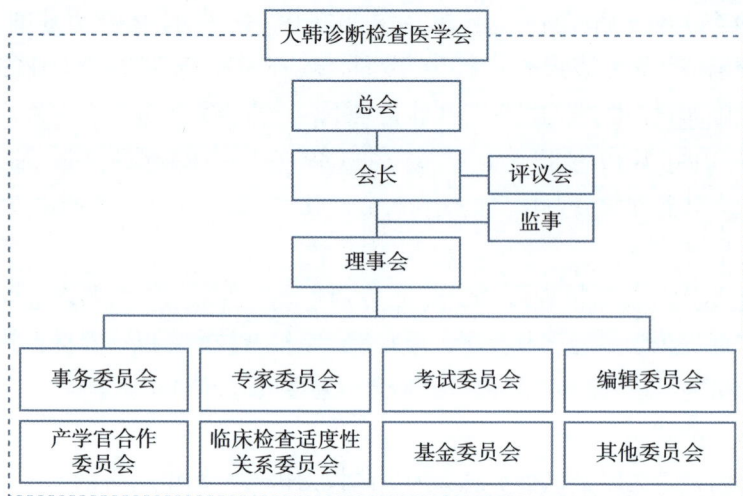

图 2-11　大韩诊断检查医学会组织架构

2.8.1.4　战略蓝图及主要业务

大韩诊断检查医学会的总体目标与成立初衷保持高度统一，即"通过促进、提升诊断检测医学技术水平，为国家及民众提供医疗保障"。

基于总体目标、成立初衷，大韩诊断检查医学会确立了三个战略目标：第一，通过促进专业的医疗检测技术发展，辅助患者获得最佳治疗方案。第二，培养诊断检查医学领域的专家、人才，为医疗界和国民社会保障提供"值得信任的医学支撑"，同时促进韩国学术交流，引领世界诊断检查医学发展。第三，通过与各界人士的积极沟通，为国民服务，为人类发展服务。

根据战略目标大韩诊断检查医学会确立四个业务方向：①诊断检查医学专家培训；②诊断检查服务；③诊断检查先进技术研发；④学术促进。具体业务开展如下。

1. 学术交流

根据该学会会议计划显示，该学会从成立之日起每年都会召开学术交流会，一年一次，以国内学术交流为主。自 2006 年起，大韩诊断检查医学会将学术会议提升至国际层面，邀请国外学术专家参与，同时，会议召开频次也由原来的一年一次增加至一年两次。

2. 期刊出版

大韩诊断检查医学会期刊主要以英文期刊为主，期刊包括《检验医学年鉴》（*Annals of Laboratory Medicine*）和《检验医学在线》（*Laboratory Medicine Online*）。其中，《检验医学年鉴》自 1981 年开始创办发行，每年 6 期，2018 年《期刊引用报告》影响因子 2.803。《检验医学在线》以电子期刊形式为主，一年 12 期。截至 2020 年年底，已出刊 382 期。

3. 科学普及

大韩诊断检查医学会主要通过学术论坛及相关奖励设置促进国民医学知识普及、传播。大韩诊断检查医学会为促进国家诊断检查医学设立 7 个奖项：①大韩诊断检查医学会学术奖，②大韩诊断检查医学会英文学术杂志最优秀论文奖及优秀论文奖，③大韩诊断检查医学会国文学术杂志优秀论文奖，④大韩诊断检查医学会优秀研究者奖，⑤优秀研究奖，⑥专业考试奖，⑦专业优秀论文奖。以上奖项除了专业考试奖、专业优秀论文奖，主要面向社会及相关专业的学生及工作者，对促进普通科学科普，激发市民了解医疗检测的相关知识起到了一定推动作用。

4. 社会服务

科技服务及创新是大韩诊断检查医学会重要建设目的及当前业务发展的重要侧重，主要形式包括：直接参与技术研发；提供专业技术或学术评价；支撑政府相关领域工作。

大韩诊断检查医学会认为，就医疗水平而言，韩国医学并不亚于国际先进国家，但是在诊断检查方面相对落后。因此，大韩诊断检查医学会向医学检测技术等方面侧重。以本次 COVID-19 疫情为例，在韩国疫情初期，大韩诊断检查医学会与韩国社会福祉部达成协议，直接组织专家团投入检测试剂研发，并快速形成成果。

作为具有国家医疗检测设备评价资质的科技社团，大韩诊断检查医学会对国内医疗企业、医疗单位相关检测标准、实施流程具有评价职能。

支持政府工作方面，以釜山政府为例，为促进韩国经济发展，带动韩国产业发展，韩国积极开展国外游客来韩旅游，其中包括特色"医疗旅游"，以此来宣传韩国现代医学技术、发展水平等。此外，大韩诊断检查医学会作为医学领域重要学会还在 2009 年与韩国食品医药品安全厅达成协议，承担釜山医疗旅游食品卫生检查职能。

2.8.1.5　会员分类及服务

大韩诊断检查医学会具有严格的会员制度，同时根据会员级别的不同，给予会员不同的服务。

会员分类方面，大韩诊断检查医学会将会员划分为五大类：①正式会员。正式会员需获得保健福利部颁发的医生专业资格证，并具有诊断检查医学学科学术成果及工作履历。②准会员。准会员需具备诊断检查医学专业医生背景。③特别会员。特别会员需具有会长或理事长的推荐书，并为诊断检查医学领域的专家或

有突出贡献工作者。④名誉会员。名誉会员被认定为在学会发展中有显著功劳的
人或是诊断检查医学相关领域的正规大学副教授、专科教授及以上（或具有同等
资格的人）。⑤法人会员/团体会员。作为诊断检查医学相关领域的各种法人及相
应的团体。

会员义务及权利方面，大韩诊断检查医学会所有会员应必须遵守会规及内规、
总会及评议会议决议事项。所有会员都要缴纳规定的年会费。所有会员都有总会出
席权和发言权，正式会员有被选举权。会员服务包括期刊赠送、学术信息提供、参
与学术大会及参与学会特定奖项等。

2.8.1.6 财务状况及运营

根据大韩诊断检查医学会会章介绍，资金来源包括：会费、学术活动登记费、
支援金、捐款及其他收入。其中支援金又包括科学财团资助、医学基金资助等专属
类国家基金资助。会费使用由理事会决定。根据上一年学会的收入、支出形成次一
年预算编制，经过理事会的表决提交评议会，评议会通过后，于次年1月1日提交
总会批准。

学会支出包括：学会运行支出（专职管理人员），学会产品支出（期刊、学术
会议、奖项），科研支出（成立会内基金，确立科研项目，基于研发资金支持），人
才培养支出（针对专业学生及会内青年人才提供奖学金赞助）。

2.8.2 大韩产业工学会

2.8.2.1 成立背景

产业工学作为现代工业、科技产业的重要基础，是推动国家产业技术创新、经
济增长、社会发展的关键学科。韩国在第一个五年经济发展计划后，深刻认识到产
业工学人才的匮乏、产业工学学术的落后，认为有必要形成专注产业工学的科技社
团，提升国家产业工学水平，培养产业工学人才，推动国家各类产业发展。为此，
1974年，韩国产业通商资源部根据韩国产业技术、推广、应用等现状确立课题并成
立了大韩产业工学会。

2.8.2.2 宗旨

韩国政府成立产业工学会的初衷是培养韩国产业和社会革新的创意性人才，促
进产业工学核心技术研发。为此，大韩产业工学会确立了"振兴产业技术，促进应
用产业相关的工学学术提升"的核心主旨。目前，该学会会员人数超过22000名，
企业会员超过120家，是韩国产业工学领域最大的科技社团组织。

2.8.2.3　组织结构

大韩产业工学会以会员为代表的总会为学会最高权力机构，每年定期召开 2 次大韩产业工学会大会，表决学会发展、学会运营、人事任命等相关事宜。

评议会由总会提名，从学会正式会员及名誉会员中选举 70 名委员，成立大韩产业工学会评议会。该机构在大韩产业工学会地位高于会长，负责会长及学会重要人士职务提名、任免，学会发展及运营评价，学术及科研项目审议评价等关键事宜。

根据韩国《民法》及公益法人设立、运营相关法律，大韩产业工学会设立监事职务（2 人）负责学会财务运营等事务，可直接向会长就学会运行的相关问题提出异议。

由大韩产业工学会评议会提名，大韩产业工学会总会表决，选择会长 1 人，作为学会法人全面负责学会发展及运行（会长兼任评议会会长）。

在会长职务下设两个平行部门：副会长与事务处，以上两个部门是大韩产业工学会下理事会、各类委员会及学会事业运行的管理部门。其中，副会长职务按照职能设置为总管副会长、学术副会长、教育副会长、新闻副会长、对外合作副会长、事业经营副会长等 10 个职位。副会长及事务处下设置理事会、各类委员会（8 个）、产业管理部、地区事业管理部（3 个）四大管理职能部门作为学会事业运行的直接推动者（图 2-12）。

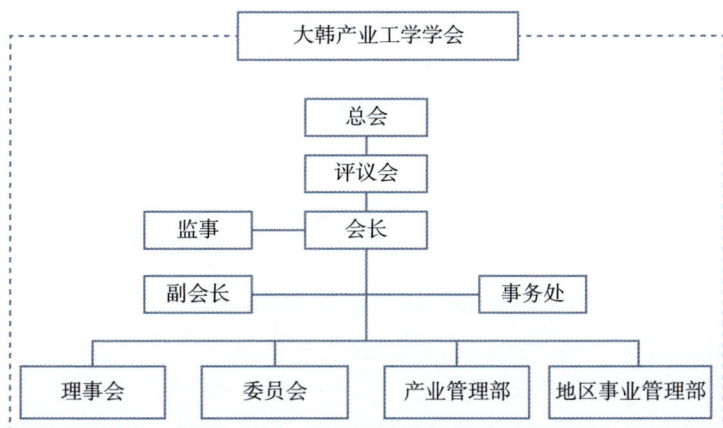

图 2-12　大韩产业工学会组织架构

2.8.2.4　战略蓝图及主要业务

大韩产业工学会作为韩国"工业立国"时期的科技社团"产物"，为实现促进韩国产业均衡发展，助力国家企业核心竞争力提升，积极通过学术交流、人才培养、科研参与、产学促进等方式营造良好环境。

1. 学术交流

大韩产业工学会作为韩国国内产业工学领域最大学会，自成立日起，每年定期就韩国产业工学研究成果组织召开 2 次学术发表会，从而促进专家交流、产学合作。进入 21 世纪后，随着全球学会国际化发展的趋势，大韩产业工学会开始举办、承接产业工学国际学术会议。据统计，截至 2018 年年底，大韩产业工学会共承办 9 场国际会议。例如，2010 年第一届国际物流与海事系统会议（LOGMS 2010），第 15 届亚太工业工程与管理系统大会（APIEMS 2014），2018 年承办生产管理系统进步国际会议（APMS 2018）等。

2. 期刊出版

作为韩国产业工学领域最大科技社团，大韩产业工学会在该领域具有较强的权威性，其学术期刊很大程度上反映了韩国产业工学发展水平。

自 1975 年开始，大韩产业工学会开始发行《大韩产业工学会刊》，每年发行 6 期，该期刊不仅是学会给予会员、企业的福利，同时也是增进会员学术交流的体现。1987 年，为了促进韩国产业工学发展，促进国家产业技术对外宣传，韩国产业工学创办季刊《IEMS》。1988 年，大韩产业工学会创办《产业工学》，1992 年编写《产业工学术语词典》。同时，随着互联网信息技术发展，大韩产业工学会在 1994 年创办《IE》，每年 4 期。

3. 科学普及

科学普及是大韩产业工学会设立的重要目的之一，在这方面学会主要以专业从业人员及相关专业青年学生为对象，通过知识竞赛、学术奖项、科学募集 3 种形式展开。

知识竞赛方面，大韩产业工学会自 2012 年起以促进产业工学活性化、产业工学现代技术融合发展为主题，每年举办一次产业工学知识大赛，参与者不限定，极大促进专业从业者、在校学生对产业工序专业知识的学习热忱。

学术奖项方面，大韩产业工学会为专业学者及学会成员设立了 4 个奖项，获奖者不仅可以获得学会提供的荣誉证书，还可获得学会基金资助。

科学募集主要是针对普通市民开展，主要以学科知识为内容，通过展开全民创意募集，提高国民对产业工学科学知识的了解。

4. 社会服务

随着大数据、互联网及云技术的发展，现代产业发展中企业制造、营销等一系列流程都发生了巨大转变，传统产业工学已无法满足现代社会发展的需求。为此，大韩产业工学会结合现代科技发展，积极构建了基于数据分析的决策、优化、经营服务体系，同时也在不断开阔产业工学新领域研究。例如，大韩产业工学会立足于产业工学，针对区块链、大数据、智能工厂、智能城市等第四次工业革命的核心领域，提供复杂融合技术解决方案。大韩产业工学会依托大数据技术，针对制造生产过程中的"制造创新—质量经营—网络销售"为企业提供决策支持。根据国家重点产业布局，针对性提供行业产业技术调查等。

2.8.2.5　会员分类及服务

大韩产业工学会将会员分为 3 类：个人会员、特别会员、团体会员。其中个人会员中又分为名誉会员、终身会员、正式会员、准会员、大学生会员、在线会员。特别会员根据会员背景分为四类。团体会员主要以图书馆及科研机构两类为主。

按照会员等级不同，会员会费也存在较大差别，对应的福利也存在差异。个人会员方面：名誉会员不分国籍，但需具备较高学识和名望，同时为韩国产业工学学科发展作出过重大贡献。名誉会员还需经过学会评议会推荐、总会评议，通过后认可为名誉会员，名誉会员无须缴纳会费，且除具有普通会员学会福利外还可参加学会评议会、会章等重要职务选举。终身会员首先应具备正式会员资格，在此基础上一次性缴纳 60 万韩元会费者即认可为终身会员。正式会员需毕业于 4 年制大学且所学专业为产业工学领域学科（产业工学系、工业经营学系等），或产业工学相关学科毕业且从事相关工作 3 年以上，会费标准为 5 万韩元的年会费和 1 万韩元的入会费。准会员以在读硕士、博士为主，包括工学领域的在校生或毕业于 4 年制大学且从事产业工学领域相关工作超过 5 年的人，会费标准为 2 万韩元年会费和 1 万入会费。大学生会员以主修专业与产业工学相关的在校本科生为主，会费标准为 1 万韩元年会费和 1 万入会费。在线会员是指对工程学感兴趣的人，此类会员无须缴纳会费，且不享受大韩产业工学会的福利待遇。以上个人会员可享受学会福利包括：学会刊物文件（PDF）免费获取；免费参与学会主办的春·秋科学技术会议（非正式会员需缴纳部分费用）；学会主办的研讨会、国际会议等活动，享受参加费用优惠；可获得学会内部各类研究委员会最新科技信息；在学会主办的大会中获得参加权及发言权（仅限于正式会员、终身会员）；获得获取学会设立的相关学术奖项的资格与机会（仅限于正式会员、终身会员）；可获得参与学会相关机构委员选拔及获奖候选人推荐的机会（除在线会员）（表 2-14）。

表 2-14　大韩产业工学会个人会员等级制度 [①]

会员类型	会费（韩元）	入会费（韩元）	会员资格	会员福利
名誉会员	豁免		需具备较高学识和名望，同时为韩国产业工学学科发展作出重大贡献的人	学会刊物文件（PDF）免费获取。学会主办的春·秋科学技术会议可免费参与（非正式会员需缴纳部分费用）。学会主办的研讨会、国际会议等活动，可以享受参加费用优惠。可获得学会内部各类研究委员会最新科技信息。在学会主办的大会中获得参加权及发言权（仅限于正式会员、终身会员）。获得学会设立的相关学术奖项的资格与机会（仅限于正式会员、终身会员）。可获得参与学会相关机构委员选拔及获奖候选人推荐的机会（正式会员及以上）
终身会员	60 万		具备正式会员资格，在此基础上一次性缴纳 60 万韩元会费者认可为终身会员	
正式会员	5 万	1 万	毕业于 4 年制大学且攻读于产业工学领域的学科（产业工学系、工业经营学系等）的人或产业工学相关学科毕业且从事相关工作 3 年以上的人	
准会员	2 万		产业工学领域硕士、博士在校生或毕业于 4 年制大学且从业于产业工学领域超过 5 年的人	
大学生会员	1 万		大学产业工学在校生	
在线会员	无须缴纳		对产业工学感兴趣的人	

　　特别会员方面，主要以企业为主，以在学会的发展或财政上有特别贡献的个人或法人为主，需通过董事会的决议方可入会。主要分为四类（表 2-15）：①钻石会员。以 SI/ 咨询企业、制造企业（大企业）、IT 企业、制造业服务行业中小企业为主，此类企业每年会费 500 万韩元。②白金会员。以国内公共机关、研究所为主，每年会费 300 万韩元。③黄金会员。以产业工学相关的中小型企业为主，年会费 100 万韩元。④白银会员。各类对大韩产业工学会感兴趣的企业，年会费为 50 万韩元。根据会员分类，大韩产业工学会给予的福利待遇也存在较大区别，大韩产业工学会特别会员享有的福利包括：学会论文无限制在线服务（搜索和下载）；获得学会期刊 PDF 文件；获得学术大会及短期讲座视频服务；会员企业职员在参加学会主办的学术大会时享受正式会员待遇；参与学会短期讲座、研讨会时享受 30%～50% 费用优惠。针对白金及以上会员，更提供学会期刊广告宣传服务、企业文化宣传服务、专业人力资源服务、专家数据资源服务、学会专家专业技术支援服务。团体会员主要为图书馆会员、机关会员，年会费 20 万韩元，可免费获取学会期刊。

---

　　① 信息来源：大韩产业工学会会员分类，http://kiie.org/member/member01.asp。

表 2-15　学会特别会员分类 ①

会员等级	会费（韩元）	资格	福利待遇
钻石会员	500 万	SI/ 咨询企业、制造企业（大企业）、侧重 IT 问题解决的企业、侧重制造业服务的中小企业为主	学会论文无限制在线服务（搜索和下载）；获得学会期刊 PDF 文件；获得学术大会及短期讲座视频服务；会员企业职员在参加学会主办的学术大会时享受正式会员优惠待遇；参与学会短期讲座、研讨会时费用享受 30%～50% 优惠。
白金会员	300 万	以国内公共机关、研究所为主	针对白金及以上会员提供学会期刊广告宣传服务、学术会议企业文化宣传服务、专业人力资源服务、专家数据资源服务、学会专家专业技术支援服务
黄金会员	100 万	以产业工学相关的中小型企业为主	
白银会员	50 万	各类对大韩产业工学会感兴趣的企业	

2.8.2.6　财务状况及运营

　　财务运营方面，大韩产业工学会资金来源方面主要以政府资助、社会捐赠、学会运营为主。此外，值得一提的是，作为与产业紧密相关的科技社团，大韩产业工学会成立了多个基金，包括大韩产业工学会议基金、白岩奖基金、政宪财团出版基金、国际学术活动基金、权泰成基金、米兰尼基金等。基金主要用于学会奖项、青年人才培养。

　　白岩奖基金于 1990 年由第 8 届会长、明知大学教授元珍熙创立，主要用于学会正式会员的论文奖励，建立之初基金总额为 1000 万韩元。2005 年，第 16 届会长韩国科学技术院教授崔炳奎追加募集 2510 万韩元。

　　政宪财团出版基金于 1994 年由第 10 届会长、首尔大学李昌禹教授创立，主要用于促进产学界沟通合作，支持电子杂志出版，从 1994 年开始，每年支持大韩产业工学会 1 亿韩元。

　　国际学术活动基金于 1996 年由第 11 届会长、釜山大学教授赵圭甲创立，主要目的是促进、活跃国际学术交流，支持学会正式会员参加国际学术大会和邀请外国学者参会。

　　权泰成基金于 2003 年由第 15 届会长、首尔大学教授吴亨植创立，权泰成教授以个人名义向学会捐赠了土地等不动产（土地价值约 5000 万韩元），用于优秀硕士论文奖励。

　　米兰尼基金同样是由第 15 届会长创立，主要目的为了促进 IE 专业人才培养。

---

① 信息来源：大韩产业工学会会员分类，http://kiie.org/member/member01.asp。

同时，学会部分基金，例如国际学术活动基金、50% 终身会费基金也被编入该基金。

社会捐赠作为大韩产业工学会重要资金来源，不仅是学会运营的重要保障，同时也是上述基金的重要补充。这里要提出的是，为回馈社会捐赠，大韩产业工学会针对捐赠者也制定了不同的待遇。根据大韩产业工学会捐赠细则，捐赠 100 万韩元以上者将获得大韩产业工学会终身会员待遇。捐赠 500 万韩元以上者在享受终身会员待遇的同时，可获得学会主管级职务。捐赠 1000 万韩元以上者，可获得学会基金管理委员会委员任命。捐赠 5000 万韩元以上者可获得学会顾问职务。根据大韩产业工学会公开的捐赠信息：1994 年，学会社会捐赠就达到 44800000 韩元，2003—2010 年，社会捐赠达到 54993950 韩元。

2.8.3 韩国广播·多媒体工学会

2.8.3.1 成立背景

韩国确立"二次科技立国"战略后，互联网、信息通信等高精尖产业成为国家发展重要领域，基于国家发展转变与聚焦，韩国政府认为有必要在广播·多媒体领域成立一个民间科技团体，用来加强政府与民间科技工作者、科学家的沟通，促进国家相关领域学术发展。基于以上目的，1996 年，在政府的支持下，由原韩国科技部（现韩国科学技术信息通信部）牵头，韩国广播·多媒体工学会正式成立。

2.8.3.2 宗旨

韩国广播·多媒体工学会以"通过广播·媒体工学领域的学术研究和技术开发，谋求广播相关产业的活性化发展，为广播·媒体工学的振兴作出贡献"为宗旨。目前，该学会会员已达到 7300 人，企业会员有 39 个，既有三星集团、SK 集团、首尔广播公司等韩国本土企业，同时又有索尼公司等国外企业。

2.8.3.3 组织结构

韩国广播·多媒体工学会以会员大会为学会最高权力机构，于每年 10 月或 11 月定期召开一次会员代表大会，表决学会章程修订及法人解散；预算决算的批准；管理人员任免；学会事业计划批准；学会基本财产的处理、租借、权利设置事项等其他学会运行相关的重要事项。同时，根据学会运行实际状况大会可召开临时大会。例如当四分之一以上的正式会员提出要求时可召开临时大会。当半数及以上常任理事提出要求时可召开临时大会。监事有权要求召开临时大会。决议表决方面，大会采用定员制，1/8 以上正式会员出席视为有效会议，过半数出席会员表决视为有效决议；缺席会员委托书适用于出席定员数，但缺席会员不具有表决权。

　　大会下设会长1人，由评议会推荐，经过大会的批准，向政府主管部门报告获准后方可任命。会长作为学会法人，代表学会负责学会整体事业和会员代表会议，并担任大会及理事会的主席。

　　根据《科学技术基本法》，韩国广播·多媒体工学会成立评议会参与学会关键职务选拔、任免，参与学会业务运行监督等。

　　设首席副会长1人，副会长4人。由评议会选出，经大会批准，向主管部门报告获准后方可任命，主要任务是辅佐会长执行学会决议。

　　设常务理事1人，理事30人，由会长团（包括会长、首席副会长及副会长）提名，会员大会公投选出，负责审议表决学会业务相关事项。具体业务包括总务、财务、企划、事业、学术等。

　　根据韩国《民法》及公益法人设立、运营相关法律设立监事职务2人，主要负责监督学会财产变动、事业及会计，理事会的运营。如果发现与以上事务相关的问题可要求理事会进行纠正，并向评议会和总会及主管部门报告。

　　根据韩国广播·多媒体工学会业务发展需要，设立合作副会长及合作理事若干人。任职人员必须为正式会员，并需要具备大学教授或相关公共机关及产业界任职履历，主要负责学会业务具体实施推进，对外展开交流合作等事宜；设立名誉会长及学会顾问职务，由会长及副会长提名，通过理事会表决，名誉会长及顾问可以出席学会的各种会议；成立人工智能等6个研究会及32个委员会。

　　管理人员的任期方面，韩国广播·多媒体工学会管理人员任期为1年，合作副会长和合作理事任期可延长至2年（图2-13）。

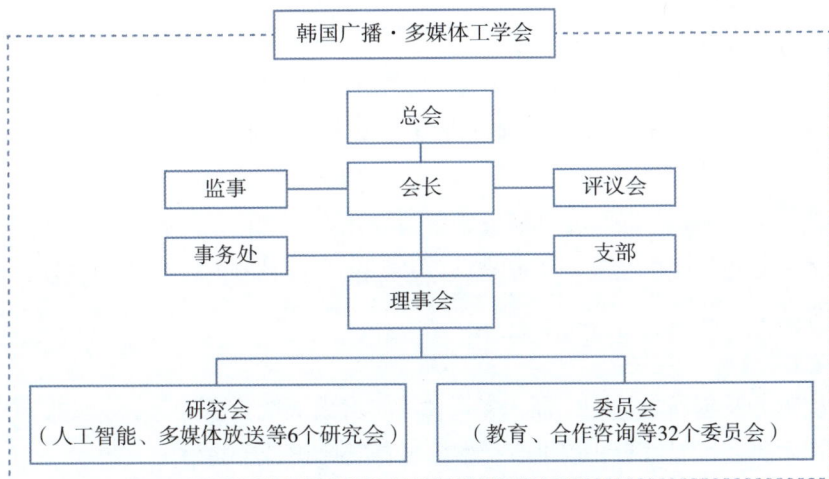

图2-13　韩国广播·多媒体工学会组织架构

2.8.3.4 战略蓝图及主要业务

韩国广播·多媒体工学会确立了 8 项业务：召开学术研究发表会及讨论会；编撰论文、学会期刊及其他出版物；与国内外有关团体开展学术交流；广播及媒体技术发展的研究；广播及媒体产业发展的研究；广播及媒体技术人员的培养支持；关于广播和媒体技术标准化的研究；研究奖励及优秀功绩的表彰。

1. 学术交流

2009 年以前，韩国广播·多媒体工学会每年定期召开学术交流会，以国内学术交流为主。2009 年后，韩国广播·多媒体工学会进一步加强学术会议国际化发展，积极举办、承办国际赛事，加大国外学者、学术团体邀请力度，促进与国际组织联系。据统计，2009—2019 年，韩国广播·多媒体工学会举办、承办 26 场学术会议，其中国际会议 5 场。例如，2016 年，韩国广播·多媒体工学会承办 2016 先进影像技术国际研讨会（IWAIT 2016）；2019 年，韩国广播·多媒体工学会作为电气和电子工程师协会会员，承办 2019 IEEE 宽带多媒体系统与广播国际研讨会（IEEE BMSB 2019）。

2. 期刊出版

韩国广播·多媒体工学会期刊出版较为丰富。自 1996 年学会成立之初就创立了《广播工学》及《广播与媒体》两个期刊，并延续至今。《广播工学》杂志主要以广播工学及媒体技术为主，实行双月刊制，并在 2014 年形成电子期刊。《广播与媒体》为季刊，每年发行 4 次，侧重广播、通信、媒体融合，产学发展等问题探索研究，在 2014 年形成电子期刊。

3. 科学普及

科学普及方面，韩国广播·多媒体工学会主要是以专业教育形式开展。自 2016 年起，韩国广播·多媒体工学会依托自身学术研究职能，面向专业技术人群、青少年、大学专业学生，开设专业影像处理专业技术培训课程，截至 2020 年，该培训已成功开办 4 期。2017 年开始，韩国广播·多媒体工学会针对专业技术人群及相关企业，就广播·多媒体领域专利研发、申请等开设"专利教育培训"。2019 年开始，韩国广播·多媒体工学会针对大学在校学生开办多媒体技术深度学习课程，该课程侧重于兴趣培养。

4. 社会服务

科技服务及创新是韩国广播·多媒体工学会发展的重要内容，主要形式包括直接参与技术研发；提供专业技术或学术评价；支撑政府相关领域工作。

以支撑政府相关领域工作为例：韩国广播·多媒体工学会在 2009—2019 年，

围绕韩国广播·多媒体技术、产业发展召开 51 次内部研讨会，依托学会学术专业性直接为韩国科学技术信息通信部广播政策法规提供相关政策建议（表 2-16）。

表 2-16　韩国广播·多媒体工学会咨政讨论会 [①]

时间	内容	时间	内容	时间	内容
2009.06.03	数字转换和未来广播	2014.04.10	真实感媒体技术	2017.05.30	广播和媒体技术
2009.09.17	媒体应用研讨及展示	2014.05.14	广播工学	2017.09.07	第四次产业革命和媒体技术
2009.10.13	未来广播设备高度化	2014.05.15	真实感媒体深层技术	2017.09.27	广播和媒体技术
2009.10.14	广播设备及服务升级	2014.10.6	数字广播技术	2017.11.07	全息照相深层技术
2010.04.07	三维电视（3DTV）广播	2014.10.14	未来广播技术	2018.04.04	真实媒体技术
2010.11.09	大数据	2014.10.27	全息照相深层技术	2018.05.31	广播与媒体技术
2010.11.13	数码广播技术	2014.10.28	新一代无线台广播标准及超高清电视服务技术	2018.09.06	真实媒体深层技术
2011.03.29	3DTV 广播	2015.04.09	真实感媒体技术	2018.10.18	广播与媒体技术
2011.05.03	数字广播技术	2015.05.14	数字广播技术	2018.11.06	全息照相深层技术
2011.07.07	广播技术学术大会	2015.09.07	无线台超高清电视广播标准技术	2019.04.17	真实媒体技术
2011.08.31	3D 深层技术	2015.09.08	真实感媒体深层技术	2019.05.09	广播和媒体技术
2012.09.18	3D 广播深层技术	2015.10.06	数字广播技术	2019.07.19	扩散技术
2012.10.04	数码广播技术	2015.10.19	全息照相深层技术	2019.09.06	真实媒体深层技术
2013.04.15	真实媒体技术	2016.05.11	数字广播技术	2019.10.17	广播和媒体技术
2013.05.20	数字广播技术	2016.09.07	深度学习的广播媒体技术	2019.11.19	全息照相深层技术
2013.08.13	全息照相深层技术	2016.10.05	放送和媒体技术	2013.09.12	真实媒体深层技术
2016.10.31	全息照相深层技术	2013.10.01	数字广播技术	2017.04.13	真实感媒体

① 根据韩国广播·多媒体工学会研讨会议统计获得。信息来源：http://www.kibme.org/academic/academicList?ae_type=-1。

2.8.3.5 会员分类及服务

韩国广播·多媒体工学会会员分为正式会员、准会员、特别会员、名誉会员、团体会员五类。根据会员类型不同会费缴纳标准及会员服务也不相同。

正式会员应为毕业于 4 年制大学且从事广播及媒体相关业务的人，或专科毕业后从事广播及媒体相关业务工作 2 年以上的人，或具有大学同等学力从事广播及媒体相关业务 3 年以上的人。准会员为大学及研究生院的在校者，对广播及媒体技术感兴趣的在校大学生。特别会员应是为学会发展提供财政协助的团体或法人。名誉会员应为对学会发展作出突出贡献的人。团体会员应为学校、图书馆、研究所等不以营利为目的的团体或机构。

会员资费方面，正式会员每年会费 5 万韩元，入会费 1 万韩元；准会员每年会费 3 万韩元，无入会费；团体会员每年会费 30 万韩元；特别会员，50 人以下会员单位年会费 50 万韩元，50～200 人会员单位年会费 100 万韩元，200～600 人会员单位年会费 30 万韩元，600 人以上会员单位年会费 50 万韩元。

会员服务方面，个人会员入会后可享学会大会参加权、发言权，学会事业参加权，学会职务选举权、被选举权（仅限于正式会员），学会主办的各种研究发表会、讨论会等会议的参加权，学会出版的各种刊物的免费获取权，学会主管的研讨会及学术大会的参会费用优惠。

团体会员服务方面，入会后可享受学会所有刊物的免费获取权，学会学术研讨等交流活动参与权及费用优惠。特别会员服务方面，入会后可享受学会所有刊物的免费获取权，学会主办的研讨会及学术大会参与权及费用优惠；获得与广播传输技术、音频技术、机器学习、人工智能等领域专家交流的机会和专家技术支持，免费刊登特别会员单位所有宣传事项。

2.8.3.6 财务状况及运营

根据韩国广播·多媒体工学会会章介绍，资金来源主要为：入会金、会费、补助金（政府）、赞助金及其他收益金，入会金及会费由董事会决定。根据上一年学会的收入、支出形成次年预算报告，经过董事会表决通过后，于次年 1 月 1 日提交总会批准。

支出方面，主要以学会学术交流会议、期刊运营为主，2019 年、2020 年韩国广播·多媒体工学会资金支出公告显示，学会大会经费使用占其基本运营经费的 50%以上（表 2-17）[1]。

---

① 数据来源：韩国广播·多媒体工学会学会公告，http://www.kibme.org/info/boardList?bo_type=3。

表 2-17　2019 年、2020 年运营支出

单位：万韩元

2019 年	2020 年
总收入：2000	总收入：1500
学术大会支出：1000	学术大会支出：1000
NHK Openhouse 经费 :500	期刊运营支出：500
期刊运营支出：500	

主要参考文献

［1］金根培. 超越殖民地科学技术——近代韩国科学技术的进化［M］. 首尔：韩国近现代史学会，2011.

［2］李东华. 韩国科技发展模式与经验［M］. 北京：社会科学文献出版社，2009.

［3］韩国科学技术信息通信部. 经济五年发展计划［EB/OL］.［2020-06-30］. https://kin.naver.com/qna/detail.

［4］王达明. 韩国科技与教育发展［M］. 北京：人民教育出版社，2004.

［5］潘教峰. 韩国科技创新态势分析报告［M］. 北京：科学出版社，2010.

［6］中华人民共和国科学技术补政策法规司. 韩国科技法规选编［M］. 北京：中国农业科学技术出版社，2010.

［7］高英先. 提高财政支出生产效率的研究［EB/OL］.（2004-12-31）. https://www.kdi.re.kr/research/subjects_view.jsp?pub_no=8973.

［8］韩国科学技术信息通信. 科学技术信息通信部，非营利社团、法人统计［EB/OL］.［2019-12-31］. https://www.msit.go.kr/SYNAP/skin/doc.html?fn=706400574aca002acba1c076d0a864f4&rs=/SYNAP/sn3hcv/result/202010/.

［9］韩国开发研究院.《二十年后韩国经济展望》.［EB/OL］.［2001-12-31］. https://www.kdi.re.kr.

［10］金玉珍. 韩国民法典［M］. 北京：北京大学出版社，2009.

［11］崔吉子. 韩国法专题研究［M］. 北京：法律出版社，2013.

［12］王延川，崔嫦燕. 韩国公司法［M］. 北京：政法大学出版社，2020.

［13］韩国科学技术团体总联合会. 科技社团分类［EB/OL］.［2020-06-05］. https://www.kofst.or.kr/general.bit? sys_type=0000&menu_code=300400.

［14］韩国战略电子学会. 会章［EB/OL］.［2021-01-20］. https://www.kipe.or.kr/.

［15］大韩电力学会. 会章［EB/OL］.［2021-01-20］. http://www.kiee.or.kr/.

［16］韩国海洋工学会. 会章［EB/OL］.［2021-01-20］. http://www.ksoe.or.kr/.

［17］大韩数学会. 期刊出版［EB/OL］.［2021-01-20］. http://www.kms.or.kr/.

［18］大韩机械学会. 期刊出版［EB/OL］.［2021-01-20］. http://ksme.or.kr/main/.

［19］大韩医疗信息学会. 期刊出版［EB/OL］.［2021-01-20］. https://www.kosmi.
org/.

［20］韩国化学会. 科学科普［EB/OL］.［2021-01-20］. http://new.kcsnet.or.kr/.

［21］罗梓超，筱雪，王晓迪，等. 学会青少年教育及科普探索——以国外化学会为例
［J］. 学会，2019（5）：55-59.

［22］韩国信息处理学会. 培训公告［EB/OL］.［2021-01-22］. www.kips.or.kr.

［23］张会仁，崔永乐，宋成洙. 世界科学会活动国内科学技术后续措施［M］. 首尔：
科技政策研究院，2001.

［24］韩国法务部. 公益法人设立及运营管理条例［M］.［出版地不详］：东光文化社，
2016.

［25］韩国研究财团. 韩国研究财团业务介绍［EB/OL］.［2021-01-22］. https://www.
nrf.re.kr/index.

［26］金南洙，金善英，朴相文，等. 韩国科学技术30年［M］.［出版地不详］：京都
文化社，2017.

［27］韩国科学技术团体总联合会. 联合会介绍［EB/OL］.［2021-01-22］. https://
www.kofst.or.kr/general.bit? sys_type=0000&menu_code=040100.

［28］韩国科学技术团体总联合会. 会员团体现状［EB/OL］.［2021-01-22］. https://
www.kofst.or.kr/general.bit? sys_type=0000&menu_code=020100&ctype_id=network.

［29］韩国科学技术团体总联合会. 会章［EB/OL］.［2021-01-22］. https://www.kofst.
or.kr/bbs.bit?sys_type=0000&menu_code=040401&bid=BBS_06_05.

［30］韩国科学技术团体总联合会. 事业发展现状［EB/OL］.［2021-01-22］. https://
www.kofst.or.kr/general.bit? sys_type=0000&menu_code=030100.

第 3 章 ▶▶
印度科技社团发展现状及管理体制

印度是四大文明古国之一，自独立以来，印度已成为世界上发展较快的国家之一，其科学技术取得了令人瞩目的成就，在经济和社会方面都发生了巨大的变化，目前是全球软件、金融等服务业的重要出口国。印度政府高度重视高科技对国民经济的巨大影响，特别推出了各种有利于科技社团发展的政策，推动科学技术进步。截至 2020 年，印度已有 15 位科技工作者获得诺贝尔奖，有 5 位学者获得菲尔兹奖和图灵奖。科技社团是推动印度科学技术发展的重要力量。

3.1 科技社团的发展历程

3.1.1 萌芽阶段

第一次工业革命早期，植物学家马德拉斯在印度创立了一个类似社团的组织（主要由丹麦传教士组成），叫作"联合兄弟"。由于没有成文的章程和未成立执行委员会等，"联合兄弟"在当时并没有被认为一个真正意义上的社团。

1784 年，在威廉·琼斯爵士的倡议下亚洲公会成立。由于社团成员对科学的所有学科领域都有实际研究，亚洲公会被认为是印度史上第一个真正意义上的学术社团。1784—1831 年，印度成立了一批不仅致力于科学研究，还参与各种科学活动的科技社团。

3.1.2　蓬勃发展阶段

印度科技社团蓬勃发展于英国统治时期的殖民时代（1848—1947）。在这段时期，英国殖民统治者提供了便捷的邮政服务和四通八达的铁路网，使得印度的交通和通信更加系统化、科学化，为印度的现代通信和运输系统奠定了基础。殖民时代是印度新科学时代的开始，贾格迪什·钱德拉·博斯（Jagadis Chandra Bose）、普拉富尔拉·钱德拉·雷（Prafulla Chandra Ray）、钱德拉塞卡拉·拉曼爵士（C. V. Raman）、霍米·巴巴哈（Homi Bhabha）、斯里尼瓦瑟·拉马努金（Srinivasa Ramanujan）、维克拉姆·萨拉巴伊（Vikram Sarabhai）、哈尔·葛宾·科拉纳（Har Gobind Khorana）和哈里希－钱德拉（Harish-Chandra）都是这一时期的著名学者，这些学者为印度独立前的新科学时代铺平了道路。

印度第一个科学机构——印度科技学院（Indian Institute of Science，简称IISc）于1909年由贾姆希德吉·塔塔（Jamsetji Tata）在印度南部的班加罗尔创立。印度的科学突破始于独立前，由钱德拉塞卡拉·拉曼、维克拉姆·萨拉巴伊（Vikram Sarabhai）等许多著名印度科学家推动。为了进一步普及科学，促进科学教育，研究、发展区域语言的科学术语和翻译外国科学文献等，英属印度期间诞生了数百个物理、化学和数学等各种学科的科学社团，在印度的科学研究和社会发展中发挥了重要作用。印度三大科学院——印度国家科学院（Indian National Science Academy，简称INSA）、印度科学院（Indian Academy of Sciences，简称IAS）和阿拉哈巴德国家科学院（Indian National Science Academy-Allahabad，简称INSA-Allahabad），都是在1930—1935年独立前成立的。迄今为止，这些社团是印度科学和文化的主要传播者，尤其是在年轻一代中积极宣传科学及其意义。

可以说，殖民地时代见证了从本土科学到现代科学的重大转变，这种转变是在南亚次大陆之外进行的。印度科学院所（学会）的概念是随着印度独立运动而发展起来的，如1956年成立的印度气象学会（Indian Meteorological Society，简称IMS）和印度焊接协会（The Indian Institute of Welding，简称IIW-India）。如今这些科技社团更加活跃，越来越多的社团开始推动印度现代科学的发展。因此，印度非常重视并认可科学社团的作用，相关细节将在后面的章节中介绍。

3.2　科技社团的发展现状

3.2.1　分类标准

科技社团的核心使命是传播技能型知识，这一使命决定了它的目标及实现这些目标的途径，愿景描绘则着眼于社团所关注问题的未来理想情况。基于使命和愿景结合，再确定社团宗旨、目标和价值观，这对科技社团的合法注册具有决定性作用。如果一个科技社团的使命和愿景与国家科技发展方向不符，这个社团就无法在印度得到认可。但印度没有专门的科技社团分类标准，而是按照以下因素分类①。一是学科领域，如科学、工程、医学等。学科领域可用于限定科技社团的会员资格标准。例如，非医学专业人士不能成为与医学相关的科技社团的会员，同样，非工程人员也不能成为与工程科学相关的任何科技社团的会员，等等。二是业务领域，即科技社团运行的地理区域。科技社团可在地方、地区、省、全国和全球范围内运行。三是特定科技社团的表现特征。它可以是任何形式的科学实体，也可以是技术、技能发展等方面新主题的知识传播机构。

3.2.2　基本类型

印度科技社团大致可分为以下三类：基于学科的社团、基于专业的社团和基于需求的社团。这三类社团分为八个子类：①基础科学（物理、化学、数学和生物科学等），②工程，③工业实践，④医学，⑤农业，⑥兽医学，⑦商业与经济，⑧法律与管理。在上述每个子类中，都有以具体学科为基础、以专业为基础和以需求为基础的科技社团。所有类型和子类型的科技社团都有共同的目标和宗旨，即在产品、服务或产品与服务结合方面取得成就，服务印度社会的发展。

3.2.2.1　以学科为基础的科技社团

以学科为基础的科技社团的基本目标是使印度的普通民众受益于科学带来的成果。以学科为基础的初级社团涉及广泛的领域知识和专业知识。印度国家科学院成立于 1935 年 1 月，原名印度科学学会，涉及科学和工程的所有领域。学院还出版有

---

① 信息来源：2019 年印度十大科研机构 https://www.microlit.com/。

12种影响范围广泛的科学、工程和技术期刊，在全球享有盛誉。另一个典范是印度气象学会，它成立于1956年，也是一个科学社团，旨在促进气象和相关科学的进步、传播和应用。以学科为基础的印度科技社团本质上更具学术性，推动在特定领域进行基础研究。他们的研究成果被传播和纳入工业用途，用于开发产品和服务。这些社团是印度科学技术的基础支撑。

3.2.2.2　以专业为基础的科技社团

以专业为基础的科技社团有时被称为"专业协会"，主要集中在传播科学、工程技术、法律和管理相结合的技能型知识。这些专业协会将科学的艺术与专业领域的实践联系起来，它们的很多工作是建立在基础科学社团的成果之上。这些专业协会面向工程师、医生、执业农业科学家、律师、注册会计师等，在专业领域广泛传播知识。专业协会的一个典型例子是印度医学会（Indian Medical Association，简称IMA）。印度医学会是印度现代医学科学体系的一个全国性的机构，是执业医师自愿结合的组织，旨在关注或维护医生的利益和整个社会的福祉。同样，将科学、商业、工业和工程联系起来的专业协会——印度工业联合会（The Confederation of Indian Industry，CII）是印度的一个工业协会。该协会通过咨询和协商，创造和维持一个有利于印度发展的环境，与工业、政府和民间社会有着良好的合作。在印度，从更广的角度看，专业协会主要提出会员所需的具体建设性意见，而与它有联系的小型组织则更侧重特定的专业或实践活动。

3.2.2.3　以需求为基础的科技社团

以需求为基础的科技社团的基础任务是促进特定领域的知识传播，包括理论和实践。它们更多以社会和技术为基础，为专业人士与公共领域的人员搭建桥梁与平台。这些以需求为基础的科技社团在印度并没有被广泛重视，但从技术角度看，它们的潜力巨大。这些社团广泛分布于工程、医学、农业、管理等各个领域，并与多个地区建立了很好的合作。这种社团的一个例子是哥印拜陀区小行业协会（The Coimbatore District Small Industries Association，简称CODISSIA），专门用于满足印度泰米尔纳德邦哥印拜陀区小规模行业的技术知识需求。它是印度最大的小行业协会，有2000多个成员。CODISSIA有两个主要目标：①促进和保护哥印拜陀区的小行业，采取一切措施保护和促进哥印拜陀区从事小行业的人的总体利益；②建立和鼓励哥印拜陀区小行业制造商和消费者之间建立同感与合作，并就涉及他们共同利益的所有主题制定共同政策。CODDISIA在哥印拜陀区公共领域的技术知识共享使得许多工科毕业生成为企业家。这些创业者的出现是CODDISIA带来的结果。因此，该协会是以需求为基础的科技社团获得全球声誉的典范。印度焊接协会（The

Indian Institute of Welding，简称 IIW-India）是另一个典范，该协会成立于 1956 年，旨在促进印度焊接科学、技术和工程的发展，并一直在为印度的焊接业服务。通过各种活动和计划，印度焊接协会目前被公认为印度焊接相关的主要机构，拥有 4500 多名个人和企业会员。此外，作为国际焊接研究所的协会成员，它正在向全球社会宣传印度焊接工业的重要性和成就。

3.2.3　财务状况

印度科技社团的资金主要来源有：①会员会费；②补助金；③个人或团体捐赠；④经营性收入，包括组织筹款活动（研讨会、讲习班、会议等），本社团出版的通讯、期刊和书籍的发行收入，以及在社团出版的通讯和杂志上刊登广告的收入。

3.2.3.1　会员会费

缴纳会费是各类社团组织会员维系其会员身份的重要手段，也是社团与会员之间维系契约关系的重要保障，会员一般在年度注册时缴纳会费。每个社团组织的会费额度不同，为鼓励人们积极参加社团组织，一些科技社团会通过会费减免或者提供优惠政策邀请某些特定群体加入科技社团，如学生或者知名科技工作者。

3.2.3.2　补助金

补助金是印度科技社团最为常见的一种资金资助形式。通常来说，补助金来源于中央和各邦政府的年度资助。

3.2.3.3　个人或团体捐赠

印度社会中有相当一部分财务捐赠流向社团组织，很多科技社团开展科学技术研究的经费支持就是来源于社会各界的捐款。

3.2.3.4　经营性收入

虽然科技社团是非营利性组织，但是为了维持其自身的健康运营与发展，可以从事一些营利性活动，包括期刊和书籍出版获得的收益；研讨会和专题讨论会期间通过会议注册费获得的收入，以及在社团出版的期刊上刊登广告的广告费。

3.3　科技社团的管理体制

《印度共和国宪法》赋予了印度公民"结社或联合的自由权利"。受社会、文化和宗教多元化的影响，印度拥有着数量庞大的社团组织，涉及范围广，活动领域多，影响着印度民众的工作与生活。印度政府通过制定针对性的法律、法规等方式，对社团组织进行约束和规范。同时，政府还规定社团组织要遵守与其相关的现有法律、法规和规章制度。了解印度政府管理科技社团所实施的法律法规和管理体制，对于分析印度科技社团所处发展环境具有重要的参考价值。

3.3.1 印度科技社团的法律基础

1860 年，处于英属殖民统治时期的印度政府，为鼓励并促进志同道合者成立正式组织，出台了第21号法案，即《社团登记法》[①]，该法案于1860年5月21日生效，并一直沿用至今。《社团登记法》是印度政府管理科技社团、约束科技社团行为的重要手段。它规定科技社团的成立必须以传播文化知识、传播政治教育、促进科学文化和艺术文化的发展或成立慈善机构为目的。其中，《社团登记法》以《伊丽莎白济贫法》第43条第4章内容为依据，规定慈善机构主要从事救济穷人、资助教育、发展宗教及其他对社会有益的行为。《社团登记法》主要内容包括前言、序言及20条法律条文和相关细则。它不但规定了印度科技社团的性质、职能、成立要求、登记流程、管理机构的设立、归档管理、社团会员的注册、会费的收取等内容，同时还规定了社团的诉讼与被诉讼、社团解散、财产分配的原则及该法律所适用的范围等内容。

《社团登记法》第一条便对印度科技社团的成立提出明确而详细的要求，细则中规定申请成立社团需要具备的条件之一是会员人数达到7人或7人以上。印度社团有国家级社团和邦级社团两种类型。其中，如要成立国家级社团，发起成员或机构必须来自7个不同的邦的代表。可见，在印度，7人或7人以上即可成立社会团体，个人或机构都可以成为社团会员，针对不同的科技社团类型均有特定而详细的要求。

《社团登记法》规定了会员资格中止或终止的情况：①未按季度缴纳会费，则该年度的普通会员资格即终止；②会员作出有损社会利益的行为，理事会可暂停其会员资格（若经理事会超过2/3的成员表决通过，暂停资格的会员即被开除社团）；③会员向主席提交退出申请，撤销会员资格；④会员去世，会员资格即终止；⑤会员无力偿债或精神失常，会员资格即终止；⑥触犯《印度刑法典》，会员资格即终止；⑦会员连续3次无故未出席会议，会员资格即终止。

《社团登记法》规定社团可以解散，但必须经过至少3/5的社团会员同意。解散

---

① 信息来源：https://www.mca.gov.in/Ministry/actsbills/pdf/Societies_Registration_Act_1860.pdf.

时，社团的资金和财产不得分配给会员，应该转移给其他社团，特别是与其目标相似的社团。

《社团登记法》体现了印度政府对于科技社团管理的规范化，也可看出其在管理科技社团方面具有 3 个特点：①印度政府通过《印度共和国宪法》和《社团登记法》对科技社团行为进行约束和规范。但对科技社团会员的加入和退出，不会进行直接干涉，充分保障了印度公民的结社自由。②印度政府对科技社团的成立具有明确要求，并规定成立科技社团必须在相关政府机构进行登记备案，才能享有相应的权利，同时还需承担相应义务。③印度政府同其他国家政府一样，会对科技社团的资金进行管控。

印度《社团登记法》不同于其他国家的社团法规，其他国家相关社团法规大多都经历了多次补充、修订，甚至有些还废除了很多不合时宜的条款和内容，而印度《社团登记法》虽经过多次不同程度的修改，但都是微小的试探性改革，主体上几乎没有变化。

3.3.2　印度科技社团登记制度

在印度，成立科技社团必须向印度政府相关部门提交注册登记申请。根据《社团登记法》第一条"成立科技社团由制定社团章程大纲及注册登记构成"及其细则内容"成立科技社团必须以促进科学、文学发展或建立慈善机构，抑或本法第二十条所述任何内容为目的，提供由科技社团所有发起人签字同意的社团章程大纲，可依法成立科技社团。"及第二条"社团章程大纲应包括社团名称、社团宗旨，含有理事会成员、议员、董事或其他受社团委托管理其事务机构人员的姓名、地址、职业列表"可知，科技社团注册登记时，需要提交的材料包括成立社团申请书、所有科技社团发起人共同签名的社团章程大纲（模板见附录 3.1）、社团规章制度（模板见附录 3.2）、宣誓书和申请者与官员的相关文件［护照、驾驶证、选民身份证、个人身份（Aadhaar 卡）和永久性账号（PAN 卡）］，经核实无误后，相关政府部门将为科技社团颁发登记证书。

科技社团登记注册过程中需要注意的是：①社团规章制度需要至少 3 名理事成员签字证明；②《社团登记法》规定，科技社团创始成员（理事会成员）之间相互不得有亲属关系，故社团主席须在宣誓书中对此进行特殊声明；③选择社团名称时，需选择一个独特的名称，且不能侵犯他人的名字或商标，社团主席也须在宣誓书中声明本社团名称与其他社团不存在相同或相似；④起草社团章程大纲和章程细则时，需注意二者的区别：社团章程大纲主要用来描述社团成立的宗旨；而细则是针对社团内部事务，如会议法定人数、主席、秘书或财务主管的职权和责任，制定的工作准则。

科技社团成立后，享有如下权利：成为独立的法人实体；有权以其名义租赁、买卖财产、借款和订立合同；社团成员均无以上权利；社团独立法人实体性质不受其成员或组织结构变化的影响。然而，受印度法律法规及印度政府的相关要求，科技社团的主要业务活动不能扩展到社团章程大纲以外的其他领域，且不得以营利为目的，也不得从事任何货币业务，更不可将利润分配给社团成员。

3.3.3 印度科技社团监管制度

印度科技社团在运行和发展中，主要受到来自印度政府和科技社团内部两个层面的监管。

在政府监管方面，一是印度政府通过制定一系列法律、法规对科技社团进行规范和管理，不但要求其遵守《社团登记法》，还要遵守《印度共和国宪法》，以及其他适用于科技社团的法律、法规。印度科技社团如要合法从事社团活动，享有一定的权利，必须通过向印度政府申请注册登记，经过审核批准，方能正式成立。科技社团经政府批准成立后，虽然可以享有独立法人实体等权利，但其业务活动领域、资金来源及使用等仍受政府监管。印度政府会监督科技社团活动，保证其在社团章程大纲范围内进行活动，不越界。事实上，印度科技社团只要遵守印度政府的法律和条令，在科技社团的实际运行当中基本上是自治的，印度政府一般不会通过行政手段对社团活动进行直接干预，社团可依照其章程进行自我管理。二是印度政府对科技社团进行财务监管。科技社团注册后才能申请、分配 PAN 卡和税收减免收款账号，进行银行账户开户。银行账户主要用于收取会员费、认购费或捐款（具体使用情况视情况而定）。印度科技社团每年需接受政府主管部门和审计部门的财务审计，财务审计主要包括收入和支出两部分。一般情况下，科技社团的收入主要来源包括会员缴纳的会费，印度政府、法人团体、工商组织、大学和其他机构的年度资助，印度政府、法人团体、工业组织及个人的捐赠，出版物销售款等；支出主要包括工资、经营性支出、建设支出、折旧费等。印度科技社团接受印度政府的财务监管，通过信息公开增加了社团的透明度，增强了公众对科技社团的信任和了解，并以此来获得更多政府部门和捐赠个人的关注。

印度科技社团内部监管主要为财务监管，所以，财务部是其非常重要且必不可少的一个部门，负责科技社团的财务、账目和开支管理。科技社团每年通过年度报告向会员提供财务详情，聘请专业的审计师对该机构当年的财务状况进行审计，并及时上报印度政府。如印度科学大会协会（Indian Science Congress Association，ISCA）在每年的年会上，会向会员提供上一年度的财务审计详情，包括收入和支出报表、现有余额、资产和负债（附录 3.3 为印度科学大会协会 2018—2019 年会提供的由独立审计师出具的财务审计报告和截至 2019 年 3 月 31 日的社团收入和支出的列表）。审计报告通常由社团聘用的独立审计师出具，报告中不但列出了收支等数据报表，还详细规定了社团财务部门和审计师各自需要承担的责任，给出了审计结果分析、捐赠基金情况及最终出具的审计意见。审计报告每页均须盖有独立审计师所在机构的公章，报告最后还须有独立审计师的亲笔签名，以确保报告的真实性和有效性。同时，社团的收入和支出报表最后也须有科技社团中负责会员事务的秘书长、科技社团财务主管及独立审计师的共同签名。

综上所述，无论是印度政府还是印度科技社团内部，对于科技社团的监管都具有明确的规定和完备的体系。

3.3.4　印度科技社团的经费来源和税收政策

3.3.4.1　印度科技社团的经费来源

印度科技社团经费的主要来源是政府补助、捐赠收入和社团自筹经费。其中，政府补助包括印度政府和各个城市、地区政府给予的补助；捐赠收入是指企业团体或个人给予的捐赠；社团自筹经费是指科技社团通过举办讲座、研习会、研讨会或是通过主办的期刊或出版物的订阅和发行获得的收入。

根据《印度共和国宪法》规定，科技社团所筹款项必须用于筹款目的所对应的活动，如举办研讨会或讲座等活动的目的是为艺术文化发展筹集经费，则举办活动所获收益必须用于这个方面所开展的活动支出。

3.3.4.2　印度科技社团的税收政策

印度科技社团财政管理除了必须遵守《印度共和国宪法》，还须遵守《所得税法》。所有印度科技社团都必须根据相应的税收政策缴纳所得税。

科技社团必须在财政年度（当年 4 月 1 日至下个年度 3 月 31 日）将其收入的 85% 用于本社团的主要目标业务。在本财政年度结束后有 12 个月的时间来核定这一要求，而且必须向税务主管部门提交评估申请。盈余收入可累积用于特定项目或资本用途，期限为 1~5 年。科技社团的收入和财产不得直接或间接用于创办人、会员及其亲属，且社团所获收入必须在印度使用或累积。

3.3.4.3 免税政策

印度政府会根据不同情况，对科技社团或科技社团的捐赠者给予一定限度的税费豁免政策。如，捐赠者给予非营利慈善机构的捐赠对社团有重大贡献时，捐赠者本人所得税将获得一定限度的豁免。非营利组织参与救灾工作和向贫困人员发放救济物资，食品、药品、衣物等物资需要进口时，免征关税。科技社团为研究机构服务时，所需的进口设备和部件免征关税。通常，捐赠者由印度境外向境内的非营利实体（包括科技社团）运送物品之前，应先核实是否可免除关税。

3.4　科技社团的内部治理

3.4.1　科技社团的治理结构

印度科技社团的内部治理结构主要包括：权力机构、决策机构、执行机构及监督机构。

权力机构是印度科技社团依法行使自治权力的机构。通常，印度科技社团的权力机构是会员大会或会员代表大会，会员大会由自愿加入组织的单位会员和个人会员组成。有些科技社团的会员数量较多，可以设立会员代表大会代行职能。会员大会（或会员代表大会）负责制定和修改章程、选举和罢免理事、审议理事会的工作报告和财务报告等重大事宜。

决策机构是理事会，代表行使决策权力、承担决策职责的机构。在印度科技社团中，理事会由会员大会（或会员代表大会）选举产生，是会员大会（或会员代表大会）的执行机构。理事会执行会员大会（或会员代表大会）的决议；筹备召开会员大会（或会员代表大会）；决定社团组织的章程制定；决定组织的重要人事任免；在其闭会期间领导本团体开展日常工作，对其负责。理事会是印度社团的常设决策机构，但其所决定事项的重要性要低于会员大会（或会员代表大会）。对于日常性决策的事项，理事会不予干预，由执行机构具体负责。

执行机构对决策机构负责，向决策机构报告工作。执行机构主要包括财务部、人力资源部、公共事务部、组织与会员部、法律联络部等。

监督机构负责监督组织的业务活动和财务管理合法性，通常设立1~2名监事。监事可以监督理事会遵守法律、章程的情况，也可以检查本单位的财务和会计资料，对本单位的财务状况进行监督；当决策和执行机构的行为损害非营利组织利益时，监事有权要求予以纠正，并向登记管理机关、业务主管单位及税务、会计主管部门反映情况。

　　领导层在科技社团发展中起着至关重要的作用。根据要求，无论是刚刚成立的新社团，还是历史较长的资深社团，在稳定、持续发展的同时，还要保持健康的活力。基于这一点，印度科技社团的领导层都规定了任期，并明确了其任期内的职责和目标。印度科技社团组织机构人员设置主要包括：

　　（1）名誉赞助人（Patron）。为了提升科技社团的知名度和影响力，一些科技社团会邀请威信较高的领导人或资深的业务专家、教授等，征得其本人同意，担任社团的名誉赞助人。名誉赞助人通常不会参加社团的委员会会议，但会对社团的发展和规划给出建议，同时授权科技社团使用其名誉来获得人脉资源组织活动。通常，名誉赞助人的人数取决于科技社团组织活动的种类，一般只设 1~2 人，最多不能超过 5 人。

　　（2）主席（President / Chairman）。主要职责是主持社团和执行委员会的所有会议；代表社团与社团以外的其他机构或人员打交道；担任社团法人。

　　（3）副主席（Vice-President / Vice-Chairman）。主要职责是协助主席工作；在主席缺席时，代替其履行主席职责；副主席通常也是下任主席的候选人员。

　　（4）秘书长（General Secretary）。主要职责是负责所有社团会议的组织和记录，并将其传达给每个委员会成员和政府办公室或上级管理机构；与主席协商，拟定会议议程；确保会议通知按要求传达给会员。

　　（5）副秘书长（Vice / Deputy General Secretary）。主要职责是协助秘书长工作；在秘书长缺席时，代替其履行秘书长职责；通常是下任秘书长的候选人员。

　　（6）会员秘书（Membership Secretary）。主要职责是保存会员资料；与政府办公厅对接，接收和发送相关公文；制订和执行会员招募方案。

　　（7）财务主管（Treasurer）。主要职责是负责社团的财务工作；核校社团的财务记录，编制社团财务的年度报表；制定社团财务制度、规定和办法；与会员秘书一起监督会费是否使用得当。

　　（8）通信员（Communications Officer）。主要职责是撰写和编辑社团资讯；在当地媒体发布新闻稿；利用社团网站等其他可用的交流渠道发布社团资讯。

　　（9）组织委员（Events Organizer）。主要职责是策划和组织社团的组织活动，确定地点和提交预算；协调和策划社团的各项组织活动。

　　（10）法务人员（Legal Officer）。主要职责是处理与本社团有关的所有法律事务，可由非会员担任。

（11）出版人员／社团期刊编辑（Publication Officer／Editor of the Journal of the Society）。主要职责是遵循规范评审政策，按时出版期刊、杂志；根据财务制度收取费用。

（12）执行委员（Executive Committee Member）。执行委员又被称为社团的"智囊团"，负责制定社团议程，管理和指导社团的各个部门。执行委员会的会议决定为最终决定。在印度的所有社团中，所有的公职人员及非公职人员（没有任何行政职务的成员）均可成为执行委员会成员。

随着科技社团活动的变化，上述人员设置有时会有所不同。其中，公职人员由选举产生，任期通常为3年，最多5年。图3-1所示为典型的印度科技社团组织机构图。

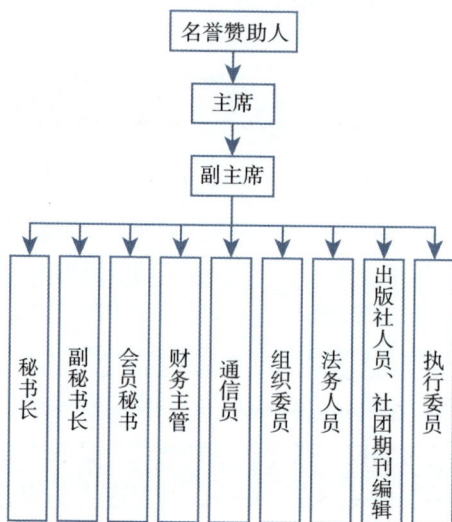

图3-1　印度科技社团组织机构

3.4.2　科技社团的会员管理

3.4.2.1　会员分类

一般来说，印度科技社团会员主要类型如下。

（1）荣誉会士（Honorary Fellow Member）。荣誉会士通常授予印度总统、副总统、总理及各邦邦长，或同等级别的国家元首和联邦首脑。

（2）名誉赞助人（Patron Member）。通常是社团相关行业内威信较高的领导人或资深的业务专家、教授等，主要为社团的发展和规划提出建议，同时授权科技社团使用其名誉来获得人脉资源组织活动，提升科技社团影响力。名誉赞助人属于科技社团的特殊类成员，其地位仅次于荣誉会士。

（3）终身荣誉会士（Honorary Life Fellow）。通常授予在工程或科学方面取得杰出成就，或对工业进步和工程技术发展作出突出贡献的人员。终身荣誉会士通常以特邀的方式产生，并在下一届社团年会上宣布。

（4）会士（Fellow）。社团会员中的最高级别。会士一般由杰出人士选举委员会审查、评选，主要包括在各自技术领域有重大成就，并对行业、对社团发展作出突出贡献的专家。

（5）会员（Member）。通过自己提交申请，经审核后成为会员，缴纳会费。会员一般要求具有研究生学历，并在科技社团相关领域有一定经验。

（6）准会员（Associate Member）。申请成为准会员的人可不必具有科技社团相关领域的经验，除此之外其他入会条件与会员相同。准会员是印度科技社团成员类别中的初级会员。

（7）学生会员（Student Member）。此类会员适用于所有正在攻读理工类课程并有可能取得相应第一学位或同等学力的学生，会籍有效期为六年。学生会员毕业后，继续从事其专业对口工作，将有资格成为企业会员或机构会员。

（8）技术类会员（Member Technologist）。技术类会员属于高级会员，适用于不具备相关理工类学位或同等学力，但从事工程技术或工程管理类工作的技术人员。

（9）准技术类会员（Associate Member Technologist）。准技术类会员属于初级会员，适用于不具备相关理工类学位或同等学力，但从事工程技术或工程管理类工作的技术人员。

（10）终身会员（Lifetime Member）。上述所有类型会员均可成为终身会员，只需一次性缴纳终身会费。

（11）年度会员（Annual Member）。上述所有类型会员按年缴纳会费，便可成为年度会员。此类会员须每年续签。

（12）机构会员/企业会员（Institutional Member / Corporate Member）。此类会员是指印度境内所有从事理工类或工程技术类的机构或实体公司。通常机构会员是指学术科研机构会员，企业会员是指实业公司会员。机构会员、企业会员均须按年缴纳会费。

3.4.2.2　会员福利

（1）机构会员、企业会员可享有的福利包括：获得专业组织认证；每月免费提供社团期刊等；可查阅社团网站学术报告，同时也可申请成为报告人；可申请社团协助其参加国际会议；参加社团主办的相关会议时，会议费可享有一定的优惠；可在社团主办的期刊上发表文章；具有最佳学生分支奖提名资格；组织研讨会、讲习班、教程、比赛、博览会时，社团可提供志愿者服务；可获得国家及各地区组办的会议和比赛的邀请；学生会员参会享受优惠价格；为学生提供专业的就业指导和职业规划；可享受小额资助项目（针对大学生）；为学生提供优惠的认证服务和培训；可以社团会员身份进行组织活动。

（2）个人会员可享受的福利包括：获取免费的社团网站账号；可通过社团的网络社区、论坛、博客与其他会员进行虚拟社交；每月获得印刷版和电子版的社团资讯；享有社团选举的投票权和符合资格标准的被选举权；参加社团活动和培训项目时，享受优惠价格；可与社团合作，在合理分配收入的基础上，共同举办研讨会、培训；可在与社团相关的全印度的教育机构进行客座讲座；有机会成为社团特殊部门成员和社团部门成员；有机会参与社团研究项目；可享受小型研究资助项目；在知名国际期刊或会议上发表论文，社团可提供部分赞助费用。

（3）所有社团的会员都享有如下福利。①接受继续教育：科技社团会经常举办行业讲座、论坛和培训。②获得就业资源：科技社团可就社团相关领域为会员提供就业机会和市场。③参加导师计划：科技社团可提供相关行业的、具有多年工作经验的专家作为会员的导师，与会员分享专业相关知识与经验。④参加行业社交活动：科技社团经常举办组织活动，包括地方活动和年度会议，使会员之间能够快速建立联系。同时，社团还提供与行业权威等人士建立联系的机会。⑤促进学术交流：除继续教育，科技社团还会为科研人员提供专业的学术会议参会机会和资源，如研讨会、在线课程或会员资料等。⑥提升影响力：科技社团提供的各种机会对于提升会员及其公司的知名度、影响力具有重大作用。⑦获得认证：科技社团可为有需求的会员提供教育课程并颁发认证证书。⑧获取日常社交圈：科技社团可为会员提供走出去、与志同道合的专业人士建立联系的活动。活动中，会员之间可互相探讨兴趣爱好、分享信息、互相交流专业领域问题。

3.4.3　印度科技社团财务情况

《社团登记法》规定印度科技社团属非营利性组织，无权进行商业活动，所有活动都以社区服务为导向，不求任何社会回报，不以营利为目的。科技社团虽然会得到会费、企业、工商、私人及团体捐赠以及政府的资助，然而经费来源不稳定，并且捐款或资助都必须有特定用途，只能用于促进科技进步。很多情况下，大多数印度科技社团需要自行筹款，通常会通过出版和发行出版物（期刊、书籍），举办研讨会、讲座及培训获得收入来维系科技社团发展所需的资金。有些社团还会在其出版的期刊上刊登广告，通过收取一定的广告费获取资金。《所得税法》规定，印度社团通过任何途径获得的资金都必须向印度政府缴纳 18% 的税款。印度科技社团的财务运作细节由相关社团自己掌握，收支情况在年度会议上公布，但其所有账户均须接受印度政府主管部门的审计。如印度科学大会协会在 2018—2019 年年会上提供的财务审计报告及财务收入和支出表，不但要出具社团财务审计报告，还需列出收支明细。截至 2019 年 3 月 31 日，印度科学大会协会该财务年度的经费主要来自政府资助和社团自筹收入，未收到任何捐赠款项。并且，政府资助是印度科学大会协会最主要的经费来源，占总经费的 83.3%；印度科学大会协会自筹经费主要来自会费、订阅费、出版物发行费、广告费等的收取，占总经费的 16.7%。

3.5　科技社团的主要业务活动

3.5.1　开展学术交流

学术交流项目分为两类，一类是针对学生群体，一类是针对教师和科学家。第一类学术交换项目指中学生或大学生到他们所在学校的合作机构留学。这种对外交流项目为学生提供了一个在不同国家和环境中学习、体验其他国家历史和文化的机会，他们可以结识新朋友，提高自身发展。同时，这种国际交流项目也给学生带来了挑战，有助于培养他们的全球视野。国际交流的费用因国家和机构而异，参与者通过奖学金、贷款或自筹资金等方式进行交换学习。第二类学术交流项目针对科学和工程领域的教师和科学家，双方选定彼此信任并感兴趣的课题和项目开展双边交流活动。

在印度，多数科技社团在学术交流项目中的作用非常有限，只有极少数影响力较大的科技社团能参与学术交流项目。他们通过组织行业会议、培训、沙龙、学生论坛、科学研讨会等形式促进学术交流，激发会员及学生的兴趣，提高民众的科学素养，推动所属领域的学术发展，扩大社会影响力。

印度国家科学院（INSA）、印度国家工程院（INAE）和印度科学大会协会（ISCA）是印度著名的从事学术交流活动的科技社团。作为多边交流项目的实施者，印度国家科学院、印度国家工程院参与学生、教师和科学家的学术交流项目。印度科学大会协会充分意识到国际化发展的重要性，从 1947 年起就将邀请外国学会和学术机构代表的计划列入科学大会协会议程中，通过搭建国际化互动平台，吸引海外优秀科技工作者前去交流，从而密切关注国际科技发展动向，为国家科技创新提供国际化视野和方向。印度科学大会协会还在 1981 年的第 68 届印度科学大会上推出了青年科学家计划，使青年科学家得以展示自身研究工作，并有机会与国内外同行和专家就相关科学问题交换意见。

3.5.2 实施科技奖励

印度科技社团通过为在各自领域作出贡献的功勋人物颁发奖项，从而激发科学工作者的研究热情，营造良性竞争的科研环境，吸引优秀的外国科技人才。

印度科学大会协会每年颁发给各个科学技术领域的杰出贡献者 41 个奖项，其中最突出的奖项是"科学技术优胜奖"，该奖项奖金金额为 10 万印度卢比（约合人民币 8602 元），同时颁发荣誉牌匾和证书，这一奖项授予一位在促进印度科技方面（尤其是在造福人类和社会方面）作出突出贡献的、享有崇高声誉的科学家。

印度科学院设置"拉曼讲席奖"，旨在纪念科学院创始人拉曼爵士。这一奖项通常授予通过发明为印度社会作出贡献的外国人，该奖项中一位杰出的获奖者是1979 年诺贝尔奖获得者——美国哈佛大学的尼古拉斯·布隆伯根（N. Bloembergen）教授。

为纪念瓦伊努·巴普教授，印度天文学会设立了"瓦伊努·巴普（M. K. Vainu Bappu）教授金奖"，旨在推广普及天文学和天体物理学知识，表彰世界各地的青年科学家（通常不超过 35 岁）在天文学和天体物理学领域作出的贡献。

"SSB 科学技术奖（Shanti Swarup Bhatnagar for Science and Technology）"是印度科学与工业研究委员会（CSIR）每年颁发的一项科学奖，奖励在生物学、化学、环境科学、工程、数学、医学和物理领域的杰出应用或基础研究，表彰公民在科学技术方面的杰出成就。这是印度多学科科学领域最令人关注的奖项，该奖以印度科学与工业研究委员会的创始人尚提·斯沃·巴特加尔（Shanti Swaroop Bhatnagar）命名，首次颁发于 1958 年。

"比丹·钱德拉·罗伊奖（Bidhan Chandra Roy Award）"是印度医学委员会于1962 年为纪念比丹·钱德拉·罗伊而设立的。该奖每年颁发一次，分为以下几个类别：印度最高级别的政治家，医生兼政治家，杰出医学家，哲学界、科学界和艺术界杰出人士。该奖由印度总统于每年的"国家医生日"7 月 1 日在新德里颁发。

3.5.3　进行科学传播

印度是一个以农业为主的发展中国家，80% 的人口以农业为生，民众的识字率非常低。印度科技社团采用各种传播方式，将科技知识传播到印度农村地区，惠及印度的普通民众。

3.5.3.1　对学生的科学普及

通过建立科学俱乐部，在学校开展科学宣传。科学俱乐部通常有四种活动形式：第一种是"创造兴趣和学习意愿"；第二种是"将科学用于生活"；第三种是"创建用于审议的科学论坛"；第四种是"面向公众或普通人，培养科学有用性的意识"。科学俱乐部鼓励自由表达，打破从众和压抑的课堂气氛。科学俱乐部架起校内外学习的桥梁，为学生探索科学提供了一个支持性环境，培养了更多自信的学习者和教育者。通过科学俱乐部的活动，加强了学生学习科学的兴趣。

当学生进入高等教育阶段时，科学俱乐部通常会演变为社团，社团名称多以学科或专业知识命名。学生从高等院校毕业后，进入各行各业。有的进入某个专业行业，有的进入服务部门，如信息技术公司、研究机构或一些非常知名的教育机构。这些机构的成员组成的科技社团叫作专业协会。专业协会开展额外活动，包括提供基于需求的培训、商业活动（如协助特定产品的供应链管理），开展基于需求的研究活动，在公共论坛（如杂志、书籍、期刊等）上发表研究成果，有时还就具体问题向政府机构提供咨询意见。此外，这些专业协会根据个人或团体的贡献程度，对特定领域的杰出贡献者进行奖励。

3.5.3.2　对普通民众的科学传播

科技社团一贯重视各级科学传播，认真开展科学普及，主要有三种传播方式。

（1）出版媒体。印度科技社团通过出版发行学术期刊等方式向读者介绍科学的最新信息。如印度航空学会出版《航天科技技术》以促进航空科学和飞机工程技术知识的传播。

（2）视听和数字媒体。科学类电视节目和广播频道是印度科技社团向机构和公众传播科学知识的一种主要方式。这些年兴起的社交媒体也是印度充满活力的最有效的科普资源。例如印度天文学会通过建立网络平台，编辑可共享的资源材料、视频讲座，激发公众对天文学的兴趣。

（3）民间媒体。印度科技社团利用当地方言的传统交流手段在印度农村推广科学实践，街剧、木偶戏、民间歌舞、舞台剧等是在文化程度有限的农村地区进行科普宣传的一种较为成功、成本效益较高的方法。此方法适用于一般公众。

整体来看，印度科技社团促使学生了解科技及其带来的影响，引导他们在当今的印度选择与科技相关的职业；通过组织各种活动，使学生适应全球正在进行的各种创新，并利用这些创新来提升自己。印度科技社团还支持、鼓励普通民众进行科学研究，普及科学知识，为印度科技进步和社会发展提供了许多新的活力。

3.5.4　服务社区生活

印度科技社团的一个显著成就是它解决了社区改造对科技的需求，这就是科技社团广受印度民众欢迎的主要原因。从当前的情况来看，科学技术已渗透到印度农村地区，主要体现有：①农业得到改善。通过向农民提供改良的工具和种子，以及更好的灌溉设施等，农村落后的农业技术水平得以改善；②通信得到发展。通过修建新的道路，改善了交通和通信设施，改善了农村通信条件；③卫生事业得到发展。通过提供医疗卫生服务、妇幼福利服务，卫生设施和卫生条件有所改善；④就业机会得到增加。印度科技社团在农村地区发展家庭手工业，为农村人口提供就业机会；⑤教育得到发展。印度科技社团规划社会教育中心、夜校等教育机构，建立图书馆、阅览室和社会教育中心，增加了教育设施，扩大了教育覆盖面。

3.5.5　参与制定科技政策

印度自独立以来便开始实施"五年计划"，科技是"五年计划"的重点领域，而大量的科技政策来自印度科技社团。

印度目前有五大科技社团：新德里的印度国家科学院（INAS）、班加罗尔的印度科学院（IAS）、阿拉哈巴德的印度国家科学院、新德里的印度国家工程院（INAE）和加尔各答的印度科学大会协会（ISCA），这五大科技社团历史悠久，由著名科学家建立，并积极参与与科技有关的决策讨论，通过组织各种活动，审议与科技有关的国家重要政策问题。印度科技社团中的一些会士（Fellows）在印度政府或高校中担任重要职务，会定期向政府提出本领域相关研究的战略意义，强调政府扶持研究工作的重要性、必要性，从而得到政府的经费支持及政策支持。此外，政府相关科技部门也会要求科技社团就未来科技发展的重点、方向、手段等方面提出建议和意见。有别于其他国家，印度科技社团是政府决策的顾问，并主导和负责制定相关专业领域内的规范、标准和具体政策。

3.6　印度科技社团的发展经验对我国的启示

3.6.1　积极参与科技相关政策的制定

印度科技社团运用自身专业优势和行业影响力参与国家立法及政策制定，是相关领域科技政策的智库之一。科技社团参与的政策主要涉及相关专业领域内的标准制定、学术评价方法制定、职业资格认证、科技成果评定、科研项目评价等。

印度科学大会协会（ISCA）通过直接参与制定科技政策及督查落实政策实施来推动国家科技发展。主要表现为：第一，1976 年，时任协会主席斯瓦米纳坦博士（Dr. M.S.Swaminathan）提出的国家关系的核心主题，在迄今为止每年的会议期间仍被讨论。除此之外，ISCA 围绕关键主题的几个方面组织全体会议，为科学家和技术人员提供了与政策制定者和行政人员进行相互交流的平台，使得来自不同学科和不同社会阶层的成员可以围绕重点主题展开讨论；第二，印度科技部成立了专责小组，该小组由 ISCA 代表和不同机构及志愿组织的负责人组成，由印度科技部部长担任主席。专责小组负责落实关于重点主题提出的各项建议。此后每年，在 ISCA 举办科学大会期间，科技部组织的全体会议都会讨论根据前一次科学大会所提建议采取的后续行动。通过这一过程，ISCA 可以起到督查作用，能够有效促使相关科技政策的实施，进而推动国家科技创新与发展。

我国科技社团在公共政策、科技创新、社会治理等方面也需要发挥更广泛的积极作用。如积极为上级主管部门建言献策；发挥社团"智库"优势；积极参与国家相关法律的出台和制定，为立法和改革提供建议和论证；通过专题研究、专家访谈等方式，增进社团与政府之间的互动。

3.6.2　注重科学教育与科学普及

印度科技社团突出强调正规科学教育的重要性，在向印度全体人民传授科学、技术和文化知识，服务构建一个更为开放的知识型社会等方面，发挥了重要作用。例如，印度科学院（IAS）和印度科学大会协会（ISCA）便是强调科学教育重要性、积极推动科学普及的典型社团组织。

印度科学院（IAS）由诺贝尔奖获得者钱德拉塞卡拉·拉曼教授（C.V. Raman）于 1934 年创立，以支持理论和应用科学研究进展的转化为宗旨。自成立以来，IAS 高度重视科学教育，通过举办科普讲座、出版科普期刊、公开科学数据及设置专门基金等方式有效推动了科学普及工作。在举办科普讲座方面，IAS 将院士和其他科技工作者作为科普工作的责任主体，推动原创研究成果向社区传播，提高了科普工作的效率，极大地促进了科学知识的普及；在出版科普期刊方面，IAS 创刊于 1996 年 1 月的科学教育月刊《共鸣》（Resonance），刊载了科学和工程领域的相关文章，并明确了期刊的受众群体——本科层次的学生和教师；在公开科学数据方面，为降低公众获取科学数据的难度，IAS 成立了科学数据小组，帮助公众获取其感兴趣的数据；在设置专门基金方面，IAS 于 2014 年成立了科学院信托基金，为大中小学生提供科学教育项目，培养学生对科学的兴趣。

印度科学大会协会（ISCA）立足提升普通大众科学素养，主要通过举办科普讲座、出版科普期刊及创办科学竞赛等方式积极推进科普工作。在举办科普讲座方面，自 1962 年起，ISCA 就开始在印度各中心组织科普讲座，这些讲座已遍布印度全国的 17 个中心，并通过成立分会的形式，进一步扩展科普活动的覆盖面。在出版科普期刊方面，ISCA 出版了包括《大众科学》在内的科普类期刊，在其所有分支传播有关科学的最新信息。该期刊与《共鸣》不同的是，《大众科学》面向普通大众。在创办科学竞赛方面，ISCA 举办了"全国少年科学大会"，以科学竞赛的形式吸引青少年积极参与，拓宽青少年的知识面，推动科学知识的普及。

在 2016 年召开的"科技三会"上，习近平总书记强调："科技创新、科学普及是实现创新发展的两翼，要把科学普及放在与科技创新同等重要的位置。"这一讲话深刻诠释了科普与科研两者之间相辅相成的辩证关系。我国科技社团需要进一步加大科学普及工作的顶层设计，积极吸纳科技工作者，特别是一线科学家，参与科普活动，呼吁全社会提高对科学教育的重视程度，扩大知识传播的覆盖面，扩展社会大众与科技工作者的交流平台，构建更为完备的科学普及网络，促进全民科学素养的提升。

3.6.3 注重国际交流与合作

在国际化发展方面，印度科技社团尤为重视国际交流与合作，积极搭建国际化互动平台，其中以印度科学大会协会（ISCA）和印度航空学会为典型代表。

1938年，外国科学家首次参加印度科学大会。自1947年起，ISCA便将邀请外国学会和学术机构代表的计划列入科学大会协会议程中。1946年10月12日，时任印度总理潘迪特·贾瓦哈拉勒·尼赫鲁（Pandit Jawaharlal Nehru）更是亲自向英国皇家学会主席发出邀请信，希望邀请其他国家的一些杰出科学家对印度进行短期访问，促进印度科学研究和国际合作事业。此外，ISCA还积极与外国各科学院或协会展开互动交流，其中包括英国科学促进会、美国科学促进会、法国科学院、孟加拉国科学院、斯里兰卡科学促进会等，旨在通过搭建国际化互动平台，吸引海外优秀科技工作者前去交流，从而密切关注国际科技发展动向，以期对共同感兴趣的课题有所了解，为国家科技创新提供国际化视野和方向。

印度航空学会成立于1948年12月27日，是印度航空航天领域的一个主要专业学会，印度独立后的第一任总理潘迪特·贾瓦哈拉勒·尼赫鲁（Pandit Jawaharlal Nehru）是该学会的第一任首席赞助人。一方面，印度航空学会重视国际化发展，鼓励年轻的专业人士努力追求卓越，并为其提供相应的资助，使其能参与国际层面的高科技研讨会，通过参与国际性会议的形式进行国际化交流；另一方面，学会通过创办国际化季刊的形式促进航空航天科技的进步和国际传播，增加学会的国际影响力。

我国科技社团也要加强国际交流水平及注重能力提升，充分发挥科技社团在世界科技强国建设和构建人类命运共同体中的独特作用，开辟发展空间，积极参与全球社会治理，分享中国经验和中国方案，有效提升国际影响力。

3.6.4 注重吸收会员捐助

资金是社团组织发展的基础，印度科技社团注重资金的筹集，尤其是注重吸收会员捐助，并具备完善的管理体系，明确规定捐助标准与会员所享有的权利。由以上科技社团案例可见，印度科技社团的主要资金来源于会费，且均能够接受中央和各邦政府、法人团体、工业组织、大学和有兴趣促进科学进步和举办科学大会的个人的捐赠。以ISCA和印度天文学学会为例，这两个印度科技社团均设置了捐赠性质的会员，同时又存在一些差异。ISCA的会员由普通会员、荣誉会员、会期会员、学生会员、机构会员、终身会员组成。其中，终身会员具有一定的捐助性质，一生之中能享有会员的所有权利和特权。截至2019年3月31日，根据ISCA年报中的捐赠基金资产负债表可知，2018—2019年度的捐助基金余额为29996931.54印度卢比，前一年度捐助基金余额为 29005948.29 印度卢比，2018—2019 年度的捐助基金金额较上一年度有所增加。ISCA 在吸收会员捐助这方面具有良好的成效，获得了较为充裕的资金来维持协会的运营发展。

印度天文学学会成立于 1972 年，是印度专业天文学家的主要学术组织，通过组织科学会议、支持天文学的普及等活动，在推广天文学及其相关的科学分支方面发挥着重要作用。通过接受捐赠、赠款、礼品等方式为学会筹集和接受资金。与 ISCA 不同的是，印度天文学学会在会员类别中明确设有捐助会员，注重对会员捐助的吸收，并将所有收到的捐款、捐赠构成会员储备基金。印度天文学学会对会员捐助的合理吸纳和管理，保障了科技社团的日常稳定运行，使学会呈现健康发展的态势。

我国科技社团都是非营利与公益性社团，当前的发展水平处于世界平均水平。在创新型国家建设进程中，科技社团要想充分发挥作为国家创新体系重要组成部分的功能与作用，离不开政府培育、国家政策支持，以及会员单位和广大会员的参与。从长远来看，要通过政策的调整与倾斜，鼓励接收社会、会员的捐助，设立科技社团创新发展基金，这也将有益于形成政府、市场和社会有序互动、共同参与、协同配合的科技社团治理体系。

3.6.5 注重设置各种荣誉及奖项

为激发科学工作者的研究热情，营造良性竞争的科研环境及吸引优秀的外国科技人才，印度科技社团注重各种荣誉和奖项的设置。ISCA 自 1965 年起向杰出的印度科学家颁发各种类型的奖项。在印度科学大会期间，每年有 41 个奖项颁发给各个科技领域的杰出贡献者；IAS 设置了拉曼讲席、白金禧年教授教席和科学院－施普林格·自然讲席等奖项，其中，拉曼讲席通常是授予通过发明为社会作出贡献的外国学者；白金禧年教授教席则针对来自任何国家和任何科学学科的杰出科学家，每月获得 8 万印度卢比酬金的同时，可以从事任何科学活动，也可以在印度的任何实验室或机构工作，以及享有机票提供、旅费报销等待遇；印度科学院和施普林格出版集团还成立了科学院信托基金，设立了捐赠教席，让国际上成功的研究人员与印度学术界互动等。

印度天文学学会设置了瓦伊努·巴普教授（Professor M. K. Vainu Bappu）金奖、青年天文学家奖、新发现奖、奥克大法官（Justice Oak）天文学杰出论文奖、印度天文学会祖宾·肯巴维（Zubin Kembhavi）奖等奖项。奖励对象涉及印度本土及世界各地的青年科学家、学生，以及在所涉领域作出卓越且重要贡献的人士等各个层面。我国科技社团也可以评奖作为激励科技人员努力创新和吸引会员加入科技社团的一种方式。对于作为社团会员的科技工作者，获奖不仅是对自身学术水平的认可，同时也可以增进学术交流及繁荣学术的发展。

　　从印度及国际社会来看，科技奖励尽管也分为政府奖励和社会奖励两大类，但两者对科技创新的推动作用都得到了广泛认同。扩大科技社团奖励的影响力、补齐社会性科技奖励这一短板，应该是科协组织适应国家科技创新发展亟须解决的一个现实需求。

3.7　科技社团案例

3.7.1　印度科学院

　　印度科学院（以下简称"科学院"）依据 1860 年《社团登记法》于 1934 年 7 月 31 日正式成立，创始人是诺贝尔奖获得者钱德拉塞卡拉·文卡塔·拉曼（Chandrasekhara Venkata Raman）教授，创始成员 65 人。其成立的目的是促进科学进步和维护科学事业发展，包括理论科学和应用科学。科学院认为科技能够且必须对国家复兴作出根本贡献，并认为所有个人和团体都承担着推动科技进步的社会责任。科学院主要工作职责包括：通过出版高质量的期刊，以及组织各种会议，如讨论会、研讨会、专题座谈等来推动原创研究，并且向社会传播科学知识，在年轻人中发现、培养科学人才。

3.7.1.1　治理结构

　　科学院由理事会管理。理事会负责科学院所有财产（包括动产、不动产或其他财产）的管理，并有权按照科学院宗旨组织开展相关活动。理事会由 20 人组成，包括院长 1 人、副院长 4 人、财务主管 1 人、秘书 2 人、分理事会成员 12 人。他们的职责如下。

1. 院长和副院长

　　院长应同时为理事会主席，也是科学院所有大会的主席。院长负责学院及其财产和事务的行政管理。院长缺席时，由其提名一位副院长代行其职务，该副院长可行使院长本人出席时所能行使的一切职权。在遵循理事会原则的基础上，院长对所有章程具有最终解释权。副院长的职责和权利由院长或理事会决定。

2. 财务主管

财务主管对科学院财政及资源进行一般性管理并向理事会负责。财务主管负责科学院所有收支工作，同时需要正确记录财务状况。经院长批准，财务主管有权任命一人在其缺席时履行职责。另外，财务主管每年拟备一份拖欠会费超过 8 个月的院士名单，并在 12 月的理事会会议上予以提交，等待理事会的进一步指示。

3. 秘书

秘书负责科学院的一般联络事宜，以及除财务事务的所有其他事务。例如，召集理事会会议、科学院大会，同时做好会议记录，阅读各机构会议记录及执行理事会除财务事务相关的所有决定等。院长决定 2 名秘书的职责分配。

4. 分理事会

分理事会负责筛选院士候选人名单、组织讲座和讨论会、准备要发表的文章和立场文件及执行科学院在其专业领域的项目。另外，在开展工作时，分理事会成员有责任咨询其他院士。分理事会所涉学科包括数学、物理、化学、工程技术、医学、地球和行星科学、动植物科学和普通生物学。

理事会成员任期 3 年，每 3 年选举一次，选举原则和办法如下。

在理事会任期到期前一年，秘书在当年 8 月 31 日前将选举事宜通知院士，并邀请其提名。院长和理事会其他成员的提名应不迟于 10 月 15 日提交。

理事会在专门会议上审议提名名单。院长和理事会从现有理事会成员中选出不超过 15 名院士，同时不少于 5 名非理事会成员院士，推荐参选下一任期的理事会成员。院长和理事会以相同方式从拟定的理事会成员中推选人员，参选院长办公室和副院长办公室下一任期的成员。理事会将以上推荐的候选人名单以选票形式印制，于 12 月第 2 周前发放给所有院士。

所有院士对候选人进行投票，在 12 月 31 日之前投票人将填好的选票交回科学院办公室。其余附加程序须尽量适用于理事会选举制度。在理事会 3 年任期内，如因死亡、辞职或其他原因出现临时空缺，由主席从任期内的其余院士中推选填补。

如果院长职位空缺，副院长应立即协商开展院长推选工作，且须在空席 3 个月之内召集理事会选举新院长。如果副院长、秘书或财务主管职位出现空缺，由院长在余下任期内院士中推选填补。

原则上，理事会会议每年至少在科学院班加罗尔院区举行 2 次，时间一般为 6—7 月和 11—12 月，具体举办频次根据实际情况可自行增加。11—12 月举办的理事会用于审议新院士的年度选举，且每 3 年在此期间举行理事会成员选举。

理事会会议召开通知至少在会议举办前 2 周发出，参会法定人数 7 人。出席人员至少包含院长和其他 2 名理事会成员。当理事会出席人数未达到法定人数时，休会半小时，待人数达到标准后再举行会议。理事会以投票方式作出决议，如果票数相等，院长有权投决定票。

另外，在遵从科学院章程条件下，理事会有权不定期出台科学院事务管理规定。需要特别说明的是，该类规定在理事会的任何会议上均可制定、修订或作废。

3.7.1.2　会员组成

1. 会员体系和管理

科学院的会员资格并非向所有科技专业毕业的公众人物开放。会员资格只授予具有深厚知识储备，在科学、工程和技术领域有巨大贡献和丰富经验的人士。印度科学院的会员由院士、荣誉院士和副院士组成。院士和荣誉院士的任期因死亡、辞职或免职而终止。

（1）院士。院士是学会团体中等级最高的会员，由知名人士委员会对院士候选人提交的申请进行恰当审查后，根据候选人在各自工程领域的知识、贡献和经验授予资格。理事会时常调整院士的人数规模，并及时通报所有相关变化。通常情况下，每年选出的院士不得超过 35 名。通过一定遴选和选举流程后，科学院予以发放院士头衔，相关流程如下。

每名候选人应由 2 名信誉良好的现任院士提名和推荐，其中一名院士为提名者，另一名院士为附议者。院士提名书应于每年 5 月 31 日前提交至科学院办公室，以便科学院办公室与其中 1 名院士就候选人问题进行交流。提名应遵循规定形式，具体说明候选人的姓名、职位、资质和常住地，同时还应包括提名者的陈述，对候选人的发现、发明等杰出贡献进行阐述。提名人和附议人均应在提名书上签名。与此同时，所有院士都可以在 5 月 31 日前直接写信给科学院办公室，表明对候选人的支持。提名人应负责通知候选人在被授予院士头衔后须承担的义务，以及须向科学院支付的款项。

科学院办公室应编制一份候选人的综合名单，涵盖所有符合提名文件要求的候选人，以及前两年被提名但未当选的候选人，名单按姓名字母顺序排列。科学院办公室将在 11 月第二周之前将名单发给全体院士，同时附上候选人资格简介。

提名名单应由委员会在专门会议上审议。理事会应从名单中推荐不超过 35 名候选人参加选举。推荐候选人名单将在 12 月第二周前以选票形式发给所有院士。所有院士都可以从投票名单中删去理事会推荐的任何人员，也可用此前发给全体院士的有效提名名单中的其他人员进行替换。选票应由投票院士注明选择并正式签名，在 12 月 31 日前送达科学院办公室。

科学院院长将指定 2 名院士作为评审员，由评审员打开装有选票的信封，并向院长报告投票结果。科学院将对收到的有效选票进行统计，获得大多数选票的人都将当选，而后由院长宣布当选。

每位当选院士应被书面告知当选事宜，在收到书面通知后 3 个月内，返回正式签署的义务表，并缴纳入会费和年费，否则当选无效。但是，如果当候选人在收到当选通知的日历年结束前支付了入会费和首年年费，委员会有权宽恕其未按时缴纳会费的违约行为并接纳其加入科学院。每个候选人都应在当选时提交一份义务表。

在支付入会费和首年年费，以及签署并交回义务表之前，任何当选的候选人不得被视为院士，也无权行使院士的权利。

（2）荣誉院士。荣誉院士因其对科学的杰出贡献而被科学院选聘。在任何时间，荣誉院士的人数不得超过 60 人，且任何一年都不得有超过 3 名荣誉院士当选。所有国家的科学家都有资格当选荣誉院士。

任何声誉良好的院士都可以提名任何一名对科学有杰出贡献的人士为荣誉院士。该提名应为书面形式，并附有支持性事实陈述。提名送达科学院办公室的日期须不迟于当年的 10 月 15 日。

所有提名将被加入科学院办公室留存的过往提名名录。每项提名，自提名日起 3 年后失效，相关姓名将从名录中删除。名单将开放给院士查阅，理事会从该名单中推选出不超过 3 名人士作为当年当选的荣誉院士，以符合规程所要求的荣誉院士总数不得超过 60 人。12 月第二周之前，科学院办公室向所有院士发送一份载有被推选和推荐人员姓名的选票。12 月 31 日之前，由院士在选票上签名，并注明其选择。所有院士可从推选名单中删除任何一个名字。

（3）副院士。科学院于 1983 年制订推选副院士的计划，旨在确定和鼓励有前途的年轻科学家。2018 年，理事会成立委员会且对该计划的影响进行了评估。根据该委员会的建议，对该计划进行了修订，为来自不同机构和背景的年轻科学家提供研究先进科学技术的机会。修订后的计划对副院士的规定为：年龄应不超过 38 岁；副院士任期最短 3 年，最长 6 年；副院士的延长任期适用于 2019 年后当选的候选人；副院士应当为科学院活动作出贡献；副院士被鼓励参加科学院会议；副院士可免费获得自主选择的 2 种科学院期刊的印刷版；组织讲座研讨会、进修课并指导入选暑期研究奖学金计划的学生或教师；作为作者和审稿人参与出版物的出版工作；参与科学院期刊的编辑工作。

自 2017 年起，为扩大副院士计划的实施范围，科学院向具有重要意义的国家级机构负责人征求提名。这些机构包括印度理工学院（Indian Institute of Technology）、国家理工学院（National Institute of Technology）、印度科学教育与研究学院（Indian Institute of Science Education and Research）、印度科学与工业研究理事会（Council of Scientific and Industrial Research）实验室、中央直属大学（Central University）系部（仅限于理论科学与应用科学相关系部，包括工程学）。在 2020 年的副院长推选中，1982 年 12 月 31 日以后出生的候选人均有资格由科学院院士提名。副院士总人数应不超过 100 人，目前人数为 74 人。

候选人的提名材料包括原始签名的提名表、科学贡献概述、被提名者的个人数据和完整出版物列表，以及被提名者独立研究生涯中发表的 5 篇最重要论文的复印版。

推选的主要依据是候选人获得正式职位前进行的且经证明为独立进行的研究。科学院办公室将留存副院士的姓名、当选日期，以及对作为正式进入科学院象征的签名进行记录。

院士、荣誉院士和科学院理事会成员选举以邮递选票的方式进行。但是，理事会有权酌情随时对流程和日期作出恰当的修改。只要程序遵循科学院基本原则，选举和会议议程就视为有效。

2. 会员权利

信誉良好的院士享有以下权利：①提名和推荐院士和荣誉院士候选人，且有权为其投票；②理事会候选人投票权和提名权；③有资格被提名为理事会成员；④出席所有大会并具有投票权；⑤获得科学院学报和其他刊物的副本。

3.7.1.3 财务情况

科学院的收入来源主要包括会费、补助金、捐赠和订阅费。其中，会费是指每名院士在入选时应支付 100 印度卢比的入会费和 2500 印度卢比的年费，单笔共计 2600 印度卢比。该笔款项应于入选后 3 个月内支付。只有在规定期限内缴纳会费的院士才会被视为信誉良好。补助金指科学院接受中央和各邦政府、法人团体、工商组织、大学和其他机构的年度资助。捐赠是科学院接受中央和各邦政府、法人团体、工业组织、大学和对促进科学进步感兴趣的个人的捐赠。订阅费指科学院出版物的订阅费或销售的收入。理事会每年须委任 1 名审计师，核对账簿并核证收支的准确性。科学院每年都通过年度报告向院士通报财务详情。

3.7.1.4　主要业务活动

1.科学研究

（1）数据收集。在进行独立或联合研究时，需要确保所收集的数据（包括原始数据）是可靠的，数据应得到合理的记录，标明日期并妥善存储。关于数据的捏造和伪造，即使捏造和伪造的数据是研究结果中相对不重要的数据，也明显构成学术不端行为。所有数据收集工作均须遵循详细的、可描述的研究程序，能够独立复制验证。在没有科学依据的情况下，选择性地使用数据是不可接受的。

（2）设备和设施共享。每个机构都应遵循透明、公平的设备和设施共享程序。共享协议需要精准地体现所有具体细节。需要特别指出的是，如果设备和设施是在与他人共享的前提下，通过某机构或某笔赠款采购的，则必须遵守共享承诺。

2.期刊出版

科学院自 1934 年成立以来，出版科学期刊一直是其主要活动，《印度科学院学报》第一部分和第二部分于创立当年开始出版。目前，科学院出版的 12 种期刊中有一些是从最初的学报发展而来的。1978 年，学报被分为几个主题期刊，即《数学科学学报》《萨德纳—工程科学学院学报》《化学科学期刊》《地球系统科学期刊》和《生物科学期刊》。期刊名称随后也有所修订。1985 年，科学院接管了《遗传学期刊》的出版工作，该期刊创办于 1910 年，是较为古老的英语遗传学期刊之一。此后推出的期刊包括创办于 1973 年的《普拉马纳物理学期刊》、创办于 1979 年的《材料科学通报》、创办于 1980 年的《天体物理学和天文学期刊》和创办于 1996 年的科学教育期刊《共鸣》。科学院还出版了 2 种在线期刊，即《印度科学院会议系列》（2017 年 12 月首次上线）和《对话：科学、科学家和社会》（2018 年 1 月首次上线）。科学院出版项目所遵循的原则是，科学院出版的任何期刊都不应与国内其他期刊直接竞争。科学院应尽可能与其他机构合作出版自己的期刊，且稿件经过同行评审。自 2007 年以来，科学院与施普林格出版集团（自 2015 年更名为"施普林格·自然出版集团"）共同出版 10 种期刊。另外，科学院每年还出版书籍、报告和时事简报（Patrika）。时事简报每半年一次，记录科学院内的主要活动、事件和倡议。

3.教育和培训

（1）教学和评估。招生、选拔和评估应始终遵循事先明确规定的公正、公平的程序。当评估涉及面试时，就涉及主观的学术判断。但是，必须注意避免与学生成绩无关的因素，以及利益冲突。

在课程内容和教学方法上，教师应以教学质量为中心目标。敏感的学生信息，包括记录和交流，只应出于学术上的需要与恰当的人分享。同时，应始终维护教室和实验室环境的庄重。

（2）研究监督。在研究项目中对学生进行培训和指导，向他们灌输良好的道德价值观。这个过程必须传达诚实、专业和公平等科学实践的美德。培训中，不仅要让学生不断践行良好的道德，还应对他们进行具体的道德培训。

在研究项目中，通常由一个项目总监或一组共同项目总监领导项目。项目总监应确保对年轻研究人员，包括学生和博士后研究员进行监督和适当指导。

（3）对学生进行直接道德培训。科学院强调直接培训学生的需要，旨在在研究机构中营造道德氛围。可以采用多种培训方法，包括开办专门的正式课程、讨论会和研讨会，组建地方道德委员会及撰写关于道德问题的文章。

（4）政策问题和科学咨询。印度政府可能会就重要的政策问题征求科学家的意见。其中典型的例子包括转基因作物、干细胞研究、人类克隆和气候问题。重要的是，科学家要提供诚实的、经过深思熟虑的观点，这些观点不能受到商业、社会和政治压力的影响。

3.7.1.5　学会奖项

1. 拉曼讲席

拉曼讲席是印度政府于 1972 年设立的，旨在纪念科学院创始人拉曼爵士。科学院理事会邀请著名科学家担任拉曼讲席教授，任期为 6 周至 6 个月。这一奖项通常授予通过发明为社会作出贡献的外国人，其中一位杰出的获奖者就是 1981 年的诺贝尔奖获得者——美国哈佛大学的尼古拉斯·布隆伯根（Nicolas Bloembergen）教授。

2. 白金禧年教席

白金禧年教席是在科学院于白金禧年（2009 年）设立的。一般准则是：①白金禧年教席由杰出的科学家受邀担任，不论国籍和学科。任职期限最少 2 周，最多 1 个月；②白金禧年教席教授可以从事任何科学活动，也可以在印度的任何实验室或机构工作；还将访问较小的城镇和大学，进行演讲，举办研讨会，与学生、教师和研究人员互动或开展科学合作；③白金禧年教席教授每月有权获得 80000 印度卢比的酬金。当地还会接待白金禧年教席教授及其配偶或伴侣；④科学院提供 1 张从白金禧年教席教授居住地到印度的往返商务舱机票。如果有配偶或伴侣陪同，提供 2 张往返经济舱机票；⑤白金禧年教席教授在印度的所有旅费将由科学院支付。

3. 印度科学院—施普林格·自然讲席

印度科学院和施普林格在 2006 年签署了一项协议，双方同意共同出版科学院的 10 种期刊。为扩大活动范围，科学院主持成立了一个非营利慈善信托机构——科学院信托基金。该机构旨在设立捐赠教席，让国际优秀的研究人员与印度学术界互动。施普林格·自然出版集团是科学、学术、专业和教育出版的主要力量。在全球核心价值观和理想的驱动下，施普林格·自然出版集团在出版领域进行创新、调整和促进真正有益的变革。2017 年，施普林格·自然出版集团推出"重大挑战"项目，传播施普林格·自然的不同品牌在相关主题发表的最佳作品，帮助开发应对全球问题的解决方案，同时通过"重大挑战"项目建立其作为可持续发展研究和解决方案开发的主要倡导者。

3.7.2 印度科学大会协会

3.7.2.1 历史沿革

印度科学大会协会（Indian Science Congress Association）是由西蒙森教授和麦克马洪教授共同发起的。两位教授是具有前瞻性思维和远见的化学家。他们认为，如果能组织起类似于英国科学促进会的研究人员年会机制，将有可能激励印度科学研究的发展。

1914 年 1 月 15—17 日，印度科学大会协会于加尔各答亚洲公会举行首次会议，协会主席为加尔各答大学副校长、法官阿苏托什·慕克吉爵士（Sir Asutosh Mukherjee）。来自世界各地的 105 名科学家出席会议，参会论文 35 篇。会议被划分为 6 个主题——植物学、化学、人种学、地质学、物理学和动物学，由 6 个部门主席负责。此后每届印度科学大会[①]的主题均不同，详情请见附录 3.4。

目前协会共有 14 个部门，包括农业和林业科学、动植物和渔业科学、人类学和行为科学（包括考古学、心理学、教育科学）、化学、地球系统科学、工程科学、环境科学、信息和通信科学与技术（包括计算机科学）、材料科学、数学（包括统计学）、医学（包括生理学）、新生物学（包括生物化学、生物物理学和分子生物学及生物技术）、物理科学、植物科学，以及 1 个科学与社会委员会。协会现有会员超过 3 万人。

1938 年，印度科学大会银禧会议在加尔各答举行，由英国物理学家纳尔逊·卢

---

① 信息来源：印度科学大会协会官方网站，http://www.sciencecongress.nic.in/。

瑟福勋爵（Lord Rutherford）担任主席，但很遗憾他突然离世。因此，詹姆斯·琼斯爵士（Sir James Jeans）接任主席。

1947年1月3—8日，印度科学大会协会第34届年会在德里举行，印度前总理潘迪特·贾瓦哈拉尔·尼赫鲁（Pandit Jawaharlal Nehru）担任主席。尼赫鲁在世时几乎参加了所有相关会议。他对发展国家科学氛围，特别是年轻一代的科学氛围的持续兴趣极大地丰富了大会的活动。从1947年起，邀请外国学会和学术机构代表的计划被列入印度科学大会协会议程。在印度政府科技部的支持下，这一趋势仍在上升。为了在第一时间了解感兴趣的课题，科学大会协会积极参与外国科学院、协会的活动，包括英国科学促进会、美国科学促进会、法国科学院、孟加拉国科学院、斯里兰卡科学促进会等。

1963年10月，印度科学大会金禧会议在德里举行，科塔里教授（Pro. Daulat Singh Kothari）担任大会主席。这次会议宣布了2部特别出版物的出版：《印度科学大会协会简史》和《印度科学五十年》，2本刊物共12卷，每卷都包含对特定科学分支的评论。

1973年1月3—9日，印度科学大会钻石禧会议于昌迪加尔举行，由薄伽梵坦博士（Dr. Suri Bhagavantam）主持。这次会议宣布了2部特别出版物的出版：《印度科学大会协会的十年》（1963—1972年，其中附有大会主席的生平简介）和《印度科学十年》（1963—1972年，节选）。

1976年，科学大会协会关注的主题发生了重大转变。过去，大家认为涵盖领域广泛的科学家大会应关注具有科技影响的国家问题。1976年，协会主席斯瓦米纳坦博士（Dr. Mankombu Sambasivan Swaminathan）提出国家关系的核心主题。至今，各部门、委员会和论坛仍在讨论该系列主题。另外，协会围绕几个关键主题组织了数次全体会议，科学家、技术人员、政策制定者和行政人员在会上相互交流。因此，协会已经成为一个平台。在此平台上，不同学科和不同社会阶层的成员均可针对重点主题作出自己的见解和分析。

1980年，协会取得另一重大突破。印度政府科技部成立常设工作组，由协会代表和不同机构及志愿组织的负责人组成，印度科技部部长担任主席。工作组负责落实关于重点主题的各项建议。每年在科学大会期间，科技部都将组织一次全体会议讨论前一次科学大会所提出建议的落实情况。通过该举措，印度科学大会协会为科学的发展，特别是国家科学政策的发展作出了贡献。

1981年，印度科学大会协会在第68届印度科学大会上推出了青年科学家计划。该计划使青年科学家有机会展示自己的研究成果，并与同行和专家就相关科学问题交换意见。协会向出色的报告候选人授予"印度科学大会协会青年科学家奖",至今已表彰 14 位青年科学家。奖励措施从第 93 届的 5000 印度卢比上调至 25000 印度卢比,并颁发获奖证书。

1988 年,印度科学大会协会成立 75 周年纪念日,即白金禧纪念日举行庆祝活动,拉奥教授(Prof. Chintamani Nagesa Ramachandra Rao)担任主席。协会特别出版了一份题为"印度科学大会协会——成长与活动"的专有小册子,重点介绍协会多年来举行的活动。主要活动包括:①在白金禧纪念日出版特别出版物;②向协会总会长赠送纪念牌;③在印度科学大会年度会议期间,每个部门组织白金禧年纪念讲座;④扩大协会活动,使其更加多样化,借以提高科学素养、普及科学知识。

2012 年 6 月 2 日,印度科学大会协会庆祝成立 100 周年,百年纪念会议于 2013 年在加尔各答举行,印度前总理曼莫汉·辛格博士(Dr.Manmohan Singh)担任主席。值此之际,协会设置了 10 个阿苏托什·穆克吉奖学金(Asutosh Mookerjee Fellowships)名额,表彰鼓励印度的高级科学家。会上发布了《2013 年科技创新政策》,并宣布出版名为《印度科学大会协会全国庆祝百年大会》的特别书籍,便于各分会介绍印度科学大会协会为庆祝百年所采取的举措。

一般地,论文来稿由有关部门负责人进行仔细筛选。为进一步调动科学家的积极性,自第 86 届印度科学大会起,印度科学大会协会每个部门为最佳论文、报告颁发奖项,每人获得 1000 印度卢比奖金和获奖证书,获奖人员不得多于 2 人。从第 94 届印度科学大会起,奖金提高到 5000 印度卢比。2013 年度、2014 年度,最佳论文奖变为独立奖项。

1962 年起,印度科学大会协会在印度各中心城市组织科普讲座,旨在为科学普及和科技进步开展建设性工作。至 1985 年,此类讲座已遍布印度全国的 17 个中心城市。自 1986 年起,印度科学大会协会在印度各地建立分会,随着地区分会的成立,科普讲座组织结构有所调整。成立地区分会的目的是更充分地提升普通大众科学素养,鼓励年轻科学家朝该方向稳步成长,让其参与基础实验及业务活动有关的项目,共同推动和促进印度的科学事业,广泛普及科学知识。

3.7.2.2 治理结构

根据印度科学大会协会(以下简称"协会")章程规定,协会设大会主席 1 人、秘书长 2 人、财务主管 1 人和部门委员会成员。协会下设执行理事会、理事会和会员大会 3 个主要机构。

1. 执行理事会

执行理事会由大会主席、前任大会主席、当选大会主席、秘书长、财务主管、协会大会选出的 10 名成员，以及印度科技部部长或其提名人组成。前任大会主席指上一年的大会主席，大会主席指当年的大会主席，当选大会主席指下一年的大会主席。该领导构成非常重要，各届主席可分享运营经验，以便更加有效地工作。

执行理事会的权力：①管理协会事务，考虑有关协会的重要政策问题。制定必要的规章制度，便于协会的有效管理。新规章制度与原规章所载事项必须保持一致，并向理事会和下一次协会大会报告。②执行理事会应向理事会推荐大会主席、秘书长和财务主管人选。③对于任何个人、机构、捐助者的协会会员资格，执行理事会有权决定给予或取消。④在会员大会年会上，审议并提交协会年度工作报告，上一年度财经审计收支报表，现有余额、资产和负债及下一年度财务收支预算，并任命审计师。其中，下一年度财务收支预算是由财务和编制委员会提交的。⑤根据财务和编制委员会的建议，按需任命受薪官员和工作人员，并规定其服务条件。⑥通过出版委员会指导和管理协会议事录及其他出版物的出版。⑦执行协会规章制度和章程，并在总体上实现协会目标。⑧定期制定章程细则，由理事会和协会大会批准，用于协会内部管理。此类章程细则不与任何现有条例冲突。⑨组建任何必要的委员会、分委员会，并规定其职权范围。⑩定期制定章程细则，以处理执行理事会或其任命的任何委员会，或后者任命的小组委员会事务。

执行理事会决策机构的职责：①咨询委员会，每 3 年换届 1 次，负责讨论与该事务相关的问题，并对协会结构和职能可能出现的问题提出建议；②财务和编制委员会，每年更替 1 次，负责起草预算、最终确定协会账目报表、处理干部和招聘规则及确定服务条件等；③出版委员会，每年更替 1 次，负责帮助编辑协会出版物；④捐赠委员会，每年更替 1 次，为与协会捐赠有关的事项提供建议；⑤科学与社会常务委员会，每 3 年换届 1 次，讨论科学与社会相关的各方面问题，设立不同的主题小组，提出建议或提议采取后续行动。

执行理事会每年举行 3 次法定会议，其中 1 次于 5 月在加尔各答举行，2 次在印度科学大会会址举行。特殊情况下，允许举行额外会议。此类会议的通知和议程应至少在会议召开前 2 周发出。紧急会议可由秘书长根据大会主席的要求召开，并提前 1 周通知。执行理事会每次会议的会议记录应在会议进行期间由 1 名秘书长记录，如果秘书长缺席，则由主席、大会主席任命 1 名成员记录。随后应将会议记录分发给执行理事会的所有成员。

2. 理事会

理事会人员构成为：执行理事会成员，曾担任总会长、秘书长或财务主管职务的会员或协会荣誉会员，部门主席，会员大会遴选的 7 名协会会员，加尔各答市政府提名的 1 名会员，《大众科学》期刊主编，印度国家科学院（Indian National Science Academy）理事会提名的印度科学大会协会成员。理事会负责审议执行理事会可能提交的所有政策和业务事项。

理事会的举行方式与执行理事会相同。

3. 会员大会

会员大会由协会所有具有表决权的会员和荣誉会员组成。会员大会年会应在每届会议期间举行。需要三分之一有表决权的成员出席会议，才能达到会议的法定人数标准。会议事务内容：①确认最近一次会议的会议纪要；②宣布大会主席、秘书长、财务主管、执行理事会和理事会成员、部门主席和部门记录员及所有部门委员会成员的选举结果；③宣布印度科学大会协会青年科学家计划的获奖者名单；④宣布大会期间最佳论文获奖者名单；⑤提出有关重点主题的建议；⑥发布年度报告及上一年度经审计的账目报表；⑦任命一名审计师；⑧决定下届会议的地点并宣布其重点主题；⑨经主席允许的其他议案。参会人员采用举手表决的方式作出决定。任何参会会员均可要求投票裁决任何问题，投票必须在会议上进行。如果在大会会期 1 个月之前，负责会员事务的秘书长收到由不少于 200 名有表决权的会员签署的请求，则应召开一次非常规会员大会，以讨论大会会议期间的任何具体事项。

4. 协会任职人员职责

（1）大会主席。每年由理事会根据条例规定从执行理事会成员推选名单中选出大会主席。选举以邮寄投票方式进行，选票应由执行理事会在会员大会之前的会议上进行审查，审查结果在年度会议上向执行理事会、理事会和会员大会报告。大会主席于当年 4 月 1 日就职，次年 3 月 31 日卸任。

大会主席的权力和职责：①在年度会议开幕式上致辞，主持全体大会对重点主题进行审议；②自然成为执行理事会所组成所有委员会的成员，主持执行理事会、理事会、会员大会和法定委员会的会议，审批会议程序。当大会主席缺席时，从出席会员中选出 1 人担任主席；③有权通过 1 名秘书长召集举行执行理事会或理事会的特别会议，并提前 1 周将会议通知送达所有成员；④有权确定协会条例是否生效；⑤在没有明确规定或对规定的解释有疑问的情况下，由大会主席作出解释，暂时以主席裁决为准。

（2）秘书长。两名秘书长分别负责会员事务和科学活动。秘书长由理事会依照协会条例规定，通过邮寄投票从执行理事会推选名单中选出。选举结果应在年会期间的会议上向执行理事会、理事会和会员大会报告。如果秘书长出现临时空缺，执行理事会有权从往届秘书长中任命一名秘书长直到选出正式的现任者并按照规定接任为止。

秘书长的权力和职责：①任期 3 年，且任期终止后的 2 年内不得再次当选同一职务。②自然成为执行理事会所组成的所有委员会成员。③在大会主席批准的情况下，可被授予某些权力和职责，并根据条例处理协会事务。相关事务应在执行理事会的下次会议上报告。④负责记录协会会议进程。⑤保管协会的重要文件和资料。⑥监督协会书籍和其他刊物的交换或销售，并于下次会议向执行理事会报告。⑦在大会年度会议期间，通过协商将部分权力和职责委托给地方秘书。⑧对受薪人员和协会的所有事务进行全面监督，并对任何严重失职或行为不当的受薪人员作罚款或停职处理。停职处理应在 3 个月内提交执行理事会审议。

（3）财务主管。执行理事会根据条例规定的程序，由具有投票权的成员推荐，通过邮寄投票方式选出财务主管。选举结果在年度会议期间向执行理事会、理事会和会员大会报告。如果财务主管出现临时空缺，执行理事会有权从往届财务主管中任命一名财务主管，直至选出正式的现任者并按照规定接任。

财务主管的权力和职责：①任期 3 年，且任期终止后的 2 年内不得再次当选同一职务。②担任财务委员会召集人，也自然成为所有委员会的成员。③与秘书长（会员事务）一起共同代表协会接收所有款项，并为协会使用和持有收到的所有款项，支付协会应付的所有款项，并保存所有此类收入和支出的账目。秘书长（会员事务）缺席时，执行秘书有权共同处理任何会费。执行秘书缺席时，执行理事会有权授权任何其他官员处理该事务。④每年向财务委员会和执行理事会提交所有账目和收支凭单，供其审查，并应审计师的要求将材料提交给审计师。⑤为协会代表政府、任何个人或组织管理的资金设立单独账户。

（4）部门委员会成员。在换届会期间举行的部门会议上，部门成员提名本部门委员会候选人。提名时应采取一定措施，使部门所涵盖学科的各个分支和国内各地理区域都得到体现。部门代表了科学技术的各个学科。上述所有官员都是根据确保科学民主的法律规定，通过无记名投票选举产生的。

3.7.2.3　会员组成

协会会员由普通会员、荣誉会员、会期会员、学生会员、机构会员、终身会员组成。

1. 普通会员

普通会员资质向具有大学本科毕业学历或同等学力、对印度科学进步感兴趣的人士开放。会员应于每年 4 月 1 日缴纳年度会费。未在 7 月 15 日之前将年度会费缴纳至协会办公室的会员，将失去投票权或担任本年度任何协会职位的资格。未能在次年 3 月底前缴纳年度会费的会员，将失去会员资格。新注册的年度会员须缴纳 200 印度卢比的年费、50 印度卢比的入会费；外籍会员须缴纳 70 美元的外国会员费。

2. 荣誉会员

荣誉会员只针对为科学事业、科学发展及关乎人类福祉的科学应用作出宝贵贡献的人士。荣誉会员不超过 25 名，每年由理事会根据执行理事会的建议，以不少于三分之二的多数投票选出不超过 2 名荣誉会员。此类选举情况应向会员大会年会报告。

3. 会期会员

会期会员是仅在换届会期间加入协会的成员，缴纳 200 印度卢比的年费，外国会员年费为 50 美元。

4. 学生会员

在本科和研究生阶段学习的学生可以注册为学生会员，申请需得到校长或系主任的正式认证，同时支付 100 印度卢比的年费。

5. 机构会员

按照协会规定缴纳会费的机构，机构有资格提名一人作为其代表出席印度科学大会年会。机构会员有资格免费获得一份完整的印度科学大会年度会议记录，以及一份协会期刊《大众科学》。注册为机构会员的机构需要每年支付 5000 印度卢比的会费，外籍会员需要缴纳 2500 美元。

6. 终身会员

终身会员是捐赠规定金额的款项并具有会员所需学术资格的人士。终身会员应为协会的个人捐款人。此类会员在有生之年享有会员的所有一般权利和特殊权利。终身会员需要每年一次性支付 2000 印度卢比的年费，外籍会员支付 500 美元。

协会会员享有的权利：①将论文提交给大会组织；②免费获得协会为本届会议发行的常规出版物。有权以优惠价格购买其他定价出版物；③在当年 7 月 15 日前已缴纳会费的前提下，可以申请参与协会任何职位的选举；④荣誉会员享有会员的一般权利和特殊权利，但没有资格担任任何职务；⑤会期成员有权免费获得协会发行出版的常规出版物。会期成员无权投票或担任任何职务，也没有资格参加分会和协会的业务会议；⑥学生会员有权在参加的大会上发表并演示论文，但论文须通过普通会员或荣誉会员提交。学生会员无权投票或担任任何职务，也没有资格参加分会和协会的业务会议。

3.7.2.4　财务情况

协会的主要财政来源为会费、补助金、捐赠和订阅费。其中，会费是协会的主要收入来源。补助金是协会从中央和各邦政府、法人团体、工商组织、大学和其他机构得到的年度资助。协会是印度科技部下属的专业机构，由印度政府资助，其中每年资助范围取决于政府当年的预算计划。捐赠指协会可接受中央和各邦政府、法人团体、工商组织、大学和有兴趣促进科学进步和举办科学大会的个人的捐赠。订阅费是协会通过出版物销售获得的收益，以及每年印度科学大会期间通过论文发表费获得的收入。理事会每年委任1名审计师，核对账簿及核证收支的准确性。每年通过年度报告向会员提供财务详情。

3.7.2.5　主要业务活动

1. 印度科学大会

印度科学大会是印度最大的科技活动之一，每年举行1次。首次大会于1914年1月15—17日在加尔各答亚洲公会的会址举行。来自世界不同地区的105名科学家出席了会议，参会的35篇论文有6个主题——植物学、化学、人种学、地质学、物理学和动物学。印度科学大会第34届年会于1947年1月3—8日在德里举行，外国学会和学术机构代表的计划被纳入科学大会，参会论文从第一次大会的35篇上升到近1000篇。截至2020年，印度科学大会共举办107届。

2. 出版物

协会出版名为《大众科学》的期刊，向对科学、工程或技术感兴趣的每个人传播各科学分支的最新信息。研究论文一般发表在专门针对特定某科技领域的期刊上，只面向特定领域的读者，而不在《大众科学》上发表。《大众科学》发表的是不同科学技术分支最新的发展趋势或者易理解的论述。所有来稿均接受同行评议，由主编决定是否发表。

3. 其他活动

印度科学大会协会在印度各地设有地方分会，其主要目的是在年轻人中传播科学思想。地方分会推动组办各类活动，包括研讨会、教育机构内的特别讲座等，以传播科学技术。

3.7.2.6　学会奖励

自1965年以来，印度科学大会协会向杰出印度科学家颁发了各种类型的奖项。

至 1987 年，所有的奖项、讲座均由捐赠者自愿捐赠或资助。自 1988 年起，协会使用自己的资金颁发百年诞辰纪念奖和其他纪念奖并举办颁奖讲座。在印度科学大会期间，每年有 41 个奖项颁发给各个科技领域的杰出贡献者。最突出的奖项是"科学技术优胜奖"。该奖项获奖名额仅 1 名，授予著名的、享有崇高声誉的科学家，获奖者在促进印度科技进步，尤其是造福人类和社会方面作出突出贡献。获奖者需不超过 65 岁，奖金金额为 10 万印度卢比，颁发荣誉牌匾和证书。

3.7.3 印度天文学学会

印度天文学学会成立于 1972 年，有近 1000 名成员，现已发展成为印度专业天文学家的主要学术组织。学会的目标是在印度推广天文学及相关的科学分支。为实现这一目标，学会设立了行动方略：鼓励天文学和天体物理学各方面的研究；发行出版物（如通报、期刊、时事简报等）；举行科学会议，介绍原著论文、评论讲座等；组织学术会议，在印度教育机构和公众中普及天文学；发起和执行其他活动，进一步推进印度天文学及相关科学的发展。

3.7.3.1 治理结构

1. 执行理事会

执行理事会由 9 名当选成员组成，包括 1 名主席、1 名副主席、1 名秘书、1 名财务主管、5 名理事（其中 1 名为前任主席）和 1 名主席提名的联合秘书。理事会所有成员的任期应为 3 年。主席和副主席不得连任同一职位，所有其他成员在连续任职 2 届后，无资格再次当选同一职位。

执行理事会的权力和职能如下：发起和监督学会履行章程中规定的职能；解释学会的章程大纲、规章制度，在必要时制定条例，以便按照学会的最佳利益和管理目标来规范学会及其分会的业务，其中修订或增补的条例与本会的规章制度具有同等效力；通过订阅、捐赠、礼品等方式为学会筹集或接受资金；为学会的业务做预算并管理支出；以促进学会发展为宗旨和目标，收购、出售、抵押、变更或以其他方式处置或处理学会财产；根据学会规章制度的第一条接纳会员；编制学会的年度账目报表和年度活动报告；必要时任命或罢免预算内人员；任命小组委员会、专门小组等；为特定目的从学会成员中选择执行理事会成员；为执行学会的事务，在有需要时举行理事会会议；安排年度科学会议和规章制度第五条规定的其他会议；选择特许会计师作为审计师审计学会的账目；成立一个理事会的常设财务委员会，以审核学会的账目；为学会的每种出版物任命一名编辑，如有必要，任命一个编委会，同时编辑应对理事会负责；向编辑提供印刷和管理协会出版物所需的资金；与符合本会利益的其他学术团体等建立联系，并决定本学会在该团体的代表；设立奖章、奖品、奖学金等。

2. 提名委员会

该委员会由主席、前任主席和3名当选成员组成，其中1名成员从理事中选出。主席是提名委员会的召集人。提名委员会负责执行理事会成员的提名，任期为3年。在执行委员会选举过程中，秘书应在年度全体大会中的提名委员会选举前至少3个月发出邀请提名的通知。在至少2名正式会员推荐并经被提名人书面同意的情况下，被提名人的姓名才可列入选票。至少在选举到期的年度会议前4个月，提名委员会起草一个提名小组。该小组为下年度的执行理事会候选成员。在获得被提名人的书面同意后，拟议的小组将被列入选票。正式会员将从选票组中选举执行理事会成员。特别地，在小组成员自愿的前提下，其候选资格可由他人代替，但必须在收到选票的截止日期之前将此人的书面同意书送交秘书。

在举行选举的年度会议之前，理事会成员和提名委员会成员通过邮寄方式进行投票选举。主席委任两名选举主任，计票程序必须由两位主任共同执行。在年度全体大会召开前大约2个月，秘书发出选举通知，详细说明接收邮寄选票的时间表等。在选举完成后2周内，秘书向当选的理事会成员和提名委员会成员发出通知。理事会成员和提名委员会成员在接到通知后1个月内以书面形式接受。否则，其职位或会员资格应被视为空缺。在主席死亡或辞职的情况下，副主席接任主席职务，直至下一次正常选举主席为止。理事会和提名委员会的所有其他空缺职位由理事会成员临时填补，直至下一次正常选举为止，理事会有权缩短此期限。在相关年度会议闭幕时，学会为新当选的理事会成员举行任命仪式。如果年度会议在选举后6个月仍未召开，就可在执行理事会会议上进行人员任命变更。

3. 执行理事会各成员的职责

学会主席兼任执行理事会主席，负责主持学会的所有会议。学会主席有权委托给副主席代其执行主席职责。在主席和副主席均缺席的情况下，执行理事会选举1名出席的理事会成员为该次会议的主席。

副主席协助主席处理所有事务。主席不在印度境内或因任何其他原因不能出席会议期间，副主席应代行主席职责。

秘书负责召集学会和理事会的所有会议，并尽可能出席，同时负责会议记录。执行理事会决定行动方案，对学会的工作人员和事务进行全面监督。秘书不在境内或因其他原因缺席期间，联合秘书应代理秘书一职。

财务主管负责学会的所有款项收支，保存学会的所有账目，编制年度账目报表提交理事会和审计师，与秘书协商编制学会年度预算提交理事会，准备违约成员名单并根据规章制度的第四条规定计算应支付学会的费用。在财务主管不在印度境内期间或因其他原因缺席期间，主席授权秘书或联合秘书担任财务主管。

主席、秘书和财务主管可作为理事会的临时委员会成员，处理他们认为不需要提交给整个理事会的次要事项。临时委员会的一切行为在执行理事会下次会议上报告。理事会有权分配具体责任（如印刷或销售出版物）给其他成员。学会出版物的出版责任由相关编辑承担。学会设置了联合编委会，成员由各种出版物的编辑组成。理事会任命联合编委会的 1 名成员担任联合编委会主席。

原则上，印度天文学学会每年召开两类全体大会，分别是年度大会和特别会议。全体大会的法定人数应为正式成员总人数的四分之一或 15 人，以其中较少者为准。如未达到法定人数，则延期举办会议。延期会议不得早于会议延期当天的次日召开，会议通知于延期时发出。应在每次全体大会前提前准备并发放议程。年度大会一般在每个日历年年末举行，大会处理事宜通常为：选举理事会主席团成员和其他成员，并选举提名委员会成员；批准前一年支出报表并通过下一年预算；批准学会活动报告；任命审计员；处理成员和理事会提出的其他事务。

如果无法举行年度全体大会，上述事宜应在每年 11 月底前通过信件完成。由主席任命的选举官员完成计票工作。学会允许召开特别全体大会，召开条件是至少 6 名理事会成员提出要求或者不少于 20 名正式成员签署关于学会特殊事务的请求。会议召开之前需要提前发放通知。特别全体大会的议程不允许包括特殊事务以外的任何其他事项。学会至少每 2 年举行一次科学大会，必要时可增加频次。科学大会的内容应重点包括：介绍原创研究论文；举行回顾性讲座及探讨其他科学问题。

执行理事会每年至少召开 1 次会议。理事会会议的法定人数为 5 人，人员构成均为理事会成员。如未达到法定人数，延期举办会议，在延期会议（未规定法定人数）上处理相关事务，或由出席会议的成员通过信件决定。与学会有关的所有会议必须遵循常规会议程序。

3.7.3.2 会员组成

1. 正式会员、终身会员

任何人都有资格成为学会的正式会员或终身会员，只要他在天文学或相关科学分支的某个学科有相关论文成果。但正式会员、终身会员的申请必须得到 2 名正式会员或终身会员的支持。正式会员、终身会员有权出席学会全体会议并投票，并有资格担任由选举产生的职务。

2. 准会员

只要会员申请得到 2 名正式会员或终身会员的支持，任何对天文学感兴趣但没有资格成为终身会员的人都可被接纳为准会员。准会员可出席全体大会，但无权投票或担任由选举产生的职务。

3. 学生会员

任何学习天文学或相关科学分支的人均可被接纳为学生会员，直到其有资格成为正式会员或终身会员，或年龄超过 26 岁。学生会员的申请由 2 名正式会员或终身会员支持。学生会员无权参加全体大会的业务会议，也无权投票或担任由选举产生的职务。

4. 机构会员

天文台、研究机构、教育机构及与天文学或相关科学分支相关的商业或工业组织有资格被接纳为机构会员。机构会员有权派 1 名代表出席大会，但无权投票或担任由选举产生的职务。

5. 捐赠会员

任何人士向学会捐赠一笔由理事会明确规定的款项，均可接纳为捐赠会员。此类会员应享有正式会员和终身会员除投票权和担任由选举产生的职务的权利外的所有特权。

6. 荣誉会士

在不少于 5 名正式会员或终身会员提名，通过理事会选举的条件下，杰出的天文学家可成为荣誉会士，享有正式会员和终身会员的所有特权，无须支付任何会费。每年仅能选举 1 名荣誉会士，学会荣誉会士的总人数不得超过 10 名。

3.7.3.3　财务情况

学会的财政来源为会费、订阅费和机构或个人的捐赠。其中，入会费和订阅费的详细情况如表 3-1 所示。

表 3-1　各类会员的入会费和订阅费标准

会员种类	入会费	订阅费
正式会员	10 印度卢比	15 印度卢比 / 年（终身会员一次付清 300 印度卢比）
准会员	10 印度卢比	15 印度卢比 / 年
学生会员	10 印度卢比	15 印度卢比 / 年

会员种类	入会费	订阅费
机构会员	10 印度卢比	最低 200 印度卢比／年
捐助会员	一次性支付 500 印度卢比以上	无

财务主管有权保留一笔合理的小额现金，以便应对日常开支。但财务主管代表学会收到的大部分款项须以学会名义存入指定的国有银行的账户。所有银行账户由财务主管与秘书或主席共同管理。执行理事会有权不定时授权 1 名或多名学会会员为特定目的（例如为了学会的每一份刊物）单独或共同管理学会的附属账目。在这种情况下，根据具体的资金情况，财务主管将特定活动的预算金额转入各自的附属账户。理事会任命的管理人员有权为各附属账户的负责人支付不超过预算规定的款项。在每个财政年度结束时，管理人员向财务主管提交其附属账户的凭证和收支表，纳入学会的年度账目报表。特殊情况下，执行理事会可将秘书的支付权力委托给联合秘书或财务主管以外的任何其他执行理事会成员，并授权其与财务主管共同管理学会的账目。学会的账目及收支凭单，按理事会预定的时间间隔，接受理事会常设财务委员会的审查，并接受年度审计。

会计年度报表经专业审计后，附在学会报告中，包含所有收到的捐款、捐赠会员和其他会员的入会费及理事会分配的任何其他款项构成的储备基金。一般来说，仅利息可用于学会的一般开支，但这条规则不适用于为特定目的而获得的捐赠。所有证券和款项均属于学会的财产，需要存放在印度的国有银行保管。学会资金用于实现学会的目标，任何部分不得直接或间接支付或转给任何会员。主席有权批准支付差旅补助金，批准对象包括理事会成员、提名委员会成员和理事会为出席有关机构的会议而成立的小组委员会成员，还可向学会会员提供差旅费资助，以及用于参加学会的科学会议和在会上提交论文的费用。

3.7.3.4 主要业务活动

1. 出版

自 2017 年 12 月起，印度天文学会（Astronomical Society of India）和印度科学院（IAS）联合出版《天体物理学和天文学期刊》，这是与施普林格·自然出版集团合作的第一份联合出版物。该期刊刊登天文学方面的原创研究论文，涵盖仪器仪表、天体物理学和宇宙学等学科。此外，天文学热门领域的评论文章也可发表。

2. 教育和培训

印度天文学会的公众宣传委员会负责天文学相关领域的教育和培训。以下是学会开展的各类公众活动：①安排天文学和天体物理学讲座，激发公众对天文学的兴趣，增进对天文学的认识和理解；②编撰可在公共领域共享的资源材料，并针对学会目标开展活动；③与研究和教育机构及印度全国各地从事天文学科普教育的团体和个人建立网络协作关系，努力将天文学课程纳入大学课程；④与世界其他天文学会保持联系；⑤收集天文资料，如书籍、幻灯片、电影、期刊等。通过收取象征性费用，学会将资料提供给感兴趣的各方进行研究，并利用展览等方式向公众展示；⑥鼓励印度天文学家之间的协调研究方案，以及印度天文机构和大学研究人员之间的交流；⑦发起和执行任何其他活动和职能，以进一步推进印度天文学及相关科学的发展。

3.7.3.5　学会奖励

以下是印度天文学会每年颁发的奖项。

1. 瓦伊努·巴普教授（Professor Manali Kallat Vainu Bappu）金奖

为纪念瓦伊努·巴普教授，印度天文学会设立了一个基金，旨在推广天文学和天体物理学知识，表彰世界各地的青年科学家在天文学或天体物理学领域作出的贡献。青年科学家通常指不超过 35 岁的研究人员。

2. 青年天文学家奖

该奖项由印度天文学会设立，旨在激励印度青年科学家在天文学或天体物理学领域作出杰出研究贡献，并将研究成果发表于《印度天文学会公报》。

3. 新发现奖

为表彰和认可印度天文学家的成就，印度天文学会设立该奖项以奖励发现彗星、小行星、新星、超新星和任何其他天体的人士。奖项由奖金、奖牌和奖状组成。获奖条件是：新发现应由印度国民在印度境内作出；该发现的证据和真实性应由申奖者提供和保证。奖项没有年龄限制。

4. 奥克大法官（Justice Oak）天文学杰出论文奖

为鼓励优秀的印度研究生追求卓越，印度天文学会为提交杰出天文学博士论文的印度学生授予奥克大法官奖。具有该奖项提名权的人包括从事天文学、天体物理学、行星科学和相关领域研究的高级科学家、研究所或天文台主任或负责人。论文应在获奖前一年正式提交。奖项为书籍和一枚奖章。

5. 印度天文学会祖宾·肯巴维（Zubin Kembhavi）奖

印度天文学会设立了由阿吉特·肯巴维（Ajit Kembhavi）和阿莎·肯巴维

（Asha Kembhavi）资助的祖宾·肯巴维奖，旨在促进天文学及相关领域的观测和仪表化工作，以及天文学和相关领域的公众宣传和科普教育。该奖项主要颁发给在印度完成工作的对其所涉领域作出卓越且重要贡献的人士或团体，候选人由资深科学家、学者、研究所或天文台主任及大学副校长提名。奖项没有年龄限制。每隔一年颁发一次，设有奖金。学会还将邀请获奖者或团体获奖者代表在学会年会上发表专题演讲。

3.7.4　印度航空学会

印度航空学会成立于 1948 年 12 月 27 日，旨在促进航空和航天科学技术的进步和知识传播。印度独立后的第一任总理贾瓦哈拉尔·尼赫鲁（Pandit Jawaharlal Nehru）是学会第一任首席赞助人。多年来，该学会已发展成为印度航空航天领域的主要专业学会。它在印度所有重要的航空中心有 16 个分支机构，即阿格拉、班加罗尔、加尔各答、昌迪加尔、钦奈、果阿邦、海得拉巴、坎普尔、柯钦、孟买、纳西克、那格浦尔、浦那、新德里、苏纳贝达和蒂鲁文南特布勒姆。该学会在班加罗尔设有期刊部和设计中心部，并且拥有 9000 多名会员。会员主要为印度的航空机构和教育机构人员。学会有来自各邦政府和国际部门的 56 个法人会员。法人会员的资金支持和积极参与使它不断发展壮大。

3.7.4.1　治理结构

学会由理事会管理，理事会由主席、主席当选人、7 名副主席、荣誉秘书长、名誉财务主管和 15 名会员组成，其中 12 人通过选举产生，另外 3 人经提名产生，代表特殊利益。每年在年度大会上选举产生理事会成员。理事会在 7 个委员会的专家支持下管理学会的事务，这 7 个委员会是：学术委员会、奖励委员会、建筑委员会、编辑和期刊委员会、评分委员会、规则委员会和常务委员会。这些专门委员会负责指导和规划学会的活动。

印度航空学会全体成员在特定地点举行年度全体大会。大会上详细讨论与政策、治理和财务相关的所有事宜，并通过投票程序作出相关决定。在全体大会上选举产生学会各类官员。

3.7.4.2　会员组成

学会为会员提供平台，会员可与航空航天科学领域的专业人士会面并讨论共同感兴趣的问题。为了促进航空航天科学发展并提高航空领域的民众认知度，学会提供免费参加自己组织的研讨会、讲习班和会议的机会。学会出版季刊，发表航空科学各方面的研究和技术论文。学会会员资格分为6类：会士、荣誉会士、会员、准会员、研究生会员、学生会员。会员权益：①每个会员有权得到一本期刊。学会每月出版社团资讯，并免费分发给会员；②学会每年向会员颁发若干奖项，表彰会员在航空航天领域基础和应用研究方面的杰出贡献；③学会每年会举办征文比赛，以表彰和鼓励年轻科学家、工程师和学生会员；④学会在德里总部及其分支机构提供图书馆设施，为有资格的学生会员提供财政援助并组织在职培训；⑤会员有权参加联盟机构组织的研讨会、讲习班，并享受优惠报名费；⑥除学生会员外，其他类别的会员都有权在学会的所有会议上投票。

3.7.4.3 财务情况

学会的主要资金来源包括会费、补助金、捐赠和订阅费。其中，会费是学会的主要资金来源。补助金指学会从中央和各邦政府、法人团体、工商组织、大学等法人会员得到的年度资助。捐赠指学会接受中央和各邦政府、法人团体、工商组织、大学和有兴趣促进航空科学进步的个人的捐赠。订阅费是指学会出版物的订阅费或销售收入，也包括研讨会和专题讨论会期间通过会议注册费获得的收入。学会每年委任一名审计师，检查账簿及查证收支的准确性，并通过年度报告向会士提供财务详情。

3.7.4.4 主要业务活动

1. 学生论坛

作为特定学科的专业团体，印度航空学会设立了一个非常出色的学生论坛以激发学生的兴趣，并鼓励他们在航空学相关领域进行研究。该学会为其地方分支机构的学生举办国家级竞赛、研讨会和问答节目。这是针对学生群体的一个平台。

2. 考试

1953年12月，印度航空学会开始举办准会员考试。自1959年以来，通过准会员资格考试的人员可得到教育部的认可，相当于航空工程学位。如果学生在考试中表现优异，可获现金奖。

3. 出版物

《航天科学技术》是印度航空学会在班加罗尔出版的一份国际季刊，在每年的2月、5月、8月和11月发行。期刊的目标和内容范围与印度航空学会的宗旨一致，都是促进航空科学和飞机工程、航空航天科学和技术的进步和知识传播，以及航空航天专业水平的提升。刊登文献可以是特邀论文、全文论文、技术笔记、评论论文、学生论文、产品评论和书评。期刊征求科学家、学者、技术专家、执业专业人员和其他直接或间接参与促进航空航天科学和技术事业的人的意见，主题包括空气动力学、适航性、航空电子设备和系统、结构、计算流体动力学、热传递、材料、推进、空间和运载火箭、飞行模拟、制导飞行、动力飞行、无人驾驶飞行器研究，以及与航空航天相关的管理研究、系统工程、飞行试验、飞行操作和维护、飞行控制、旋翼飞行器、测试和评估程序、地面处理过程设备认证、政策事项等。该期刊由编委会成员管理，在国际上享有盛誉。

3.7.4.5　学会奖励

学会鼓励和促进印度作者撰写航空航天科学方面的书籍。为这些书籍的写作、出版和营销提供充足的财政支持。同时，每年举办征文比赛，鼓励学生、工程师和科学家参加比赛，并为优胜者颁发奖项。另外，学会每年还为在航空航天领域基础应用研究方面作出突出贡献的个人或团队颁发声望很高的奖项。

附录 3.1　社团章程大纲（MOA）模板

＿＿＿＿章程

1. 社团名称

社团名称为＿＿＿＿，根据 1860 年《社团登记法》及相应规则进行注册。

2. 社团注册办事处

社团的注册办事处位于＿＿＿＿＿＿＿＿＿＿＿＿＿＿＿＿＿＿＿＿＿＿。

3. 社团业务范围

社团的业务范围＿＿＿＿＿＿＿＿＿＿＿＿＿＿＿＿＿＿＿＿＿＿＿＿。

4. 社团的目标和宗旨

社团的目标和宗旨为＿＿＿＿＿＿＿＿＿＿＿＿＿＿＿＿＿＿＿＿＿＿。

5. 理事会（至少7人）

根据 1860 年《社团登记法》第 2 节的要求，受托管理社团事务的第一个理事会成员的姓名、地址、职业和职务，适用于＿＿＿＿＿＿＿（附表 1）。

附表 1　理事会成员名单

序号	姓名	父亲 / 丈夫姓名	地址	职务	职业
1				主席	

续表

序号	姓名	父亲 / 丈夫姓名	地址	职务	职业
2				副主席	
3				秘书长 / 秘书	
4				联合秘书经理	
5				经理	
6				财务主管	
7				执行委员	
8				执行委员	
9				执行委员	
10				成员	

6. 意向

我们（即下述签署人）根据 1860 年《社团登记法》有意成立一个社团，即_____，适用于_____，根据该法制定本协会组织大纲。

7. 一般成员名单（附表 2）

附表 2　一般成员名单

序号	姓名	父亲 / 丈夫姓名	地址	职务
1				
2				
3				
4				

附录 3.2 社团规章制度模板

_____规章制度

1. 社团名称：

2. 社团地址：

3. 业务范围：

4. 会员分类

社团应有_____种会员。

（1）终身会员

对本社团目标有信心并热心为之奋斗者，支付_____，成为社团终身订阅者，即成为社团终身会员。

（2）普通会员

任何对本社团工作目标有信心的人，至少经社团两位会员推荐并每年支付_____，即成为普通会员。

5. 会员资格的终止

（1）如会员未按季度缴纳会费，则该年度的普通会员资格应终止。

（2）如会员作出任何有损社会利益或社团利益的行为，理事会可暂停其会员资格。

（3）根据理事会三分之二多数的建议，被暂停资格的会员可被开除出社团一段时间。

（4）会员可向主席提交退出申请，撤回其会员资格。

（5）会员去世时，其会员资格即告终止。

（6）当会员被宣布无力偿债或精神失常时，其会员资格即告终止。

（7）当会员受到法院根据《印度刑法典》的处罚时，其会员资格即告终止。

（8）会员无正当理由连续 3 次未出席会议，其会员资格即告终止。

6. 社团组成

（1）一般团体

（2）理事会（一般叫执行理事会）

7. 一般团体

（1）一般团体由终身会员和普通会员组成。

（2）全体大会：

①一般在财政年度结束后的两个月内举行，至少每年举行一次；主席确定会议的日期、地点和时间；

②全体大会应审议理事会可能向其提出的事项，并审查社团的工作。

（3）全体大会信息：

①理事会会议的通知期至少为 15 天；只有召开全体大会的特别会议时，通知期可为 7 天；

②所有会议记录将以手写文件、电子邮件或挂号信的形式发送。

（4）年度全体大会每年召开一次；理事会三分之二的成员决定日期、地点和时间。

（5）法定人数：

①全体大会的法定人数为全体成员的三分之二；

②延期会议可在两小时后同一地点举行，不再需要法定人数。

（6）一般团体的职责和权利：

①所有会员均有权收到所有年度和特别全体大会的通知；

②全部会员有权在整个年度和特别全体大会上投票；

③一般团体有权根据为修订本社团章程、规章和目标而制定的规章制度，不时修改规章制度和社团目标。

①一般团体有权制定有关社团工作的细则；

②仅一般团体有权以三分之二的多数废除、修订和修改本规章制度细则。

③一般团体须委任社团的一名或多名审计员，以审计其账目并就此做报告；社团的年度行动计划将提交理事会和一般团体讨论。

8. 理事会

（1）理事会由根据社团章程选举产生的成员组成；可按三分之二以上多数成员的要求扩大理事会。

（2）会议：通常情况下，理事会一年举行两次会议；但如有需要，可随时召开特别会议。

（3）通知 / 信息：

①理事会会议的书面通知至少提前 9 天通过专人、电子邮件或挂号信发送给会员；

②在特殊情况下，主席可召开紧急 / 特别会议，在这种情况下，通知期仅为 24 小时。

（4）法定人数：理事会会议的法定人数为其成员总数的三分之二。

（5）填补人数空缺：

①临时空缺由三分之二以上多数理事会成员通过的决定填补；

②理事会剩余成员的任期等于空缺职位的任职人任期；

③填补空缺的成员任期应为造成空缺的成员的任期。

（6）理事会的职责和权力：

①理事会应负责有效地实现本社团的目标和宗旨，并使社团顺利运转；理事会应有可随时自行决定任命／吸收成员加入组织的权力。

②理事会有权代表主席作出一切有利于社团或合宜的合法行为、行动及事情。

③除在指导、控制和管理社团及其事务方面的一般权力外，理事会尤其应具有以下权力：

a）社团非营利组织，其所有收入、动产或不动产应仅用于促进其既定的目标和宗旨。

b）支付社团组建和实现其目标所发生的一切费用。

c）聘用雇员或荣誉工作者，确定他们的服务条件，并在需要时对他们采取适当的纪律处分。

d）理事会或分理事会有权正式决议给出上述程序、决议及作为。

e）理事会可免去其任何成员，并修改或变更任何法案、程序和决议。

f）制定规则或条例，以使本社团能妥善而有效率地运作，管理其不同活动、部门和部门业务，并开展社团业务。

g）理事会可将全部或任何权力转授分理事会；理事会将在内部填补临时空缺。

h）为社团购买资产；必要时以社团名义登记资产；资产由主席控制。

i）通过请求、公开募捐、呼吁和接受来自国家或中央政府个人，以及慈善机构、宗教团体、大型机构、地方机构和企业的捐款来筹集资金，并接受为实现社团的目标和宗旨而以动产或不动产形式提供的特别捐赠物。

j）建立和开设社团分支机构／姐妹社团，并对其进行控制；接受作为社团捐赠的固定资产和非固定资产，并对其进行监管，确保其安全。

k）通过政府／非政府／慈善机构的捐赠筹集资金，如各委员会、教育部、人力资源部，国家和国际金融机构等，以实现社团目标。

（7）任期：理事会任期为_____年。

9. 理事会办公人员的权力和职责

（1）主席：主持理事会会议和社团的其他正式活动；决定、更改、延期会议并通知成员；如理事会成员之间有意见分歧，主席可使用自由裁量权；担任社团的首席执行官；主席是社团的联络官，负责协调政府、非政府组织和其他私人团体，执行社团的决定；主席有权为社团利益做决定应付紧急情况，并应将其决定通知理事会；对于规定不明确的地方，主席可制定规则并为社团利益作出决定；代表社团准备文件；允许通过会员资格；编制上一年度的活动进度、账目支出及年度预算的年度报告，并提交至理事会；签署批注社团的单据、凭单、借项单、贷方票据、支票及其他文件，如投标书、报价单、费用、采购等；行使提款权和支付权；批准工资、薪水、旅行、出差等事项；经理事会成员同意，聘用、终止、解雇、停职或处罚雇员 / 职员；负责为社团筹集资金；负责社团的一切财务事宜；负责社团所有文件、印章等的安全保管；管理社团资产；监督社团办事处和社团分支机构；接受政府、非政府组织、国际机构、银行和任何其他法律实体或个人的资金和非资金援助；从在印度联邦当地或国外的政府、中央或半政府机构、大型机构、地方机构或企业募集各种捐赠，使其成为社团可用资金的一部分；建造、更改、维护、出售、租赁、按揭、转让、改善、发展、管理及控制为实现社团目标和宗旨所必需或提供便利的社团全部或任何部分建筑物。

（2）副主席：社团主席缺席时，副主席享有主席的一切权力。

（3）秘书长：秘书长须就与社团的妥善管理及维持有关的一切日常活动向理事会负责，如有需要或被要求时，召开理事会和全体会议；编制会员登记册和会议记录册，为理事会会议、全体会议或紧急会议做会议记录，并由出席会议的成员正式签署；处理行政及其他事务，处理所有信件；召集和出席全体会议和理事会会议；执行会议的指示和决定；收取社团的所有款项，并通过财务主管确保与社团有关的所有财务往来均备存妥善的账目；管理员工，必要时给予纪律处分；在理事会的指导下编制年度报告和会计报表；履行秘书职务附带的所有职责；应保留预付现金_____，以支付杂费。

（4）秘书或经理：在秘书长缺席时，社团秘书享有其一切权力。

（5）财务主管：保管社团的一切资产及资金；备存其代表社团收取和支付的所有款项的账目及凭单；按照理事会的指示拨付款项；通常持有不超过_____的现金结余（或由理事会不时厘定的款额）以应付与社团有关的紧急需要；超过上述数额（或理事会所定数额）的现金，须存入理事会选定的银行。

10. 规章制度的修改

社团理事会如认为宜更改、扩展或删减社团的目标或其他规章制度，理事会应至少在全体大会特别会议召开 15 天前，以书面形式向所有社团成员提交拟议修正案。

11. 银行账户

社团的一切资金应以社团的名义由理事会授权国有银行或管理委员会授权的银行进行保管。该账户须由主席及秘书长共同管理。

12. 审计和账目

每个财政年度（4月1日至下一年3月31日）的账目须由理事会专门委任的合格审计师审计，审计年度的资产负债表及收支账目须在理事会年会前通过理事会列明。

13. 法律程序

社团主席或取得主席授权的人，或由社团委任的其他人，将代表主席进行一切法律程序。

14. 记录的保存

主席应安排保存适当的记录，如会员登记记录、会议记录、现金簿和分类账、股票账簿等。

15. 解散

可根据1860年《社团登记法》第13号和第14号法案解散社团及处理其财产。

附录 3.3　2018－2019 年印度科学大会协会年会审计报告及财务收入支出截图

A.V.S.S.& Associates
Chartered Accountants
Branch Office: Peddar Court, 18 Rabindra Sarani, Gate no 1, 5th Floor Room No. 542 Kolkata 700001
Head Office:MSAV-03,Phase-1, Bengal Housing Complex, City Centre, Durgapur-713216

Other Branches: Kolkata, Mumbai
Contact: Dial: +91 8420868317
Fax: +9134-32545664, 033-40719053
Email: rohitashguptadgpit@gmail.com
GSTN: 19AAWFA8053B1Z8

Independent Auditors Report

To the members of Indian Science Congress Association

Report on the Financial Statements:

We have audited the accompanying stand alone financial statements of Indian Science Congress Association which comprises of the Balance Sheet and the Endowment Fund thereof as on 31st March, 2019 and the Income & Expenditure Account of Grants (Plan & Non-Plan) and Endowment Fund and also the Receipts and Payments Account for the year ended on that date annexed thereto and a summary of the significant accounting policies and other explanatory information.

Management's Responsibility for the financial statements:

The Association's management is responsible for the preparation of these stand alone financial statements that give a true and fair view of the financial position, financial performance and closing cash/bank balances of the Association in accordance with the Accounting Standards and in accordance with the accounting principles generally accepted in India. This responsibility also includes the maintenance of adequate accounting records in accordance with the law for safeguarding the assets of the Association and for preventing and detecting frauds and other irregularities, selection and application of appropriate accounting policies, making judgments and estimates that are reasonable and prudent, and design, implementation and maintenance of internal financial controls that were operating effectively, for ensuring the accuracy and completeness of the accounting records relevant to the preparation and presentation of the financial statements that give a true and fair view and are free from material misstatement, whether due to fraud or error.

Auditors Responsibility:

Our responsibility is to express an opinion on these stand alone financial statements based on our audit. We conducted our audit in accordance with the Standards on Auditing issued by the Institute of Chartered Accountants of India. These standards require that we comply with the ethical requirements and plan and perform the audit to obtain reasonable assurance about whether the stand alone financial statements are free from material misstatement.

An audit involves performing procedures to obtain audit evidence about the amounts and the disclosures in the stand alone financial statements. The procedures selected depend on the

auditor's judgment, including the assessment of the risks of material misstatements of the financial statements, whether due to fraud or error. In making those risks assessment, the auditor considers internal control relevant to the Association's preparations and fair presentation of the financial statements in order to design audit procedures that are appropriate to the circumstances. An audit also includes evaluating the appropriateness of the accounting policies used and the reasonable of the accounting estimates made by the management, as well as, evaluating the overall presentation of the financial statements. We believe that the audit evidence we have obtained is sufficient and appropriate to provide a basis for our audit opinion.

Basis of Qualification:

1) Grant received from Government during the year is booked in accordance with AS-12. Reconciliation for the same grants has been made available but no reconciliation for difference between total assets account and non recurring fund grant could be made available.

2) Liabilities as per books of account in respect of Leave encashment and Gratuity are in excess of liabilities calculated as per actuarial valuation. Further Liabilities as per books of account in respect of Pension is in less than liabilities calculated as per actuarial valuation. (refer to note-18(1,2,3))

3) Interest on Term Deposit credited by bank are net of tax deducted at source. Interest on various funds have been taken at net of tax which should have been at gross value. The total income tax deducted at source from interest on different funds are given below-

a) FY- 2018-19 Rs 8,65,769.00 (including TDS on FD of Endowment Fund- Rs- 1,16,075.00)

b) FY-2017-18 Rs. 9,51,651.00

c) FY-2016-17 Rs. 10,11,501.00

These have not been accounted for resulting in understatement of fund and investment value by Rs. 8,65,769.00 (refer to note no 10 to the Notes to Accounts) for current year and Rs. 9,51,651.00 for 2017-18.

Further non accounting of Income Tax deducted at source Rs. 8,65,769.00 will amount to loss to the Association, since this is not shown as advance income tax in the books of accounts.

4) Contingent liability of Rs. 32,40,302 for income tax demand under dispute/appeal for AY 2012-13 have been disclosed refer note no 11 to the

Notes to Accounts. However, Current Status of the same could not be made available to us. Further liability (Demand) of Rs 19450.00 in standing in traces (tds). (Refer to Note – 18(9))

5) Amount sent to various chapters during 2017-18 total Rs 83,37,607.00 for various purposes were charged off without any relation to the nature of expenses and the actual expenses incurred. Out of 26 chapters 9 chapters have not sent utilization certificates amounting to Rs. 41,15,000.00. Further Chapters have sent utilization certificate of Rs. 7,07,515.00 of earlier years. (refer to note 18 (12))

6) The association maintains various fund for different purposes. It is observed that in cases of building fund and Pension fund, the fund balance does not match with the investment value for which no reconciliation is found to have been done.

7) Building Fund which was created long back is being carried forward without any action or transaction.

8) An amount of Rs 19,67,350 was received in the month of July,2017 along with the application for membership is still lying in Membership Application Account as on the date of audit (refer to note no 18(10))

9) The following advances are lying unadjusted for a long time:

2009-10	Publication information Centre	Rs. 1,500.00
2012-13	Ramakrishna Mission Institute	Rs. 8,300.00
2014-15	Govt of India (MINT)	Rs. 1,450.00
2014-15	Prof W.D. West memo Award fund	Rs. 1,000.00

10) Inventories consist of Rs. 47,485.52 of damaged stock valued at cost in the year 2017-18 but the actual value of it is low. So it is recommended to write the damaged stock off to give it fair market value. Further inventories include a claim of Rs. 69,639.87.00 against a publisher M/s Seva Mudran.

Endowment Fund

1) Interest on Term Deposits of Endowment Fund has been accounted for on receipt basis and not on accrual basis.

2) Huge loss of Interest incurred from Endowment Fund as substantial part of it is kept in the savings account instead of Term Deposit with the bank. Out of total balance of Rs. 2,99,96,931.54 in Endowment Fund as on 31/03/2019, Rs. 1,77,54,955.00 is kept in Term Deposit and balance Rs. 1,22,41,976.54 is in savings account. The expenditure (award) in the financial year 2018-19 is 5,89,753.75 and in 2017-18 is Rs. 3,91,615. The reasons for keeping such huge balance in savings account could not be explained.

Our opinion has been modified in these matters.

Opinion

In our opinion and to the best of our information and according to the explanations given to us, financial statements, except for the possible effects stated on the basis of qualification, give the information required by the law in the manner so required and give a true and fair view in conformity with the accounting principles generally accepted in India;

a) In the case of Balance Sheet of the state of affairs of the association as at 31st March, 2019;

b) In the case of Income and Expenditure Account, of the surplus for the year ended on 31st March, 2019;

c) In the case of Receipts and Payments Account, of the actual receipts and payments for the year ended on 31st March, 2019 and of the closing cash/Bank balances as on 31st March, 2019.

Report on Other Legal and Regulatory Requirements:

We report that:

i) We have sought and obtained all the information and explanations which to the best of our knowledge and belief were necessary for the purpose of our audit;

ii) In our opinion, proper books of accounts as required by law have been kept by the Association so far as appears from the examination of those books;

iii) The Balance Sheet, Income and Expenditure Account and the Receipts and Payments Account dealt with by this report are in agreement with the books of accounts;

iv) In our opinion the aforesaid financial statement comply with the Accounting Standards issued by ICAI, wherever applicable, except

for Liabilities on Pension, Gratuity and Leave Encashment (AS-15) and Depreciation of Fixed Assets and its written down value (AS-10);

v) With respect to the matters to be included in the Auditor's Report, in our opinion and to the best of our information and according to the explanations given to us;

i. Association has disclosed the impact of pending litigation on its financial position Note10 under Notes to account.

ii. Association did not have any long term contracts including derivative contracts.

iii. There were no amounts which were required to be transferred to the Investor Education and Protection Fund by the Association.

For AVSS & Associates,
Chartered Accountants
FRN:327456E

ACA Avijit Singh
Partner,
Membership No. 306958

Place: Kolkata
Date: 31/07/2019

THE INDIAN SCIENCE CONGRESS ASSOCIATION
14, DR. BIRESH GUHA STREET,KOLKATA 700 017
Receipts and Payments Account as on 31st March,2019

RECEIPTS Particulars	Non - Plan Rs	Plan Rs	Total Rs	PAYMENTS Particulars	Non - Plan Rs	Plan Rs	Total Rs
Opening Cash & Bank Balances :				Establishment	2,11,12,129.00	4,59,032.00	2,15,71,161.00
Cash- in- hand	-	-	2,000.00	Contribution to New Pension Scheme Fund	6,54,632.00	-	6,54,632.00
Cash at Bank : State Bank of India	-	-	2,49,10,852.60	Contribution to Staff Pension Fund	45,21,692.00	-	45,21,692.00
: SBI A/c Executive Secretary	-	-	50,000.00	Electricity Charges	-	5,69,018.00	5,69,018.00
: Central Bank of India	-	-	29,61,601.66	Telephone Charges	1,60,452.10	-	1,60,452.10
: Cheques in Hand	-	-	46,263.00				
Membership Subscription (All categories)	38,42,360.00	-	38,42,360.00	Transport Expenses	63,811.00	-	63,811.00
Admission Fees	2,34,200.00	-	2,34,200.00	Municipal Taxes	888.00	-	888.00
Life Membership Subscription	39,52,000.00	-	39,52,000.00	Prepaid Upgrd. & Invro. Of Existing Facilities	10,216.00	-	10,216.00
Postage	-	50,691.00	50,691.00	Security Guard Expenses	14,95,144.00	-	14,95,144.00
Government Grant	-	4,59,73,000.00	4,59,73,000.00	Cleaning & Building Maintenance	4,81,142.00	-	4,81,142.00
Sale of Publications	-	-	-	Leave Travel Concession	1,69,167.00	-	1,69,167.00
Sale of Tender Paper	-	-	-	Insurance	16,027.00	-	16,027.00
Journal Subscription (Non Members)	-	26,750.00	26,750.00	Guest House Expenses	45,840.00	-	45,840.00
Misc Income	7,68,284.34	-	7,68,284.34	Advertisement	-	85,813.00	85,813.00
Advance Realised :	-	-	-	Post. & Stn. For Sec. Pres. & Convenors	-	1,39,911.00	1,39,911.00
General	-	-	41,200.00	Upgrd. & Invro. Of Existing Facilities	-	3,71,412.00	3,71,412.00
Grant receivable in last year	-	-	-	General Printing	-	39,23,917.30	39,23,917.30
Guest House Lodging Charges	34,100.00	-	34,100.00	Sessional Publications	-	6,92,537.50	6,92,537.50
Journal Advertisement	-	-	-	Publication of Proceedings	-	6,92,137.50	6,92,137.50
Reimb of Service Chgs for ISCA Lecture Hall	96,900.00	-	96,900.00	Publication of Journal	-	36,36,665.00	36,36,665.00
Subscription of Journal	-	2,900.00	2,900.00	Re-imbursement of Children Edu Allow	1,87,853.00	-	1,87,853.00
Ad-Hoc Bonus	-	5,757.00	5,757.00	Stationery Expenses	-	2,30,850.00	2,30,850.00
Deposit	1,91,090.00	-	1,91,090.00	Postage	-	48,23,856.00	48,23,856.00
				Contingency	-	1,60,741.00	1,60,741.00
	-	-	-	Travelling Expenses	-	55,23,022.52	55,23,022.52
				Printing Paper	-	26,808.00	26,808.00
	-	-	-	ISCA Chapters	-	45,79,607.00	45,79,607.00
				Expenses for Organising Seminars, Symposia	-	39,40,000.00	39,40,000.00
				Expenses for Official Languages	-	53,445.00	53,445.00
				Prepaid expenses	62,686.00	-	62,686.00
				Plan Cost of gold	-	6,15,700.00	6,15,700.00
				Advance :			
				-General	30,77,252.00	-	30,77,252.00
				-Deposit	3,02,826.00	-	3,02,826.00
				Honorarium to ISCA Platinum Jubilee Lecturers	-	1,20,000.00	1,20,000.00
				Repair & Renovation of Building	-	6,13,117.80	6,13,117.80
				Poster Presentation Awards	-	85,000.00	85,000.00

Receipts and Payments Account as on 31st March,2019

RECEIPTS Particulars	Non - Plan Rs	Plan Rs	Total Rs	PAYMENTS Particulars	Non - Plan Rs	Plan Rs	Total Rs
				Screening and Evaluation of Paper	-	85,000.00	85,000.00
				Legal Expenses	-	1,20,204.00	1,20,204.00
				Young Scientists Awards	-	3,50,000.00	3,50,000.00
				Young Scientists Travelling Expenses	-	1,68,781.00	1,68,781.00
				Young Scientists Contingency	-	10,500.00	10,500.00
				Sitting Fee	-	11,40,100.00	11,40,100.00
				Sessional Expenses	-	9,478.00	9,478.00
				Operation & Maintenance of A.C Plant	1,10,330.00	-	1,10,330.00
				Transfer to Life Membership Subscription Fund	-	64,88,286.00	64,88,286.00
				Outstanding Liabilities	35,907.00	24,03,608.00	24,39,515.00
				ISCA office Car	31,907.00	-	31,907.00
				Computer Software	43,440.00	-	43,440.00
				Computer Machines	55,450.00	-	55,450.00
				General Reserve	-	-	1,00,000.00
				Retention Money	2,49,945.00	-	2,49,945.00
				Equipment	-	39,730.00	39,730.00
				Prepaid Insurance	22,383.00	-	22,383.00
				Young Scientist Advertisement	-	15,000.00	15,000.00
				Bank Charges	18,520.94	-	18,520.94
				Closing Cash & Bank Balances :			
				Cash- in- hand	-	-	2,000.00
				Cash at Bank : State Bank of India	-	-	24,29,496.28
				: Central Bank of India	-	-	55,24,867.66
				: State Bank of India -Exec Secy			
					3,29,29,640.04	4,21,73,277.62	8,31,89,949.60
	91,18,934.34	4,60,59,098.00	8,31,89,949.60		3,29,29,640.04	4,21,73,277.62	8,31,89,949.60

Ruuys.

Sheo Satya Prakash

For A V S S & Associates
Chartered Accountants
FRN 327456E

S.Ramakrishna
General Secretary (Membership Affairs)

Sheo Satya Prakash
Treasurer

(C.A. Avijeet Singh)
Partner
Membership No 306958

Place: Kolkata
Date : 31/07/2019

附录 3.4　历届印度科学大会

会期	年份	地点	主席	秘书长	主题
1	1914	加尔各答	Hon. Justice Sir Asutosh Mookerjee 尊敬的法官 阿苏托什·慕克吉爵士	Mr. D. Hooper D. 胡珀先生	About Science Congress 关于科学大会
2	1915	马德拉斯	Hon.Surgeon-General Dr. W. B. Bannermann 尊敬的军医处处长 W. B. 班纳曼博士	Dr. J. L. Simonsen J. L. 西蒙森博士 Mr. P. S. MacMahon P.S. 麦克马洪先生	The Important of Knowledge of Biology to Medical, Sanitary and Science Men Working in the Tropic 生物学知识对在热带地区工作的医学、卫生和科学工作者的重要性
3	1916	勒克瑙	Colonel Sir Syndey Burrard 辛迪·伯拉德上校	Dr. J. L. Simonsen J. L. 西蒙森博士 Mr. P. S. MacMahon P.S. 麦克马洪先生	The Plains of Northen India and their Relationship to the Himalayan Mountains 印度北部平原及其与喜马拉雅山的关系
4	1917	班加罗尔	Sir Alfred Gibbs Bourne 阿尔弗雷德·吉布斯·伯恩爵士	Dr. J. L. Simonsen J. L. 西蒙森博士 Mr. P. S. MacMahon P.S. 麦克马洪先生	On Science Research 论科学研究
5	1918	拉合尔	Dr. Gilbert T. Walker 吉尔伯特·T·沃克博士	Dr. J. L. Simonsen J. L. 西蒙森博士 Mr. P. S. MacMahon P.S. 麦克马洪先生	On Teaching of Science 论科学教学
6	1919	孟买	Lt. Colonel Sir Leonard Rogers 中校伦纳德·罗杰斯爵士	Dr. J. L. Simonsen J. L. 西蒙森博士 Mr. P. S. MacMahon P.S. 麦克马洪先生	Research on Cholera 霍乱研究
7	1920	那格浦尔	Acharya Prafulla Chandra Ray 阿查里雅·普拉富拉·钱德拉·雷	Dr. J. L. Simonsen J. L. 西蒙森博士 Mr. P. S. MacMahon P.S. 麦克马洪先生	Dawn of Science in Modern India 现代印度科学的曙光
8	1921	加尔各答	Sir Rajendra Nath Mookerjee 拉金德拉·纳特·穆克吉爵士	Dr. J. L. Simonsen J. L. 西蒙森博士 Dr. C. V. Raman C.V. 拉曼博士	On Science and Industry 论科学与工业

续表

会期	年份	地点	主席	秘书长	主题
9	1922	马德拉斯	Mr. C. S. Middlemiss C. S. 米德尔米斯先生	Dr. J. L. Simonsen J. L. 西蒙森博士 Dr. C.V. Raman C.V. 拉曼博士	Relativity 相对论
10	1923	勒克瑙	Sir M. Visvesvaraya M. 维斯瓦拉亚爵士	Dr. J. L. Simonsen J. L. 西蒙森博士 Dr. C. V. Raman C.V. 拉曼博士	Scientific Institutions and Scientists 科学机构和科学家
11	1924	班加罗尔	Dr. T. N. Annandale T.N. 安南代尔博士	Dr. J. L. Simonsen J. L. 西蒙森博士 Dr. C. V. Raman C.V. 拉曼博士 Dr. S. P. Agharkar S.P. 阿加卡尔博士	Evolution Convergent and Divergent 进化趋同与趋异
12	1925	巴纳	Dr. M. O. Forster M.O. 福斯特博士	Dr. J. L. Simonsen L. 西蒙森博士 Dr. S. P. Agharkar S.P. 阿加卡尔博士	On Experimental Training 论实验训练
13	1926	孟买	Mr. Albert Howard 艾伯特·霍华德先生	Dr. J. L. Simonsen J.L. 西蒙森博士 Dr. S. P. Agharkar S.P. 阿加卡尔博士 Dr. Roland V. Norris 罗兰·V·诺里斯博士	Agriculture and Science 农业与科学
14	1927	拉合尔	Sir J. C. Bose J. C. 博斯爵士	Dr. S. P. Agharkar S.P. 阿加卡尔博士 Dr. Roland V. Norris 罗兰·V. 诺里斯博士	The Unity of Life 生命的统一
15	1928	加尔各答	Dr. J. L. Simonsen J.L. 西蒙森博士	Dr. S. P. Agharkar S.P. 阿加卡尔博士 Dr. Roland V. Norris S.P. 阿加卡尔博士 罗兰·V. 诺里斯博士	On Chemistry of Natural Products 天然药物化学
16	1929	马德拉斯	Professor C. V. Raman C.V. 拉曼教授	Dr. S. P. Agharkar S.P. 阿加卡尔博士 Dr. Roland V. Norris 罗兰·V. 诺里斯博士	On Raman Effect 论拉曼效应

续表

会期	年份	地点	主席	秘书长	主题
17	1930	阿拉哈巴德	Col. S. R. Christophers S.R. 克里斯托弗斯上校	Dr. S.P. Agharkar S.P. 阿加卡尔博士	The Science and Disease 科学与疾病
18	1931	那格浦尔	Lt. Col. R. B. Seymour-Sewell R.B. 西摩 - 休厄尔中校	Dr. S. P. Agharkar S.P. 阿加卡尔博士 Dr. H. B. Dunnicliff H.B. 邓尼克利夫博士	The Problem of Evolution Experimental Modification of Bodily Structure 人体结构的进化实验修正问题
19	1932	班加罗尔	Rai Bahadur Lal Shiv Ram Kashyap 莱·巴哈杜尔·拉·希夫·拉姆·卡希亚普	Dr. S. P. Agharkar S.P. 阿加卡尔博士 Dr. H. B. Dunnicliff H.B. 邓尼克利夫博士	Some Aspects of the Alpine Vegetation of the Himalaya and Tibet 喜马拉雅山和西藏高山植被
20	1933	巴特那	Sir Lewis L. Fermor 路易斯 L. 弗莫尔爵士	Dr. S. P. Agharkar S.P. 阿加卡尔博士 Mr. W. D. West W.D. 韦斯特先生	The Place of Geology in the Life of a Nation 地质学在一个国家生活中的地位
21	1934	孟买	Professor M. N. Saha M. N. 萨哈教授	Dr. S. P. Agharkar S.P. 阿加卡尔博士 Mr. W. D. West W.D. 韦斯特先生	Fundamental Cosmological Problems 宇宙学基本问题
22	1935	加尔各答	Dr. J. H. Hutton J. H. 赫顿博士	Dr. S. P. AgharkarS.P. 阿加卡尔博士 Mr. W. D. West W.D. 韦斯特先生	Anthropology and India 人类学与印度
23	1936	印多尔	Sir U. N. Brahmachari U. N. 布拉马查里爵士	Mr. W. D. West W.D. 韦斯特先生 Prof. J. N. Mukherjee J. N. 慕克吉教授	The Role of Science in the Recent Progress of Medicine 科学在医学新进展中的作用
24	1937	海德拉巴	Rao Bahadur T. S. Venkatraman 拉奥·巴哈杜尔 T. S. 文卡特拉曼	Mr. W. D. West W.D. 韦斯特先生 Prof. J. N. Mukherjee J. N. 慕克吉教授	The Indian Village-Its Past, Present and Future 印度村庄的过去、现在和未来
25	1938	加尔各答	Sir James H.Jeans 詹姆斯·H·琼斯爵士 （Lord Rutherford of Nelson died prematurely） （纳尔逊的卢瑟福勋爵早逝）	Mr. W. D. West W.D. 韦斯特先生 Prof. J. N. Mukherjee J. N. 慕克吉教授	Researches in India and in Great Britain 印度和英国的科学研究

续表

会期	年份	地点	主席	秘书长	主题
26	1939	拉合尔	Professor J. C. Ghosh J. C. 高希教授	Prof. J. N. Mukherjee J. N. 慕克吉教授 Prof. P. Parija P. 帕里亚教授	On Research in Chemistry in India 论印度的化学研究
27	1940	马德拉斯	Professor B. Sahni B. 萨尼教授	Prof. P. Parija P. 帕里亚教授 Prof. S. K. Mitra S.K. 米特拉教授	The Deccan Traps: An Episode of the Tertiary Era 德干陷阱：第三纪的一幕
28	1941	贝拿勒斯	Sir Ardeshir Dalal 阿德希尔·达拉勒爵士	Prof. P. Parija P.帕里亚教授 Prof. S. K. Mitra S.K. 米特拉教授	Science and Industry 科学与工业
29	1942	巴罗达	Dr. D. N. Wadia D.N. 瓦迪亚博士	Prof. P. Parija P. 帕里亚教授 Prof. S. K. Mitra S.K. 米特拉教授	The Marking of India 印度的标志
30	1943	加尔各答	Dr. D. N. Wadia D.N. 瓦迪亚博士	Prof. P. Parija P. 帕里亚教授 Prof. S. K. Mitra S.K. 米特拉教授	Minerals' Share in the War 矿产在战争中的作用
31	1944	德里	Professor S. N. Bose S.N. 博斯教授	Prof. P. Parija P. 帕里亚教授 Prof. S. K. Mitra S.K. 米特拉教授	The Classical Determinism and the Quantum Theory 经典决定论与量子理论
32	1945	那格浦尔	Sir Shanti S. Bhatnagar 尚蒂 S. 博哈特纳迦爵士	Prof. S. K. Mitra S.K. 米特拉教授 Prof. P. C. Mitter P.C. 米特教授 Prof. M. Qureshi M. 库雷希教授	Give Science a Chance 给科学一个机会
33	1946	班加罗尔	Professor M. Afzal Husain M. 阿夫扎尔·侯赛因教授	Prof. M. Qureshi M. 库雷希教授 Prof. P. C. Mahalanobis P.C. 马哈拉诺比斯教授	The Food Problem of India 印度的食物问题
34	1947	德里	Pandit Jawaharlal Nehru 潘迪特·贾瓦哈拉尔·尼赫鲁	Prof. M. Qureshi M. 库雷希教授 Prof. P. C. Mahalanobis P.C. 马哈拉诺比斯教授	Science in the Service of the Nation 为国家服务的科学

续表

会期	年份	地点	主席	秘书长	主题
35	1948	巴特那	Colonel Sir Ram Nath Chopra 拉姆·纳特·乔普拉上校	Prof. M. Qureshi M. 库雷希教授 Prof. P. C. Mahalanobis P.C. 马哈拉诺比斯教授 Dr. B. Mukerji B. 穆可伊博士	Rationalisation of Medicine in India 印度医学的合理化
36	1949	阿拉哈巴德	Sir K. S. Krishnan K.S. 克里希南爵士	Prof. M. Qureshi M. 库雷希教授 Dr. B. MukerjiB. 穆可伊博士 Dr. B. Sanjiva Rao B.桑吉瓦·拉奥博士	—
37	1950	浦那	Professor P. C. Mahalanobis P.C. 马哈拉诺比斯教授	Dr. B. Mukerji B. 穆可伊博士 Dr. B. Sanjiva Rao B.桑吉瓦·拉奥博士	Why Statistics? 为什么要统计?
38	1951	班加罗尔	Dr. H. J. Bhabha H.J. 巴巴博士	Dr. B. Mukerji B. 穆可伊博士 Dr. B. Sanjiva Rao B.桑吉瓦·拉奥博士	The Present Concept of the Physical World 物理世界的当前概念
39	1952	加尔各答	Dr. J. N. Mukherjee J.N. 慕克吉博士	Dr. B. Mukerji B. 穆可伊博士 Dr. B. Sanjiva Rao B.桑吉瓦·拉奥博士	Science and Our Problems 科学与我们的问题
40	1953	勒克瑙	Dr. D. M. Bose D.M. 博斯博士	Dr. S. R. Sen-Gupta S.R. 森古普塔博士 Dr. B. N. Prasad B.N. 普拉萨德博士	The Living and The Non-living 生物与非生物
41	1954	海德拉巴	Dr. S. L. Hora S. L. 霍拉博士	Dr. B. N. Prasad B. N. 普拉萨德博士 Dr. U. P.Basu U. P. 巴苏博士	Give Scientists a Chance 给科学家一个机会
42	1955	巴罗达	Professor S. K. Mitra S. K. 米特拉教授	Dr. B. N. Prasad B. N. 普拉萨德博士 Dr. U. P.Basu U. P. 巴苏博士	Science and Progress 科学与进步

续表

会期	年份	地点	主席	秘书长	主题
43	1956	阿格拉	Dr. M. S. Krishnan M.S. 克里希南博士	Dr. U. P. Basu U. P. 巴苏博士 Mr. B. B.Joshi B. B. 乔希先生	Mineral Resources and Their Problems 矿产资源及其问题
44	1957	加尔各答	Dr. B. C. Roy B.C. 罗伊博士	Dr. U. P. Basu U. P. 巴苏博士 Mr. B. B.Joshi B. B. 乔希先生	On Science for Human Welfare and Development of the Country 论科学促进人类福利与国家发展
45	1958	马德拉斯	Prof. M. S. Thacker M. S. 萨克教授	Mr. B. B. Joshi B. B. 乔希先生 Dr. A. K.Dey A. K. 戴伊博士	Grammar of Scientific Development 科学发展的语法
46	1959	德里	Dr. A. L. Mudaliar A. L. 穆达利亚尔博士	Dr. A. K.Dey A. K. 戴伊博士 Dr. B. N.Prasad B. N. 普拉萨德博士	Tribute to Basic Science 向基础科学致敬
47	1960	孟买	Professor P. Parija P. 帕里亚教授	Dr. A. K. Dey A. K. 戴伊博士 Dr. B. N.Prasad B. N. 普拉萨德博士	Impact of Society on Science 社会对科学的影响
48	1961	洛克	Professor N. R. Dhar N. R. 达尔教授	Dr. B. N. Prasad B. N. 普拉萨德博士 Prof. B. C.Guha B. C. 古哈教授	Nitrogen Problem 氮气问题
49	1962	卡塔克	Dr. B. Mukerji B. 穆克吉博士	Prof. B. C. Guha B. C. 古哈教授 Prof. P. S.Gill P. S. 吉尔教授	Impact of Life Sciences on Man 生命科学对人的影响
50	1963	德里	Professor D. S. Kothari D. S. 科塔里教授	Prof. P. S. Gill P. S. 吉尔教授 Dr. AtmaRam 阿特玛·拉姆博士	Science and the Universities 科学与大学
51	1964	加尔各答	Professor Humayun Kabir 胡马雍·卡比尔教授	Prof. P.S. Gill P. S. 吉尔教授 Dr. AtmaRam 阿特玛拉姆博士	Science and the State 科学与国家

续表

会期	年份	地点	主席	秘书长	主题
52	1965	加尔各答	Professor Humayun Kabir 胡马雍·卡比尔教授	Prof. P.S. Gill P. S. 吉尔教授 Dr. AtmaRam 阿特玛·拉姆博士	—
53	1966	昌迪加尔	Professor B. N. Prasad B. N. 普拉萨德博士	Dr. AtmaRam 阿特玛·拉姆博士 Prof. Chandra Sekhar Ghosh 钱德拉·塞卡·高什教授	Science in India 印度的科学
54	1967	海德拉巴	Professor T. R. Seshadri T. R. 塞沙德里教授	Dr. Atma Ram 阿特玛·拉姆博士 Prof. Chandra Sekhar Ghosh 钱德拉·塞卡·高什教授 Prof. A. K. Saha A. K. 萨哈教授	Science and National Welfare 科学与国家福利
55	1968	瓦拉纳西	Dr. Atma Ram 阿特玛·拉姆博士	Prof. A. K. Saha A. K. 萨哈教授 Dr. R. S.Mishra R. S. 米什拉博士	Science in India-Some Aspects 印度的科学
56	1969	孟买	Dr. A. C. Joshi A.C. 乔希博士 (Prof. A. C. Banerjee died-prematurely) （A. C. 班纳吉教授早逝）	Prof. A. K. Saha A. K. 萨哈教授 Dr. R. S.Mishra R. S. 米什拉博士	A Breathing Spell: Plant Sciences in the Service of Men 一个喘息的机会：为人类服务的植物科学
57	1970	哈拉格布尔	Dr. L. C. Verman L. C. 瓦尔曼博士	Dr. R. S. Mishra R. S. 米什拉博士 Prof.(Mrs.)Asima Chatterjee 阿西玛·查特吉教授（夫人）	Standardization: A Triple Point Discipline 标准化：三重原则
58	1971	班加罗尔	Dr. B. P. Pal B. P. 帕尔博士	Dr. R. S. Mishra R. S. 米什拉博士 Prof. (Mrs.) Asima Chatterjee 阿西玛·查特吉教授（夫人）	Agricultural Science and Human Welfare 农业科学与人类福利

续表

会期	年份	地点	主席	秘书长	主题
59	1972	加尔各答	Professor W. D. West W. D. 韦斯特教授	Prof. (Mrs.) Asima Chatterjee 阿西玛·查特吉教授（夫人） Prof. Ram Chand Paul 拉姆·钱德·保罗教授	Geology in the Service of India 为印度服务的地质学
60	1973	昌迪加尔	Dr. S. Bhagavantam S. 博伽万丹博士	Prof. Ram Chand Paul 拉姆·钱德·保罗教授 Dr. S. M. Sircar S. M. 西卡博士	Sixty Years of Science in India 印度科学六十年
61	1974	那格浦尔	Professor R. S. Mishra R. S. 米什拉教授	Prof. Ram Chand Paul 拉姆·钱德·保罗教授 Dr. S. M. Sircar S. M. 西卡博士	Mathematics—Queen or Handmaiden 数学——皇后还是女仆
62	1975	德里	Professor (Mrs.) Asima Chatterjee 阿西玛·查特吉教授（夫人）	Dr. S. M. Sircar S. M. 西卡博士 Prof. R. D. Tiwari R. D. 提瓦里教授	Science and Technology in India: Present and Future 印度科学技术：现状与未来
63	1976	沃尔泰尔	Dr. M. S. Swaminathan 斯瓦米纳坦	Prof. R. D. Tiwari R. D. 提瓦里教授 Dr. S. M. Sircar S. M. 西卡博士	Science and Integrated Rural Development 科学与农村综合发展
64	1977	布巴内斯瓦尔	Dr. H. N.Sethna H. N. 塞特纳博士	Prof. R. D. Tiwari R. D. 提瓦里教授 Prof. A. K.Sharma A. K. 夏尔马教授	Survey, Conservation and Utilisation of Resources 资源调查、保护和利用
65	1978	艾哈迈达巴德	Dr. S. M. Sircar S. M. 西卡博士	Prof. A. K.Sharma A. K. 夏尔马教授 Dr. B. Ramachandra Rao B. 拉马钱德拉·拉奥博士	Science Education and Rural Development 科学教育与农村发展
66	1979	海德拉巴	Professor R. C. Mehrotra R. C. 梅赫罗特拉教授	Dr. B. Ramachandra Rao B. 拉马钱德拉·拉奥博士 Prof. A. K. Sharma A. K. 夏尔马教授	Science and Technology in India During the Coming Decades 未来几十年印度的科学技术

续表

会期	年份	地点	主席	秘书长	主题
67	1980	贾达珀	Professor A. K. Saha A. K. 夏尔马教授	Dr. B. Ramachandra Rao B. 拉马钱德拉·拉奥博士 Dr. D.Basu D. 巴苏博士	Energy Strategies for India 印度能源战略
68	1981	瓦拉纳西	Professor A. K. Sharma A. K. 夏尔马教授	Dr. D.Basu D. 巴苏博士 Prof. Arun K. Dey 阿伦·K. 戴伊教授	Impact of the Development of Science and Technology on Environment 科学技术发展对环境的影响
69	1982	迈索尔	Professor M. G. K. Menon M. G. K. 梅农教授	Prof. Arun K. Dey 阿伦·K. 戴伊教授 Dr. D. Basu D. 巴苏博士	Basic Research as an Integral Component of Self-reliant Base of Science and Technology 基础研究是自主科技基础的有机组成部分
70	1983	蒂鲁伯蒂	Professor B. Ramachandra Rao B. 拉马钱德拉·拉奥博士	Prof. Arun K. Dey 阿伦·K. 戴伊教授 Prof. (Mrs.) Archana Sharma 阿卡纳·夏尔马教授（夫人）	Man and the Ocean—Resource and Development 人类与海洋——资源与开发
71	1984	兰契	Professor R. P. Bambah R. P. 班巴教授	Prof. (Mrs.) Archana Sharma 阿卡纳·夏尔马教授（夫人） Prof. M. K.Singal M. K 辛格教授	Quality Science in India—Ends and Means 印度质量科学的目的和手段
72	1985	勒克瑙	Professor A. S. Paintal A. S. 潘塔尔教授	Prof. M. K.Singal M. K 辛格教授 Prof. (Mrs.) Archana Sharma 阿卡纳·夏尔马教授（夫人）	High Altitude Studies 高海拔研究
73	1986	德里	Dr. T. N. Khoshoo T. N. 科舒博士	Prof. M. K. Singal M. K 辛格教授 Prof. D. K.Sinha D. K. 辛哈教授	Role of Science and Technology in Environment Management 科学和技术在环境管理中的作用

续表

会期	年份	地点	主席	秘书长	主题
74	1987	班加罗尔	Professor (Mrs.) Archana Sharma 阿卡纳·夏尔马教授（夫人）	Prof. D.K.Sinha D. K. 辛哈教授 Dr. (Mrs.) S. P. Arya S. P. 艾莉亚博士（夫人）	Resources and Human Well-being—Inputs from Science and Technology 资源和人类福祉——来自科学和技术的投入
75	1988	浦那	Professor C. N. R. Rao C. N. R. 拉奥教授	Dr. (Mrs.) S. P. Arya S. P. 艾莉亚博士（夫人） Prof. D. K. Sinha D. K. 辛哈教授	Frontiers in Science and Technology 科学技术的前沿
76	1989	马杜赖	Dr. A. P. Mitra A. P. 米特拉博士	Dr. (Mrs.) S. P. Arya S. P. 艾莉亚博士（夫人） Dr. S. C.Pakrashi S. C. 帕克拉西博士	Science and Technology in India: Technology Missions 印度科技：科技使命
77	1990	科钦	Professor Yash Pal 亚什·帕尔教授	Dr. S. C.Pakrashi S. C. 帕克拉西博士 Dr. (Mrs.) Gouri Ganguly 古里·甘古利博士（夫人）	Science in Society 社会中的科学
78	1991	印多尔	Professor D. K. Sinha D. K. 辛哈教授	Dr. (Mrs.) Gouri Ganguly 古里·甘古利博士（夫人） Dr. S. C. Pakrashi S. C. 帕克拉西博士	Coping with Natural Disaster: An Integrated Approach 应对自然灾害的综合方法
79	1992	巴罗达	Dr. Vasant Gowariker 瓦桑特·戈瓦里克博士	Dr. (Mrs.) Gouri Ganguly 古里·甘古利博士（夫人） Prof. D. P. Chakraborty D. P. 查克拉博蒂教授	Science, Population and Development 科学、人口与发展
80	1993	果阿	Dr. S. Z. Qasim S. Z. 卡西姆博士	Prof. D. P. Chakraborty D. P. 查克拉博蒂教授 Prof. H. P. Tiwari H. P. 蒂瓦里教授	Science and Quality of Life 科学与生活质量
81	1994	斋浦尔	Professor P. N. Srivastava P. N. 斯利瓦斯塔瓦教授	Prof. H. P. Tiwari H. P. 蒂瓦里教授 Prof. D. P. Chakraborty D. P. 查克拉博蒂教授	Science in India : Excellence and Accountability 印度的科学：卓越和责任
82	1995	加尔各答	Dr. S. C. Pakrashi S. C. 帕克拉西博士	Prof. H. P. Tiwari H. P. 蒂瓦里教授 Prof. S. P. Mukherjee S. P. 慕克吉教授	Science, Technology and Industrial Development in India 印度的科学、技术和工业发展

续表

会期	年份	地点	主席	秘书长	主题
83	1996	帕迪亚拉	Professor U. R. Rao U. R. 拉奥教授	Prof. S. P. Mukherjee S. P. 慕克吉教授 Dr. (Mrs.) Yogini Pathak 约吉尼·帕塔克博士 （夫人）	Science and Technology for Achieving Food, Economic and Healthy Security 实现粮食、经济和健康安全的科学技术
84	1997	德里	Dr. S. K. Joshi S.K. 乔希博士	Dr. (Mrs.) Yogini Pathak 约吉尼·帕塔克博士 （夫人） Prof. S.P. Mukherjee S. P. 慕克吉教授	Frontiers in Science & Engineering and Their Relevance to National Development 科学、工程学前沿以及与国家发展的关系
85	1998	海德拉巴	Professor P. Rama Rao 拉玛·拉奥教授	Dr. (Mrs.) Yogini Pathak 约吉尼·帕塔克博士 （夫人） Prof. A. S. Mukherjee A.S. 慕克吉教授	Science & Technology in Independent India: Retrospect and Prospect 独立后印度的科学技术：回顾与展望
86	1999	钦奈	Dr.(Mrs.) Manju Sharma 曼朱·夏尔马博士 （夫人）	Prof. A. S. Mukherjee A.S. 慕克吉教授 Prof. Uma Kant 乌玛·康德教授	New Bioscience : Opportunities and Challenges as we Move into the Next Millennium 新生物科学：进入下一个千年的机遇与挑战
87	2000	浦那	Dr. R. A. Mashelkar R.A. 马谢尔卡博士	Prof. Uma Kant 乌玛·康德教授 Prof. A. S. Mukherjee A. S. 慕克吉教授	Indian S & T into the Next Millennium 印度科学技术进入下一个千年
88	2001	新德里	Dr. R. S. Paroda R.S. 帕罗达博士	Prof. Uma Kant 乌玛·康德教授 Prof. A. B. Banerjee A.B. 班纳吉教授	Food, Nutrition and Environmental Security 粮食、营养和环境安全
89	2002	勒克瑙	Professor S. S. Katiyar R.S. 卡蒂亚尔教授	Prof. A. B. Banerjee A.B. 班纳吉教授 Prof. B. Satyanarayana B. 萨蒂亚纳拉亚纳教授	Health Care, Education and Information Technology 医疗保健、教育和信息技术
90	2003	班加罗尔	Dr. K. Kasturirangan K. 卡斯图里兰甘博士	Prof. A. B. Banerjee A.B. 班纳吉教授 Prof. B. Satyanarayana B. 萨蒂亚纳拉亚纳教授	Frontier Science and Cutting-Edge Technologies 前沿科学和前沿技术

续表

会期	年份	地点	主席	秘书长	主题
91	2004	昌迪加尔	Professor Asis Datta 阿西斯·达塔教授	Prof. B. Satyanarayana B. 萨蒂亚纳拉亚纳教授 Prof. B. P. Chatterjee B.P. 查特吉教授	Science and Society in the Twenty First Century: Quest for Excellence 二十一世纪的科学与社会：追求卓越
92	2005	艾哈迈达巴德	Prof. N. K. Ganguly N.K. 甘古利教授	Prof. B. P. Chatterjee B.P. 查特吉教授 Prof. S. P. Singh S.P. 辛格教授	Health Technology as Fulcrum of Development for the Nation 卫生技术是国家发展的支点
93	2006	海德拉巴	Dr. I. V. Subba Rao I. V. 苏巴·拉奥博士	Prof. B. P. Chatterjee B.P. 查特吉教授 Prof. S. P. Singh S.P. 辛格教授	Integrated Rural Development: Science and Technology 农村综合发展：科学技术
94	2007	安娜马拉纳加	Prof. Harsh Gupta 哈什·古普塔教授	Prof. S. P. Singh S.P. 辛格教授 Prof. Avijit Banerji 阿维吉特·班纳斯教授	Planet Earth 地球
95	2008	维萨卡帕特南	Prof. R. Ramamurthi R. 拉马穆尔蒂教授	Prof. Avijit Banerji 阿维吉特·班纳斯教授 Dr. Ashok Kumar Saxena 阿肖克·库马尔·萨克塞纳博士	Knowledge based Society using Environmentally Sustainable Science and Technology 使用环境可持续科学技术的知识型社会
96	2009	西隆	Dr. T. Ramasami T. 拉马萨米博士	Prof. Avijit Banerji 阿维吉特·班纳斯教授 Dr. Ashok Kumar Saxena 阿肖克·库马尔·萨克塞纳博士	Science Education and Attraction of talent for Excellence in Research 科学教育与吸引优秀科研人才
97	2010	特里凡得琅	Dr. G. Madhavan Nair G. 马达万`奈尔博士	Dr. Ashok Kumar Saxena (dual charge) 阿肖克·库马尔·萨克塞纳博士	Science and Technology challenges of 21st Century—National perspective 21 世纪的科技挑战——国家视角

续表

会期	年份	地点	主席	秘书长	主题
98	2011	钦奈	Prof. K. C. Pandey K.C. 潘迪教授	Dr. Vijay Laxmi Saxena 维杰·拉克斯米·萨克塞纳博士 Dr. Manoj Kumar Chakrabarti 马诺伊·库马尔·查克拉巴蒂博士	Quality Education and excellence in Scientific Research in Indian Universities 印度大学的优质教育和卓越的科学研究
99	2012	布巴内斯瓦尔	Prof. Geetha Bali 吉塔·巴厘教授	Dr. Vijay Laxmi Saxena 维杰·拉克斯米·萨克塞纳博士 Dr. Manoj Kumar Chakrabarti 马诺伊·库马尔·查克拉巴蒂博士	Science and Technology for Inclusive Innovation—Role of Women 科技促进包容性创新——女性的作用
100	2013	加尔各答	Dr. Manmohan Singh 曼莫汉·辛格博士	Dr. Vijay Laxmi Saxena 维杰·拉克斯米·萨克塞纳博士 Dr. Manoj Kumar Chakrabarti 马诺伊·库马尔·查克拉巴蒂博士	Science for Shaping The Future of India 用科学塑造印度的未来
101	2014	查谟	Prof. Dr. Ranbir Chander Sobti 兰比尔·钱德·索布蒂教授	Prof. Arun Kumar 阿伦·库马尔教授 Dr. Nilangshu Bhusan Basu 尼朗舒·布桑·巴苏博士	Innovations in Science & Technology for Inclusive Development 科技创新促进包容性发展
102	2015	孟买	—	Prof. Arun Kumar 阿伦·库马尔教授 Dr. Nilangshu Bhusan Basu 尼朗舒·布桑·巴苏博	Science and Technology for Human Development 科学技术促进人类发展
103	2016	迈苏鲁	Dr. Ashok Kumar Saxena 阿肖克·库马尔·萨克塞纳博士	Prof. Arun Kumar 阿伦·库马尔教授 Dr. Nilangshu Bhusan Basu 尼朗舒·布桑·巴苏博	Science and Technology for Indigenous Development in India 科学技术促进印度本土发展

续表

会期	年份	地点	主席	秘书长	主题
104	2017	蒂鲁伯蒂	Prof. D. Narayana Rao D. 纳拉亚娜·拉奥教授	Prof. Gangadhar 甘加达尔教授 Prof. Premendu P. Mathur 普雷门杜 P. 马图尔教授	Science and Technology for National Development 科学技术促进国家发展
105	2018	英帕尔	Prof. Achyuta Samanta 阿奇尤塔·萨曼莎教授	Prof. Gangadhar 甘加达尔教授 Prof. Premendu P. Mathur 普雷门杜 P. 马图尔教授	Reaching the Unreached through Science and Technology 通过科学技术到达未至之境
106	2019	八瓦拉，贾兰德哈	Dr. Manoj Kumar Chakrabarti 马诺伊·库马尔·查克拉巴蒂博士	Prof. Gangadhar 甘加达尔教授 Prof. Premendu P. Mathur 普雷门杜 P. 马图尔教授	Future India: Science & Technology 未来的印度：科学与技术
107	2020	班加罗尔	Prof. K.S.Rangappa K.S. 兰加帕教授	Dr. Anoop Kr.Jain 阿努普·克尔·贾恩博士	Science & Technology：Rural Development 科学技术：农村发展

主要参考文献

［1］SCHWARTZBERG J E.Maps and Mapmaking in India［J］．Encyclopaedia of the History of Science, Technology,and Medicine in Non-Western Cultures，2008.

［2］PINGREE R.Indian Science and Technology in the Eighteenth Century: Some Contemporary European Accounts［J］．Journal of Asian Studies, 1972, 32（1）：178-179.

［3］CHATTOPADHYAYA D. History of Science and Technology in Ancient India［M］．［S.l.］：Firma KLM，1986.

［4］SEN B K.General Scientific Societies in British India［J］．Indian Journal of History of Science，2017，52（2）：197-219.

［5］TRIPATHI D.Colonialism and Technological choices in India——A Historical Review［J］．The Development Economics，1996，34（1）：80-97.

［6］ROY S C. Paths of Innovators in Science, Engineering and Technology［J］．Science and

Culture，2013.

［7］PARTHASARATHY R. Paths of Innovators In Science, Engineering and Technology［M］. Madras,India：EastWest Books，2000.

［8］BOSE D M.A Concise History of Science in India［J］. Journal for the History of Astronomy，1975，6：135.

［9］SINGH D R.Dynamics of Organizational Structure in India Indian Journal of Industrial Relations［J］. Shri Ram Centre for Industrial Relations and Human Resources，1980，16（2）：243−258.

第4章
中国香港特区科技社团发展现状及管理体制

　　中国香港特别行政区（以下简称"香港特区"）是一个具有独特历史特征的地区，曾被英国殖民长达150年之久，港英政府奉行"积极不干预"政策，坚信市场机制的力量，主张经济和科技发展完全由市场来决定。因此，长久以来，香港依靠银行、经济部门等来发展经济，科技研发一度被市场所轻视。1997年香港回归中国，在"一国两制"框架下，香港特区享有高度自治权。这段时期，亚洲金融危机爆发，香港特区政府政策制定者意识到，在技术研发与创新方面，香港特区发展非常薄弱，需要大力发展知识经济，力倡产业转型。香港特区政府也由"积极不干预"政策转为"有限干预"政策。

　　在香港特区的经济和科技发展进程中，政府、企业和第三部门（第三部门的定义为"在政府和私营机构之外，存在及运作于社会空间的志愿组织、机构、社会运动及网络"。）合作紧密，彼此都担任着不可或缺的角色。香港特区的第三部门种类繁多，参与人数众多。其持续发展有赖于诸多因素，关键原因有三：一是香港特区政府宽松的治理政策使得公民享有高度的自治权；二是第三部门发展的外部环境，这主要包括急剧增加的社会福利需求，政府与非政府机构共同负责的友好而紧密的合作关系；三是第三部门的宽松管制和严格规范相结合的独特性，包括注册方便、分散式管理、管制宽松、内部约束机制严格等。科技社团是第三部门的一类，科技的进步离不开科技工作者，开展科学活动的研究者结成科技社团，以期通过学术交流、职业评定、科学教育、科学传播、科技评价等活动，维护同行业从业者的共同利益，发出统一而有力的声音。香港的发展历史有其特殊性，受英国殖民统治的特殊历史对香港特区科技社团的发展有着深远的影响，这使得香港特区科技社团具有鲜明的特色。在这种特殊国情的作用下，香港特区的科技社团与该地区的经济、建设、医疗等都有紧密的联系。

4.1　发展历程

香港地区科技社团有悠久的历史，从最早的不受重视，到后来影响教育、商业和政府决策，科技社团与政府、商界共同为推进香港特区的社会发展起到了深远和显著的影响。近代香港特区科技社团发展大致可以分为三个阶段。

4.1.1　第一阶段：19 世纪 40 年代至 20 世纪 50 年代

香港地区科技社团的发展起源于英国殖民香港的早期。香港从一开始的小渔村发展成为以贸易业和货舱业为主的自由港。欧洲传教士进入香港，资助建立西医院，成立医学院，为提高香港的医疗服务和教育工作作出了一定贡献。目前可以追溯到的香港最早成立的科技社团是 1845 年成立的中国内外科学会（China Medico-Chirurgical Society），该学会是一家医学领域的专业学会，宗旨是汇聚中国医学界同行，促进同行间的紧密交流，收集有价值的期刊和医学领域著作，促进对中国流行病及本土药物的讨论和研究。1882 年，工程师学会成立。1886 年，医学协会成立。由于受英国殖民统治，早期港英政府财政和机构能力都较弱，大多社会团体由外来宗教团体及其附属的慈善组织发展而来。这些社会团体更多关注社会福利，如医疗、教育和社区服务，所以科技社团虽然创立较早，但在社会中的影响力较低，发展也较缓慢。

4.1.2　第二阶段：20 世纪 60 年代至 80 年代

20 世纪 50 年代，港英政府开始改变政策，社会服务不仅仅只关注福利，开始转变为提供低成本的公共住房。1966 年和 1967 年，香港发生的两次严重社会骚乱揭示了贫困生活条件引起社会不满的巨大破坏性潜力。快速的工业化和城市化也增加了对社会供给的需求，专业人士需求也随之加大。这些都促使殖民统治政府对社会政策作出重大调整。20 世纪 70 年代初，港英政府为了化解工业化发展和人口剧增带来的危机，保证社会的发展和稳定，开始积极制定各项社会政策，社会政策进入"大爆炸"阶段。此时的香港地区在社会保障、教育、工业产业等方面得到了港英政府的政策支持，从而科技社团开始进入蓬勃发展时期，香港建筑师工会（1956年）、香港工程师学会（1975年）、香港测量师学会（1984年）、香港科技协进会（1985年）相继成立。这段时期，港英政府提出建立政府与非政府机构的"伙伴"关系，明确了政府与非政府机构共同负责社会服务的模式，政府与社会团体共同促进社会发展进步，科技社团作为非常重要的积极因素，推动香港工业发展和科技进步。与此同时，这个阶段的科技社团也承担了国外科技社团辐射内地科技界的职能，如电气与电子工程师学会（IEEE）香港分会（1971年）、英国工程技术学会（IET）香港分会（1988年）、国际计算机学会（ACM）香港分会（1988年）都开展一部分联络内地科技工作者的工作。

4.1.3　第三阶段：1997年至今

进入20世纪90年代，由于香港"新管理主义"涌现，政府强调"物有所值"及服务效率，期待"物超所值"，加上经济下滑，政府和社会团体之间的关系转为"合约关系"，其中政府的角色转为购买者，而社团组织则转为服务提供者。香港回归前后，香港工程界社促会（1996年）、英国机械工程师学会香港分部（1997年）陆续成立。此外，由于香港特区科技社团注册程序简单，很多在内地开展业务的科技社团在香港特区注册成立。

4.2　发展现状

4.2.1　科技社团相关概念界定

科技社团是非营利组织的一类，这一点香港特区与内地没有明显区别，但香港特区不像内地有中国科学技术协会（以下简称"中国科协"）这样一个能够统领香港特区科技社团的组织。在香港特区，非营利组织的概念比较模糊，非政府组织、非营利组织、社团、工会、慈善机构等统称为第三部门，因此，要探讨香港特区科技社团的发展，首先要对其进行界定。

要界定香港特区科技社团，首先要明确香港特区的第三部门。由于管理第三部门的法例和监管环境高度分散，机构的成立与运营也由不同的法规和机关规定，按照不同登记法律模式，香港特区第三部门共包含六类：社团、担保有限公司、职工会、合作社、注册受托人法团、法定组织。香港特区科技社团属于社团和担保有限公司类别。

4.2.1.1　社团

科技社团属于第三部门。社团是第三部门的一类，根据《社团条例》第2条，社团泛指"任何会社、公司、一人以上的合伙或组织，不论性质或宗旨为何"。而科技社团则是社团的一类，为在香港特区注册的所有涉及科学与技术学科或专业的社团。

4.2.1.2　担保有限公司

在香港特区，有一部分第三部门会注册为担保有限公司。通常，成立担保有限公司的目的包括扩展教育 / 培训、宗教、扶贫、环境保护保育、社会公益、信托或公益基金等。根据《公司条例》，对担保有限公司的规定为"该公司没有股本，其成员承诺该公司清盘时支付作为该公司资产的款额"。如果公司在2004年2月13日前成立，则可能有股本。很多涉及科学交流及技术发展的社团也会注册为有限公司，根据《公司条例》规定，部分社团可以获得特许证，在其名称中去掉"有限公司"或"limited"字眼。

4.2.2　规模估测

由于香港特区科技社团分布在庞大的第三部门中，注册机构分散，管理机构多样化，没有特定机构对香港特区科技社团进行统一管理，因此，很难获得香港特区科技社团官方统一的统计数据。

截至2019年6月，根据香港特区警务处公布的已获注册或豁免注册的社团或分支机构名单，共有33500个机构。筛除宗教、艺术、人文、社会、慈善、基金会等明确非科技社团类别的选项后，共筛选出1370个科技类团体，占比4%。

香港特区公司注册处的数据显示，香港特区担保公司的数量呈逐年上升趋势，截至2020年3月31日，担保公司共有14911间。由于香港特区公司注册处并未列明这些担保公司是否为第三部门或科技社团，也不提供担保公司名单，因此无法提供进一步分析。

截至2018年，根据国际协会组织联盟（Union of International Associations）统计的国际协会组织名单，在香港特区设立的国际科技社团有47家。

4.2.3 分布特点

虽然较大规模的社团会选择注册为担保有限公司，但大部分的科技社团规模较小，更多数量的科技社团注册为社团形式。香港特区警务处公布的已获注册或豁免注册的社团或分支机构名单信息库的分析结果，也能够大致展现出香港特区科技社团的分布特点。

截至 2019 年 6 月，香港特区警务处共登记约有 33500 个社团组织，其中科技类团体 1370 个。80% 的香港特区科技社团以学会、协会命名，其他也包括联盟、委员会、研究所、研究会等。

按照与内地科技社团相似的理、工、农、医、交叉学科五大领域分类原则，香港特区各类科技社团的比例如图 4-1 所示。其中，医科和工科类科技社团最多，数量分别为 569 个和 399 个，占 70%；其次是理科，数量是 302 个；数量最少的是农科和交叉学科，数量分别为 49 个和 51 个。

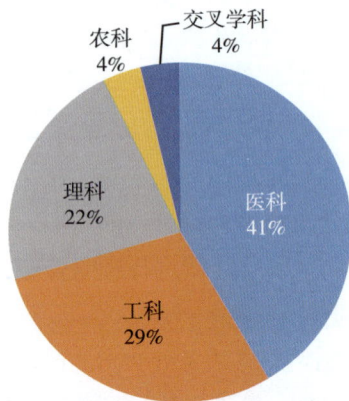

图 4-1 香港特区科技社团领域的分布情况

4.3 管理体制

香港特区的社会团体注册流程简便快捷，登记多样化，监管法律完善。任何想要从事慈善工作的团体，无论是公司机构，还是社团组织，抑或慈善信托，均可以称作社会团体，且均有机会像慈善机构一样享受免税政策。香港特区的社会团体在不同机构注册登记，遵守不同的法律法规，接受不同的管理规则。

4.3.1 科技社团管理法律体系

香港特区的科技社团登记机制简便，主管单位明确，所以注册相对较容易。香港特区科技社团的组织形式呈多样化特点，适用法律体系也各不相同。香港特区科技社团有三种注册类型，分别为：公司类型、社团类型和慈善信托，它们分别遵守《公司条例》《社团条例》《注册受托人法团条例》。

4.3.1.1 《公司条例》

《公司条例》为香港特区的公司法，是《香港法例》第 622 章，为香港特区所有公司的运作提供详细的法律框架，共 921 条条文，11 个附表。根据《公司条例》第 66 条，公司可分为：公众股份有限公司、私人股份有限公司、有股本的公众无限公司、有股本的私人无限公司、无股本的担保有限公司。由于担保有限公司有关于董事和成员履行责任的限定，有助于公司取得税务局的免税政策，故大多数注册为公司的香港特区科技社团选择注册为担保有限公司。

4.3.1.2 《社团条例》

《社团条例》是《香港法例》第 151 章，该条例设立之初原为监管三合会等非法社团，后同时为规范缺少专属法例的团体而订立的笼统的法例。香港特区的社团既有非营利团体，也有其他团体。

4.3.1.3 《注册受托人法团条例》

《注册受托人法团条例》是《香港法例》第 306 章。本条例的设立是为某些团体、社团及社群委任的受托人，以及慈善组织的受托人成立法团提供相关规范。以慈善为目的而设立的组织即为慈善组织，应遵守《注册受托人法团条例》。根据条例第 2 条对慈善目的的释义，慈善目的包括：①济贫；②促进艺术、教育、学术、文学、科学或研究的发展；③提供准备以治愈、减轻或预防影响人类的疾病、衰弱或伤残，或照顾患有或受困于影响人类的疾病、衰弱或伤残的人，包括照顾在分娩前、分娩中及分娩后的妇女；④促进宗教发展；⑤教会目的；⑥提高社会公德及促进市民的身心健康；⑦对社会有益但没有在①～⑥中指明的其他目的。

香港特区的社团并非都为非营利，反而很多冠名为公司的团体却属于非营利的社会团体。

4.3.2 科技社团的成立

香港特区科技社团在不同的注册类型下有不同的要求，注册流程也有区别，由于慈善信托类型的科技社团很少，在此不做过多讨论，主要以香港特区科技社团注册类型最多的两类展开分析。

4.3.2.1 担保有限公司

在香港特区，公司的注册登记机关是公司注册处，遵守《公司条例》。注册成立一个担保有限公司，流程相对较复杂，注册成本较高。担保有限公司须满足以下要求：注册地址必须在香港，一名香港居民或法人担任法定秘书，至少一名股东，定期举办年会，准备独立审计的账目并交到香港特区公司注册处。但运营更自由，可进行资产买卖。

有限公司的名称限制较少。根据《公司条例》第100条和第101条，对公司名称的限制有：

（1）不可与已有公司名称相同或相近。

（2）名字不得包含有中央人民政府、政府或中央人民政府的任何部门或机关等受管制或有明确官方限制的字或词。

（3）有限公司需要以"limited"或"有限公司"作为名称的最后一个字。除这些明确限制外，对其他名称，如"国际""全球""中国""中华"等字，没有明确限制。

在特定情况下，有限公司可以省略"limited"或"有限公司"名称。根据《公司条例》第103条规定，如果该公司是为促进商业、艺术、科学、宗教或慈善或任何其他有用的宗旨而组成，且该公司的利润或其他收入仅用于促进其宗旨，不向该公司的成员支付股息，则该公司可获得香港特区公司注册处处长的特许证。获得特许证的有限公司的名称可以略去"limited"或"有限公司"。

成立担保有限公司需要的材料相比社团更烦琐，且注册成本更高，但担保有限公司更规范，社会形象更好，所以也更利于汇聚社会资源。很多会员较多、规模较大的科技社团都会选择注册或转型成为公司。如香港工程师学会、香港科技协进会、香港新一代文化协会等。

4.3.2.2 社团

成立社团，需要在香港特区警务处注册，遵守《社团条例》。香港特区的社团既有非营利团体，也有其他团体，且香港特区警务处也未做明确细分。截至目前，在香港特区警务处注册登记的社团约有 33500 个。

社团的申请条件、申请程序及所需文件都比较宽松，且运营灵活，注册成本较低。社团无须办理年审年报，无须做核数报告和报税，所以一般规模较小的团体都会选择此类注册。但是社团是非法人实体，无法执行法律行为，如签署协议等。虽然社团的注册较为宽松，但管理仍然比较严格，社团需要上报任何作出改变的细节，并报告周年大会。

注册一个社团，需要满足以下条件：

（1）如实填写《社团注册申请表》。

（2）社团由 3 名干事组成，其中至少 1 名干事是香港居民，且要提交社团所有干事的资料（干事名单、职衔及身份证复印件）。

（3）拟定社团的中文、英文名称。在香港注册成立社团组织起名自由，政府允许公司名称含有国际、全球、亚洲、中国等；社团名称结尾可以有协会、商会、学会、学院、中心、研究所、研究院等；不可以用公司、有限公司结尾。中文名称可不要，但必须有英文名称；社团名称必须经香港特区警务处核实后方可使用。

（4）社团宗旨。

（5）社团的注册地址必须在香港，且提供业主的同意书或租单副本。

（6）签署申请表及委托书。

4.3.3　免税资格

香港特区没有对非营利团体豁免缴税的相关条文。根据《税务条例》第 88 条，属公共性质的慈善机构及信托团体可以豁免缴税。只有受香港特区法院司法管辖的科技社团才可申请豁免缴税。

根据《社团条例》成立的社团、根据《公司条例》注册的法团、根据香港特区其他相关法规成立的团体均可以申请成立慈善团体。任何机构或机构的分支如果为在法理上承认的慈善用途而设立，其获得的利润皆为慈善用途及其中大部分在香港范围内使用，且为公众利益而设立，则可以称之为慈善团体。慈善用途包括：救助贫困；促进教育；推广宗教；及除上述之外其他有益于社会而具慈善性质的宗旨。

申请成为慈善团体，需要明确的文书，明确列有如下几项：

（1）有明确的宗旨；

（2）资产只可用于促进其宗旨的项目；

（3）成员禁止分摊股息或财产；

（4）管制组织成员（如社团董事）禁止收取薪酬，必须披露重大利害关系，不可对与其有关的交易、安排或合约等作出表决；

（5）有对团体解散时剩余资产如何处理的说明（通常会捐赠给其他慈善团体）；

（6）有储存足够的收支记录和会计账目，每年提交财政报告。

申请成为慈善团体的科技社团，可获得的税务优惠有3类：

（1）根据《税务条例》，符合第88条规定的社团可免收税费，但是利润必须只做慈善用途且利润大部分不得在香港外使用。

（2）根据《印花税条例》，符合第44条规定的团体，符合可享受对不动产或信托权益的豁免缴税。有关文书需要有印花税署署长作出裁定，加盖印花或出具证明表明该文书无须收印花税。

（3）根据《商业登记条例》，符合第16（1）（a）条规定的慈善团体，可豁免商业登记。条件与《税务条例》第88条相似。

截至2019年6月，豁免缴税的公共性质的慈善机构及信托团体约有14134个。通过对名单进行分析，删除宗教、艺术、人文、社会、慈善基金会等明确非科技社团的类别后，共筛选出152个包含"学会"及105个包含"协会"关键词的科技社团，领域主要涉及医学、心理、教育、环境、动物、生态等。按照我国对所属学会的领域根据理、工、农、医及交叉学科的划分原则，豁免缴税科技社团的分布如图4-2所示。医科类科技社团数量最多，共169个，占66%。其次是理科，共65个。工科、农科及交叉学科的科技社团数量较少，分别为19个、3个和1个。

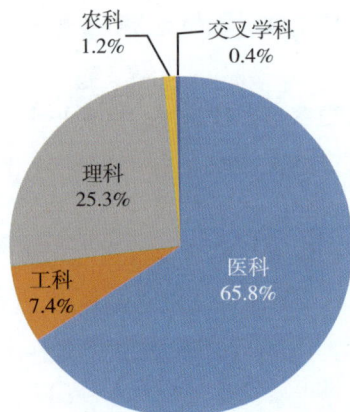

图4-2 豁免缴税的香港特区科技社团领域分布

4.4　科技社团内部治理概况

香港特区科技社团的内部管理模式是具有中国文化特点的西化模式，具有集团化、专业化及多元化的特点。集团化使香港特区科技社团可以将服务和筹款分离，最大化减少重复劳动输出，提高工作效率，利于社团提供更多服务。项目的专业化使得社团的运营更加技术化、专业化。服务的多元化能够开拓社团优势，更好地满足会员和社会的需求。由于香港特区小型科技社团数量多且分散，不具有参考意义，本文以香港工程师学会、香港医学会、香港科技协进会、电脑学会等几个大型科技社团内部治理为例进行探讨。

4.4.1　内部治理结构

4.4.1.1　"集团化"管理模式

香港特区科技社团的治理结构属于"集团化"管理模式，即决策管理与执行服务分不同群体担任，职责分离。香港特区科技社团的内部治理结构通常包括理事会，执行委员会，秘书处，以及各分支委员会，有时也统称为常务委员会。理事会是香港特区科技社团的决策管理群体，代表最高层级。执行委员会是理事会的执行群体，类似于内地科技社团的秘书处，但是负责的内容要更宽泛，负责管理社团日常事务，执行和细化理事会下达的政策指令，以及处理一些紧急事件等。秘书处则主要是关于行政管理层面，有的学会将秘书处的职能划归到常务委员会中，如香港工程师学会有策划委员会。学会按照不同项目或分支领域，会成立不同的分支委员会，有的学会将分支委员会都划归到常务委员会。

4.4.1.2　内部治理专业化程度高

香港特区科技社团内部治理结构的核心是理事会和执行委员会，理事会及委员会的成员大都由具有高专业水平和管理水平的人员专职担任，使得香港特区科技社团的管理运营实现专业化和技术化，利于社团的良性运营。

4.4.1.3　多元化服务

香港特区科技社团为会员和社区提供多元化服务。香港特区科技社团内部治理结构分工明确，减少了重复劳动，提高了工作效率，降低了人工成本。同时，西方慈善机制深深地影响着香港社会，形成了浓厚的慈善氛围。香港特区科技社团重视慈善类的服务，不断开创新项目，增加服务范围，为会员和社区提供更多元化的服务。如香港医学会设置了常设委员会和专责委员会，其中常设委员会涵盖了疾病咨询、药物咨询、活动组织、病人联络、社区服务、继续教育、会员服务、国际联络等 27 大类委员会，专责委员会则更偏重于学术，如日间肠胃内视镜中心标准研讨专责委员会、社区关注及管理认知障碍症专责委员会等 14 个专责委员会[①]。

4.4.2　会员服务

香港特区科技社团属于第三方组织中的专业团体，是以会员为主的第三部门。大部分香港特区科技社团的会员以个人会员为主，团体会员占比较小。社团实施会员的分类管理，并提供多元化服务，满足会员的不同需求。

4.4.2.1　分类管理会员

香港特区科技社团对会员实施分类管理，无论是大型社团还是小型社团，都按照不同类别对入会会员进行详细分类，并针对不同群体制定完善的管理制度。关注培养青少年对学科领域的兴趣，成立面向青少年的会员类别。社团通常将个人会员分为如下几类：荣誉会员、普通会员、永久会员、学生会员、副会员、访问会员等。不同类别会员支付不同金额的会费，享有不同的权利义务。以香港科技协进会为例，其会员类型以个人会员为主，也有少部分的团体或公司[②]。具体会员分类见表 4-1。

表 4-1　香港科技协进会会员分类表

类别	入会资格	权利	会费
资深会员	与科技相关的学士学位（或同等学力），对香港的科技或科技相关行业有杰出贡献	可参选内部理事会、执行委员会或干事等选举，有投票权	1200 港币／年
普通会员	与科技相关的学士学位（或同等学力）并从事相关的教育／专业／工业工作，或者学士学位（或同等学力）并从事科技相关行业；或有科技相关博士学位	可参选除理事会外的内部管理，拥有投票权	800 港币／年
副会员	从事科技相关行业	无参选及投票权，但可参加协会一切活动	400 港币／年
联系会员	年满 15 岁有志投身科技相关行业		100 港币／年
公司附属会员	非科技学科的学士学位（或同等学力）或持有科技学科的学士学位（或同等学力）但从事非科技相关行业，均需对社会有杰出贡献		600 港币／年
公司会员	公司有杰出表现，并对科技项目感兴趣	无参选及投票权，但可派 2 位代表参加协会活动	3000 港币／年

---

① 信息来源：香港医学会官网，https://www.thkma.org/home.php。
② 信息来源：香港科技协进会官网，http://hkaast.org.hk/。

4.4.2.2　会员服务多元化

香港特区科技社团由于历史原因，沿袭了英国科技社团的会员服务模式，项目类型多样化。较大型的香港特区科技社团会明确将各项服务列出，方便会员或者感兴趣的相关人事了解。以香港医学会为例，在其官网设置了会员专区，只有会员可以登录查阅或者下载使用，但是服务条目是可以公开查阅的。包括网上会员专区，可设置个人偏好；有茶室，支持会员之间的交流或学习；设置持续医学进修，会员可选择报名进修或自修，提供资料下载功能；可在线查阅学会电子刊物，如香港医学会会讯、持续医学进修专讯、年报及财务报告等；提供完整的会员电子通讯录，便于相互之间联系交流学习。

香港特区的科技社团会在网站明确列明职业资格申请步骤及专业进修资讯。由于很多香港特区科技社团属于专业社团，他们不仅要促进相关学科的学术科研，还要倡导和提高专业人才的职业素养与所处行业发展。如电脑学会在官网中明确列有职业发展板块，分别包括继续职业发展及规划、职业资格申请要求、IT 资格证书的获取方法等。会员可通过查询网站或咨询学会，了解未来自己的职业规划，或者进一步进修获取资格证书。

4.4.2.3　代表专业化身份

香港特区科技社团拥有严格的会员准入制度，部分香港特区科技社团作为专业团体，承担相应专业领域资格认定，如香港工程师学会、香港医学会等，只有个人成为社团会员后，才能够从事相关的专业化工作。这使得会员身份不仅代表其身份地位，还与职业资格有密切联系。

4.4.3　财务运营

4.4.3.1　收入来源多元化

截至 2020 年年底，香港特区第三部门数量约有 53000 个，财务收入和运营是维持第三部门的关键。香港特区科技社团基本没有政府的财政支持，更多寻求多元化的筹资渠道。其收入主要来源包括资产运营收益、会员会费、服务费、社会捐赠及培训费等。如香港工程师学会，其收入的 67.5% 来自会员会费、专业评核费及培训费。

4.4.3.2　自主经营能力强

香港特区科技社团大部分规模较小，为保证社团的正常运营和发展，其自主经营能力普遍较强。由于香港特区科技社团注册的灵活性，科技社团可注册成为担保公司或慈善基金。香港特区科技社团具有独立运营资产的自由空间，在《公司条例》允许的情况下，香港特区科技社团可通过投资、分红、买卖资产等获得运营资金，来支持成立基金会、反馈会员服务、社团日常运营支出等内容，使科技社团得以发展。

4.5　主要业务活动

4.5.1　促进学术交流

科技社团的一项重要使命即搭建学术平台，促进学术交流，此为科技社团的立命之根本，也是科技社团区别于其他社会团体的根本特征。

香港特区科技社团的规模差别较大，其举办学术会议的规模差别也较大，但是都比较频繁，且注重与国际化接轨。香港工程师学会是香港特区最大的科技社团，共有超过 30000 名会员，包含有 21 个分支界别，每年各个分支界别分别在全球范围内组织形式多样的学术会议，每年举办近 600 场，与内地十几个城市及"一带一路"沿线国家都有交流[1]。而比较小一点的学会，如香港声学学会，会员有约 400 人，每年也举办将近 20 个国内及国际学术会议，每年举办的国际噪声会议参会人数超过 1000 人，超过 40 个国家参会，提交将近 800 篇论文[2]。

香港特区科技社团的学术会议类型包括学术论坛、技术研讨、展览、讲座、交流访问、培训课程、晚餐会等。

4.5.2　提供专业化认证

香港特区科技社团对会员的认证标志是香港专业领域里的从业证书。部分香港特区科技团体也被称作专业团体，会员得到学会的专业技术认证后才能够在香港业界从事相关的专业工作。

关于专业化，香港业界共划分了医生、建筑师、数学家等 36 类专业人士及辅助专业人士的领域，相应领域都有科技社团。要想在专业领域里工作，就需要取得

---

① 信息来源：香港工程师学会官网，https://www.hkie.org.hk/zh-hant/。
② 信息来源：香港声学学会官网，http://www.hkioa.org。

相应学会的专业化认证，且在学会公开资料上有明确说明。比如香港工程师学会的官网上清楚列出工程师专业范畴、申请专业资格的具体流程、相关培训计划、国际资格认可等。

4.5.3　提供专业进修课程

香港特区科技社团为会员提供丰富的持续专业进修课程，课程分为专业培训、职业技能培训、其他技能课程等丰富的主题，有付费课程、免费课程、开放式讲座等多种形式，会员可以根据需要自行注册参加。如香港工程师学会 2021 年提供了 137 个专业进修课程，包括 4 个类别，分别为普通专业类、职业健康安全类、环境 /信息技术 / 质量和其他专业不相关技术类及免费课程类[①]。

4.5.4　内地及国际化联系发展

4.5.4.1　与内地联系

香港作为中国的特别行政区，为了长足发展，与内地的交流合作在香港特区科技社团发展中起着重要的作用。2003 年内地与香港特区政府签署了《内地与香港关于建立更紧密经贸关系的安排》，2017 年香港特区政府在此框架下与国家商务部签署《经济技术合作协议》，进一步促进了两者之间的交流。香港特区科技社团通过举办学术会议、交流访问、专业资格互认等方式，加大与内地的交流与合作。香港科技协进会每年都会组织"我是发明家"大奖，鼓励内地和香港的学生参加，培养促进学生的科技创新意识；与北京、西安共同发起航天科技考察团，组织香港的学生到内地参观学习。香港工程师学会参与承办了"粤港澳大湾区工程领域的机遇与挑战"为题的研讨会，积极促进大湾区的发展建设。

4.5.4.2　国际化活动

在科技全球化进程下，科学技术的研究、成果共享、科技活动、专业资格互认的全球化管理已然成为一种交流模式。香港特区作为中国国际贸易的枢纽，更加注重国际交流与合作。由于香港曾受英国殖民统治，很多科技社团也在殖民统治期间成立，本就具有国际化基础，在科技全球化大背景下，更加强了与国际之间的交流。如香港工程师学会于 1989 年签署了《华盛顿协议》，与同样签署该协议的澳大

---

① 信息来源：香港工程师学会官网，https://www.hkie.org.hk/zh-hant/。

利亚、加拿大、印度、爱尔兰、日本、韩国、马来西亚、新西兰、巴基斯坦、俄罗斯、秘鲁、新加坡、南非、斯里兰卡、土耳其、英国和美国等其他 19 个国家和地区实行专业工程师资格互认，促进了香港工程师的国际互认互通，为香港工程领域发展奠定了国际基础。香港工程师学会先后还签署了《悉尼协议》《国际专业工程师协议》《亚太工程师协议》《国际工程技术人员协议》《首尔协议》等多个国际化认证协议，巩固并加深了国际化的交流。

4.6 科技社团参与政治活动

4.6.1 参与政治选举活动，选举香港特区行政长官

香港特区科技社团在"界别分组"中占有一定席位，能够参与香港特区选举委员会，投票或参选香港特区行政长官。香港特区政治选举区别于其他西方国家，具有"界别分组"。由界别分组选出的个人或团体负责人组成有 1200 名选举委员席位的香港特区选举委员会。香港特区共有 38 个界别分组，科技类团体在选举和立法会中有代表各自界别的界别分组席位。与科技类社团相关的界别分组共有 11 个，约占总数的 29%，分别为渔农界，航运交通界，工程界，建筑、测量、都市规划及园境界，地产及建造界，工业界（第一），工业界（第二），纺织及制衣界，资讯科技界，中医界，体育、演艺、文化及出版界。选出的 1200 名选举委员对香港特区大选的候选人进行不记名投票，最终获得半数以上票数的人当选。科技类相关的社团和个人席位共有 420 个，占全体选举委员的 35%[①]。部分重要科技组织在选举中可一个机构多个席位，如香港工程师学会在立法会界别分组中占有一个席位代表工程的功能组别，同时香港工程师学会资讯科技科的法人成员及毕业生有资格投票选举香港选举委员会的资讯科技界别分组代表。

4.6.2 参与香港特区立法

香港特区科技社团可作为"功能界别"的代表，参与香港特区立法。香港特区科技社团的个人或团体代表可投票或参选立法会议员，参与制定或修改香港法例。

---

① 选举委员会界别分组选举活动指引参见 https://www.eac.hk/sc_txt/ecse/ecse.htm。

为了使香港特区有一个更加公平、公正的治理环境，香港特区有独特的"功能界别"。工程界别设有专业分组，香港专业人士需获得相关资质才可加入分组，参与香港特区立法。功能界别选出的 35 位议员与地方选区选出的 35 位议员共同组成香港特区立法会。议员由所在选区或功能界别的香港特区选民投票选出。香港特区具有独特的"一人两票"制，即功能界别的选民，可以为所在地方选区候选人投票，同时也可为所在功能界别的候选人投票。且两票均为有效。香港特区共有 29 个功能界别，科技类相关的"功能界别"共 13 个，占总数的 45%①。

4.7　发展特色

科技社团作为科技工作者集合的主要方式，在香港特区社会和科技发展中发挥了重要作用。香港特区科技社团的发展环境、发展理念都有其独特的特点，主要表现在以下几个方面。

4.7.1　发展快速稳定、分布广泛

自 20 世纪 70 年代开始，香港特区政府明确与非政府机构的"伙伴"关系，包括科技社团在内的各类第三部门应运而生且快速稳定地发展。这些科技社团广泛存在于香港社会的各个领域、各个行业中。在国际非营利机构分类系统公布的 14 个非营利机构分类中，主要涉及科技社团的教育及研究，专业、工业、商业及职工会，卫生，环境四个分类里，香港特区均有一定数量的科技社团，其中卫生领域的科技社团数量较多。在 2018 年香港特区公布的《税务条例》第 88 条获豁免缴税的慈善机构及慈善信托的名单中共有 173 家学会，卫生领域的学会占比超过 60%。

4.7.2　以专业建议参与公共事务

科技社团对香港特区政治的影响逐渐加深，他们积极参与与其所在领域相关的政治过程，通过科技讲座、会议、活动、培训课程、专题项目、咨询及顾问等多种方式参与公共事务、表达专业意见、影响政府决策。一些规模庞大、组织规范、影响力深的科技社团，可以直接参与选举委员会，可以改变甚至阻止某项立法或政策

① 立法会选举活动指引参见 https://www.eac.hk/pdf/legco/2016lc_guide/sc/lc_full_guide.pdf。

的制定，甚至影响行政长官的选举。在资讯科技界和航运交通界两个界别的"申请等级为功能界别选民及选举委员会界别分组投票人"相关规定中，即规定部分科技社团的特定会员可参与投票，选举对应界别的立法会议员，并选举委员会委员等。

4.7.3 实施多种筹资模式，重视三方合作

20 世纪 80—90 年代，政府资助是香港地区非政府机构的主要资金来源，但香港特区科技社团的经营模式很早即开始探索多种筹资模式混合的方式。这些科技社团既通过政府专业服务发展资助计划和创新及科技基金等政府资助计划取得资金，也利用社会对非营利科技服务和认证的需求扩大收入来源，如香港医学会、香港工程师学会、香港建筑师公会等科技社团，均要求从业人员加入社团成为会员后才有资格担任指定的专业工作。同时，科技社团也注重与政府、工商企业开展三方合作，扩大服务种类并获取一定的收入。

4.7.4 分类管理和宽松管制与严格规范相结合的管理模式促进科技社团的自我约束和自主发展

香港特区的科技社团发展有良好的制度环境，在完备的法律法规体制下运行。从制度上看，科技社团根据其注册方式、发展和业务特点不同，受到的法律监管方式不同。对于按照《社团条例》注册的科技社团，政府监管较宽松，但由于法律要求此类社团需要承担"无限"的法律责任，无形中使这些社团注重建立自我约束机制。对于依照《公司条例》注册的科技社团，政府要求定期提交负债详情、董事人数、周年大会的决议文本、收支情况等文件，因此，科技社团按照香港法律和社会团体的章程办事、严格规范管理已经属于常态。此外，香港特区政府对大部分科技社团的运作及服务直接干预较少，更多的是对接受其资助的项目有一定的制约和考核。

4.8 科技社团在内地的活动

4.8.1 香港特区科技社团在内地活动的现象

在内地，社会团体的注册和管理非常严格，对命名也有明确限制，且需要挂靠

政府部门，社会团体的登记管理采用"双重管理体制"，即"统一登记，双重负责，分级管理"。但香港特区社会团体注册简便，且冠名也没有很大限制，内地限制严格的"中国""中华"在香港特区均无明显限制，促使部分社会团体选择在香港注册登记。鉴于以上因素，自 1997 年香港回归以来，部分在内地活动的社会团体陆续在香港特区注册登记。

2016 年，民政部陆续公布 12 批"离岸社团""山寨社团"名单，包含 1289 家社会团体，其中有 9 家属于科技社团，在香港注册的科技社团占 5 家，分别为"中华医学会"（与民政部登记社团重名）、中华医药学会、中国能源学会、中国先进材料学会、国际华人医学会（表 4-2）。通过查询，中国先进材料学会在香港注册成为社团，其余四家均在香港注册为私人有限公司性质。

表 4-2　"离岸社团""山寨社团"科技类社团名单

科技社团名称	登记名称	性质	宗旨	近期活动
"中华医学会"（与民政部登记社团重名）	中华百强品牌集团有限公司	香港注册，私人股份有限公司	未公布	近几年在内地已无活动
中华医药学会	中华医药学会教育培训研究中心有限公司	香港注册，私人股份有限公司	未公布	2018 年被深圳一家公司收购
中国能源学会	中国能源学会有限公司	香港注册，私人股份有限公司	促进学术交流，举办论坛、展会、培训，促进国际合作，组织非营利性活动等	公布社团代码
中国先进材料学会	中国先进材料学会	香港注册，社团	促进学术交流，办期刊，举办论坛、培训等，促进国内国际交流合作	网站已于 2018 年 11 月后停止更新
国际华人医学会	国际华人医学会股份有限公司	香港注册，私人股份有限公司	传播国医知识，弘扬中国传统医学文化，举办中国国医节论坛	已开始用有限公司全称，网站最新更新至 2019 年 3 月

表 4-2 给出了 5 家在内地活动的香港特区科技社团的基本信息。只有中国能源学会在内地仍然非常活跃，其余几家科技社团已停止活动。显然，民政部公布的名单有效地促进了离岸社团的规范化管理和运营。

2017 年 1 月 1 日，《境外非政府组织境内活动管理法》生效实施，明确了境外非政府组织在中国开展公益事业的活动领域，根据公安部于 2019 年 4 月公布的《境外非政府组织在中国境内活动领域和项目目录业务主管单位名录（2019）》，获得公安部批准在境内活动的境外非政府组织共有 506 家。在我国设立代表机构的境外非政府组织的总部广泛分布于世界各地，包括北美、中国港澳台地区、东亚、欧洲、澳洲等。其中，代表机构来源数量最多的国家或地区为美国，共 123 家；其次是香港地区，共有 91 家，占境外非政府组织总数的 18%。但是香港特区科技社团仅有 1 家——植保中国协会（香港）北京办事处。植保中国协会成立于 1997 年，在香港注册为担保有限公司，业务主管部门在农业部，主要开展与植保行业相关的非营利性活动，包括开展安全科学使用农药培训及宣传，为农药管理法规提供技术支持，参与对农药知识产权保护行动等。

4.8.2 关于内地与香港特区科技社团交流的建议

香港作为中国特别行政区，是中国与世界连接的桥梁，也是中国的经济科技发展不可或缺的组成部分。"香港的科技力量是国家创新体系和国家战略科技力量的一个重要组成部分"，中国科协等相关部门应重视与香港特区科技社团的交流与合作。

1. 加强与香港特区科技社团的联络

由于香港特区是中国联系世界的贸易港和金融发展中心，香港特区科技社团较商业金融等机构发展缓慢，中国内地与香港特区科技社团的联络也被弱化。作为联络世界的窗口，香港特区科技社团与国际联络频繁，国际化程度较高。部分香港特区科技社团还可参选或投票选举香港特区行政长官和立法会议员。中国科协等相关部门应重视并加强与香港特区科技社团的联络。一方面可以增进内地与香港的科技交流，协同发展；另一方面，对加强内地与香港的政治联系也具有一定战略意义。

2. 促进香港科技学会在中国内地的交流合作

香港特区科技社团与中国内地联系很多，参加的活动多为访问、交流、参会等，深度合作较少。内地应设立更多资助项目或合作项目，吸引香港特区科技社团来内地开展业务，设立代表机构，增进香港特区科技社团在内地的深度合作，提供香港科技工作者与内地科技工作者的沟通交流平台，提高内地开展科技活动的国际化社团数量，为内地及内地科技社团对外发声提供基础。

4.9　科技社团案例

4.9.1　香港工程师学会（Hong Kong Institution of Engineers, HKIE）

4.9.1.1　学会发展历史

香港工程师学会的前身是成立于 1947 年的香港工程协会，旨在会聚不同领域工程师，并代表他们的共同利益而发声①。1975 年香港工程师学会依法在公司注册处注册成立，具有独立法人资格，为根据特别条例成立的法人团体。1982 年成为唯一法定审定工程师资格的团体。香港工程师学会旨在推动香港工程的专业水平，为会员谋求福利和提升自立标准，服务众多专业界别及工程领域，并一直致力提升业界专业操守和积极鼓励会员投入公共事务，参与香港社会多方面的重要发展，包括基建、工业及社会建设。

香港工程师学会的主要活动包括：专业评核，提供与工程相关的继续进修课程、职业培训及职业规划，出版学术刊物，举办学术会议，学会内组织技术小组、专责部门、专业界别分部或学院，鼓励和培养会员间、同类学会或其他专业团体成员间的友好交流合作，设立奖学金，颁发奖项，参与政策制定，参加香港特区立法选举，参与国际合作，促进香港工程相关行业发展和相关科技进步。学会的宗旨共 10 条，分别是：

（1）促进工程学所有界别及分支在学理与实务上的发展；

（2）维持工程同业行事持正，维持同业的地位，以及在公众和政府面前代表同业；

（3）在学会内设立和营办技术小组、专责部门、专业界别分部或学院；

（4）鼓励和培养会员间及与相似学会或其他专业团体的成员间的友好合作精神；

（5）举行学会会议，开展信息交流，以讨论和收集对工程学有影响的题目或与此相关的题目；

（6）促进与工程学各界别和各分支有关的资讯及理念的交流，以及向会员发布

---

① 香港工程师学会官方网站：https://www.hkie.org.hk/zh-hant/。

和传达与工程专业有关联的一切事宜的资料；

（7）推动构成工程师专业类别的知识（包括现代管理方法）的获取；

（8）设立奖学金和颁发奖项；

（9）遏止工程同业内出现不名誉行为和做法；

（10）理事会认为合适或为达到上述宗旨而开展的其他活动 ①。

随着工程技术及科技的迅速发展，香港工程师学会紧跟时代，持续建立不同专业界别，为会员开拓不同的工程领域，回应社会所需，并推动香港的整体发展。目前，香港工程师学会共设立 21 个专业界别，19 个分部。工程师会员从 1975 年约 2000 人，发展到现有的超过 3 万人。香港工程师学会的资质证书和持续专业进修的学位都在国际上享有很高的信誉度。

4.9.1.2　治理结构

香港工程师学会的最高管理层是理事会，根据《香港工程师学会条例》的规定，学会归由理事会管理，而学会的一切权力亦归于理事会，并可由理事会行使。学会的内部管理架构主要由理事会、执行委员会和常务委员会组成，这三者的关系如图 4-3 所示。

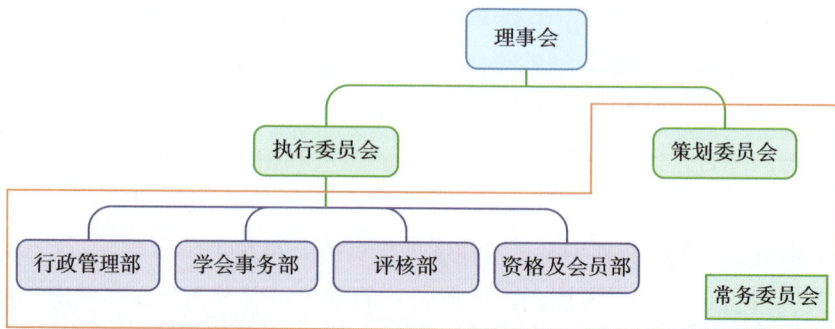

图 4-3　香港工程师学会内部管理架构

1. 理事会

理事会由会长、上任会长、高级副会长、副会长、当然委员、增补委员、观察员、秘书长及理事组成，这些成员都享有投票权，属于学会的会员。根据学会条例相关规定，理事会可代表学会作出有助于更有效贯彻学会宗旨的一切事情，可获取和处置任何财产；可签订合约；为会员提供合适的设备；雇用职员；为职员及到访

① 参见香港工程师学会条例。信息来源：https://www.elegislation.gov.hk/hk/cap1105。

宾客提供住所；为职员提供退休金；就退休金计划及奖学金基金和奖项基金出任受托人；在理事会认同批准的情况下借入款项、为执行学会的职能而申请资助、将学会的资金投资。

理事会共有 51 人，包括理事成员 38 人，其中 20 人由会员大会选举产生，18 人由各分部推选。除各分部推荐的理事成员外，其他理事会的成员在香港工程师年会上由参会会员投票选出。

2. 执行委员会

执行委员会负责贯彻执行理事会提出的政策或规划，处理理事会议上提出的紧急事务。执行委员会的成员通常由理事会中三个不同领域选出的成员承担，共 12 人，包括会长、担任执行委员会委员、上任会长、高级副会长、副会长、观察员、秘书长及 3 名理事。

3. 常务委员会

常务委员会包括规划委员会、行政管理部、学会事务部、评核部、资格及会员部 5 个部门。

规划委员会主要负责帮助理事会制订长期的战略计划，总结并更新学会的发展计划，确保学会的各项活动能够根据计划高效实施。上任会长担任规划委员会委员；规划委员会有 1 名主席和 5 名成员。

行政管理部负责解说理事会出台的政策，协助执行委员会管理日常行政和财务事务，协调各部门之间的沟通合作，评估学会的行政政策。行政管理部有 2 个委员会，分别是学报编辑委员会及管理委员会。学报编辑委员会负责出版学会期刊书籍，提供工程领域的最新资讯及前沿技术，推动工程专业发展，加强各行业工作者的交流。管理委员会下属有 2 个分会——财务投资分会和人力资源分会，这 2 个分会均向管理委员会汇报。财务投资分会负责管理学会的资产和投资、监管学会的收入支出及现金流。人力资源分会负责员工的梯队建设、建立薪资体系、员工福利制度等。

学会事务部负责协调组织学会各分会、委员会举办各种学术活动，并就下列事项向理事会提出建议：①制定专业、技术及专业道德标准和准则，并获取其他工程师及海内外工程服务使用者的认可，维护并提升学会的信誉及地位；②向公众和政府代表工程行业，提升学会的公共关系政策和公众形象；③推广提升工程的学科和应用，如吸引新团体加入团体会员，促进其专业发展，支持对团体科技发展带来的长期影响的研究。学会事务部包括 6 个委员会，都分别向学会事务部汇报，他们分别是认可人士①/注册结构工程师/注册岩土工程师委员会，会议委员会，公共服务委员会，持续专业进修委员会，学会会报委员会，建造事务争端解决委员会。会议委员会负责策划及组织各类学术会议；持续专业进修委员会致力于为会员提供非技术性的持续专业进修活动，帮助会员巩固和学习相关知识和技能，协助工程师提高个人价值，使公司的业绩进一步提升；学会会报委员会主要负责出版学会会报，旨在为海内外工程师群体提供一个优质的信息及专业知识交流的平台；建造事务争端解决委员会主要负责裁决、仲裁、调节或以任何其他方式解决争端，特别是与工程专业相关的争端。

　　资格及会员部主要有3项职能：①讲解并贯彻执行学会关于会员方面的政策；②建立和审查所有类别会员入会和转级的条例、流程和标准；③管理会员的入会和转级。资格及会员部共有5个委员会，均向资格及会员部汇报，他们分别是教育考试委员会、资深会员委员会、专业评核委员会、质量控制委员会、培训委员会。教育考试委员会负责制定个人学术资格考试的标准，并对个人学术资格进行评定；资深会员委员会主要负责建立和审查资深会员的入会和转级的政策条例等，并管理资深会员的入会和转级。

4. 分部及事务委员会

　　香港工程师学会设有21个专业界别（表4-3），有19个分部（表4-4）和4个事务委员会（表4-5）。符合各分部和事务委员会要求的会员可根据自己的领域或兴趣免费申请加入。

表4-3　香港工程师学会专业界别名称

英文	中文
Aircraft	航空
Building	建造
Chemical	化学
Control, Automation & Instrumentation	控制、自动化及仪器仪表
Electronics	电子
Energy	能源
Gas	燃气
Information	咨询

――――――――――

　　① 中国横琴官网颁布了香港《认可人士名册》建筑师名单，参考网址：http://www.hengqin.gov.cn/。

续表

英文	中文
Manufacturing & Industrial	工业及制造
Materials	材料
Structural	结构
Biomedical	生物医学
Building Services	屋宇装备
Civil	土木
Electrical	电机
Environment	环境
Fire	消防
Geotechnical	岩土
Logistics & Transportation	物流及运输
Marine & Naval Architecture	海事及船舶工程
Mechanical	机械

表 4-4　香港工程师学会分部名称

英文名称	中文名称
Aircraft Division	航空分部
Biomedical Division	生物医学分部
Building Division	建造分部
Building Services Division	屋宇装备分部
Civil Division	土木分部
Control, Automation & Instrumentation Division	控制、自动化及仪器仪表分部
Electrical Division	电机分部
Electronics Division	电子分部
Environmental Division	环境分部
Fire Division	消防分部
Gas & Energy Division	燃气及能源分部
Geotechnical Division	岩土分部
Information Technology Division	资讯科技分部
Logistics & Transportation Division	物流及运输分部
Manufacturing & Industrial Division	制造及工业分部
Materials Division	材料分部

表4-5　香港工程师学会事务委员会名称

英文	中文
Associate Members Committee	副会员事务委员会
Safety Specialist Committee	安全工程专责事务委员会
Young Members Committee	青年会员事务委员会
Construction Dispute Resolution Committee	建造事务争端解决委员会

为了加强香港工程师学会会员间，以及学会与相关学会之间的技术交流和探讨，分部和事务委员会会策划组织一些活动项目，比如出版相关专业的期刊和技术论文，组织小型会议、走访及大型论坛等。分部独立运营，会接受工程师学会的指导，并参与学会的一些活动，比如参与学会事务部的持续专业进修活动，提供多门进修课程。分部与香港工程师学会没有上下级的行政关系，但需每年向总部提交年度报告。事务委员会需要向学会事务部汇报，与学会事务部是上下级的行政关系。

4.9.1.3　会员体系

截至2020年6月，香港工程师学会的会员已超过34500名。学会涉及广泛的专业界别，其会员类型包括个人会员和公司会员，个人会员为主。公司会员有权参与学会治理。根据会员身份不同，会费额度也有差异。除荣誉会士以外，均需要交纳会费。会员级别的划分由理事会决定，没有明确的条例。香港工程师学会的会员划分非常细致，共分了9类级别，且设置了非香港特区居民的会员费。非香港特区居民如果希望能够与学会保持联系，订阅学会的期刊和年报，也可以申请成为会员，且会费有一定减免。超过15年以上入会历史的会员，会有很大幅度的会费减免。入会且持续缴费25年及以上，可对应获得90%减免；入会且持续缴费20～24年，对应获得60%减免；入会且持续缴费15～19年，对应获得30%减免，具体见表4-6。

表4-6　香港工程师学会会员构成

会员类型	香港特区居民会费	非香港特区居民会费	会员要求
荣誉会士（Honorary Fellow）	免会费	免会费	
会士（Fellow）	2900港币	1450港币	高级公司会员；年满35岁；在工程领域有高深造诣；在业内有代表性
普通会员（Member）	2050港币	1025港币	有资质的工程师；年满25岁；在相关专业领域获得可认证的学位或同等学力，参加过适当培训；有充足经验；成功通过学会的专业认证

续表

会员类型	香港特区居民会费	非香港特区居民会费	会员要求
毕业生会员（Graduate Member）	690 港币	345 港币	在工程技术领域中获得可认证的荣誉学位或同等荣誉；获得工程技术领域可认证的高等学位，高等资质、助理学位或同等学力；参加或已完成一项职业培训
副会员（Associate Member）	690 港币	345 港币	工程技师；年满 23 岁；获得工程技术领域的高等学位或同等学力，或通过学会高等职业认证；参加过职业培训；有一定工作经验；且通过学会评核面试。有高等学位的申请者需有 3 年以上工作经验，有高等职业认证的申请者需有 4 年以上工作经验
公司附属会员（Companion）	1650 港币	825 港币	非工程专业，但在公司担任工程类相关职业的人员
学生会员（25 岁及以上）（Student Member）	690 港币	免会费	参加或已完成该学会认证的工程专业项目，可以是关于工程类学历、高等学位或高等资质
学生会员（24 岁及以下）（Student Member）	200 港币	免会费	参加或已完成该学会认证的工程专业项目，可以是关于工程类学历、高等学位或高等资质
联系会员（Affiliate）	860 港币	430 港币	非工程行业，但对某工程领域感兴趣；或等待转级的会员

会员可享受的服务主要包括 7 个方面。

1. 专业社交网络

香港工程师学会的所有会员将会被列入会员通讯录，会员之间可以相互联系交流。学会设置有各式各样的兴趣小组，会员可以根据兴趣加入，如高尔夫小组、茶话会、主持人俱乐部等。

2. 继续教育和职业发展

香港工程师学会提供持续专业进修，帮助会员系统学习和拓展相关专业知识和技能，增强会员的个人价值。持续专业进修由不同活动组成，包括专业课程、演讲、论坛、大会、工作坊、工业区走访、网上学习及职业活动等。

3. 接受专业评核

香港工程师学会提供专业评核，举办专业界别的资历考试。会员可在学会官网上报名考试。工程师协会的专业评核已经与澳大利亚、加拿大、爱尔兰、新西兰及英国等多个国家签署了互认协议。通过学会认证的课程以及注册专业工程师在国际上都获得认可。

4. 获取期刊及年报

香港工程师学会出版的各类期刊及年报，会员均可免费在线阅读，订阅刊物也可享受优惠价。

5. 享有会员优惠福利

香港工程师学会会员在三家指定餐厅用餐时可享受餐费 8.5 折至 8 折优惠；通过香港管理协会进修或获取学位，可享受学费减免；在生活上的衣食住行等也享受多方面的优惠政策。

6. 获得香港工程师学会奖项

香港工程师学会设置 HKIE 荣誉会士、HKIE 金牌、HKIE 主席奖、年轻工程师年度奖项、奖学金、杰出工程界学生、年轻工程师 / 研究员优秀论文奖等多个奖项，香港工程师学会的会员可申请各类奖项。

7. 获得香港工程师学会慈善基金资助

香港工程师学会于 2014 年成立香港工程师学会慈善基金，基金持续对香港工程师学会满足资助条件的会员、前会员及其家庭成员提供经济资助。

4.9.1.4 财务状况分析

2017—2018 财年，香港工程师学会的财务状况保持持续增长的状态。截至 2018 年 3 月底，香港工程师学会净资产为 1.098 亿港币，相比 2017 年同期增长了 390 万港币。在整个财年中，学会总收入约为 6770 万港币，除去一笔 140 万港币的专项捐款，相比 2017 年同期增长了 4.4%。学会的主要收入来源为会员费、专业评核费及培训费，这三项占总收入的 67.5%（图 4-4）。除去抵押贷款利息外，学会总开销约 6360 万港币（图 4-5），比 2017 年同期增加 8.9%。

	港币（$）	占比
会费	34677098	51.20%
入会费和转级费	1179415	1.74%
培训费	3345300	4.94%
申请及评定费	2271837	3.35%
管理费	2353083	3.47%
专业评核收入	3313680	4.89%
会议收入	1791253	2.64%
持续专业进修	218001	0.32%
捐款	1449961	2.14%
分委会收入	15201084	22.44%
其他会议收入①	1616085	2.39%
其他收入②	309362	0.46%
	67726159	100.00%

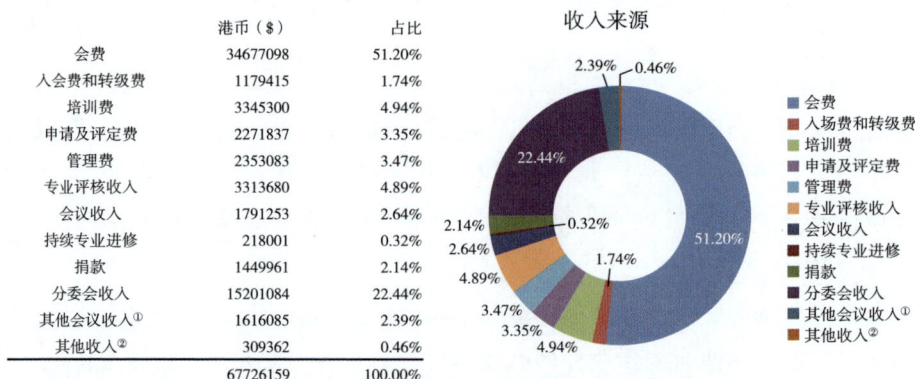

① 其他会议收入主要包括香港工程师学会创意嘉年华2017（HKIE Fiesta2017）、香港工程师学会音乐会2017（HKIE Concert2017）、大湾区会议（Conference on Greater Bay Area）和卓越工程师讲座系列（Distinguished Lectures）等活动的收入。
② 其他收入包括利率、APEC工程师注册费、国际工程师协议注册费、国际工程技术协议注册费等。

图 4-4 收入来源

	港币($)	占比
人力支出	26112086	40.92%
管理支出	7066752	11.07%
会员支出	1327856	2.08%
评核支出	2851763	4.47%
出版支出	2465812	3.86%
会议支出	4283283	6.71%
分委会支出	15004634	23.51%
外事工作支出	952339	1.49%
法务及其他专业费	420354	0.66%
设备费用	104470	0.16%
香港工程师学会奖金及学生奖学金支出	296453	0.46%
财务支出	175769	0.28%
其他会议支出①	2617095	4.10%
其他支出②	133298	0.21%
	63811964	100.00%

开销去向

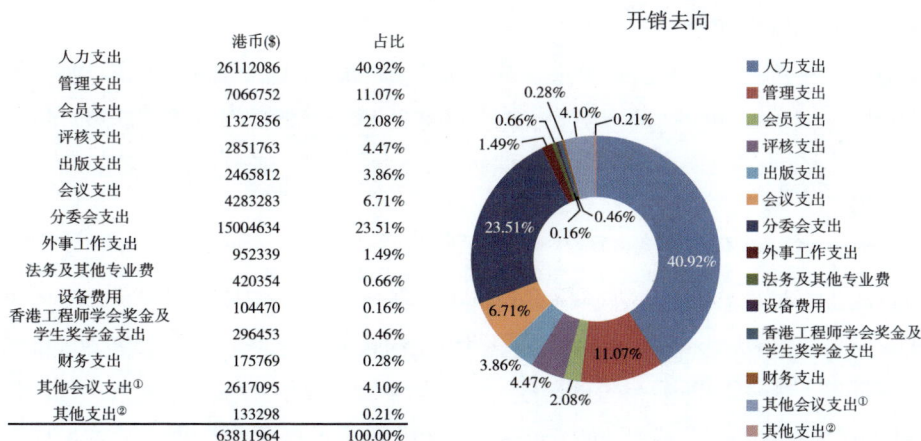

①其他会议支出包括香港工程师学会创意嘉年华2017（HKIE Fiesta2017）、大湾区会议（Conference on Greater Bay Area）、香港工程师学会音乐会2017（HKIE Concert2017）、香港工程师学会绘画及吉祥物命名比赛（HKIE Colouring & Moscot Naming Competition),职业能力评核预备会等活动的支出。

②其他支出包括APEC工程师支出、国际工程师协议支出、国际工程技术协议支出等。

图 4-5　开销去向

4.9.1.5　业务活动

作为香港工程界的专业组织，香港工程师学会更多地担负着促进香港特区工程行业的进步和发展的重任。学会秉承做工程行业里持续卓越者的宗旨，以推动工程专业发展，促进知识与思想的交流与碰撞；保持专业的高标准，提高工程师的职业水准为学会的使命，始终坚持"持续性、专业性、融合性、卓越性及不断进步性"的核心价值。在此核心价值的引领下，学会的活动主要包括以下几类。

1. 专业评核

香港工程师学会是香港特区唯一法定审定工程师资格的团体，工程师的职业资格评核属于学会重要任务之一。为了促进香港工程领域的发展，提高香港工程界专业人士的专业水平，香港工程师学会设立了系统的培训、专业进修、评核、认证流程，配有完善的准则和标准，并在官网上明确列出，以供查询。为配合专业评核方面的发展，学会以"能力为本"的模式制定了所有专业界别的目标训练，制定专业评核标准，设计工程毕业生培训计划，设置不同专业界别的资历考试，帮助工程师做好准备，迎接未来挑战。

2. 出版物与会议

香港工程师学会的出版物分为学会月刊、学会会刊、学会年鉴、学会年报，均可在线查阅，会员可免费线上浏览。其中，学会会刊与 Scopus 与 EI 合作，每期会刊会在两个国际期刊中进行收录。会刊使用 ScholarOne 投审稿系统，使投稿、同行审阅及传播变得更加高效。

学会每年定期举办的是香港工程师年度大会，在会上进行换届选举。同时，积极举办国际会议。由于学会的专业界别众多，学术会议通常由各个分部负责策划举办。主要形式有大型会议、论坛、小型研讨会、茶话会、晚宴、工作坊、公司拜访参观、展览等形式。

3. 建立国际联系

香港工程师学会通过参加国际会议、发起国际项目，与其他国家签署资质互认协议、学位互认协议，在国际项目中签署框架协议，承认香港工程师学会认可的工程师资质等，来争取国际上的话语权，提高国际认可度。学会积极响应中央号召，与中国内地保持紧密的联系，如与"一带一路"沿线国家联系，学会前往柬埔寨进行学术交流；与广东省科协及澳门工程师学会合作合办以"粤港澳大湾区工程领域的机遇与挑战"为主题的粤港澳大湾区会议，为粤港澳大湾区的发展规划创造合作机会。

4.9.2 香港医学会（Hong Kong Medical Association, HKMA）

4.9.2.1 学会发展历史

香港医学会前身是香港中华医学会，于 1920 年成立，1960 年在公司注册处注册成立为担保有限公司[①]。学会会聚了在港的会员医生，目的是促进医疗界的福祉，提升市民健康水平。其宗旨为：

（1）维护及提高香港医学执业水平；

（2）在香港所有注册医生中，不论种族、肤色或信仰，培养友好的专业及社交关系。

香港医学会是亚洲及大洋洲医学联会会员、世界医学会会员、香港医学组织联会创会会员、香港专业联盟创会会员。

香港医学会共有超过 12000 名会员，主要由公营及私营医生的个人会员组成。学会的主要活动包括成立并管理《香港医生网》，收录香港注册西医医生，类似通讯录，并对外界开放，方便市民联系医生；建立关怀社群，凝聚会员和政府及非政府机构的力量，完善社区网络，帮助弱势群体，救助医患，提高市民健康；提供持续医学进修项目，促进医学专业进步，增进会员间的交流合作；以丰富的形式进行

---

① 信息来源：香港医学会官方网站，https://www.thkma.org/。

科学传播，对公众进行健康教育；服务社区，开展社区健康医学堂、社区老人健康医学堂等公益项目；发布期刊等。

4.9.2.2　治理结构

香港医学会的会董会和秘书处是最高决策和管理机构，是学会的核心部门。医学会会董会下设四个分部：常设委员会、转则委员会、香港医学会于法定机构及委员会代表、香港医学会在非法定组织及其他专业团体代表。香港医学会内部管理架构见图 4-6。

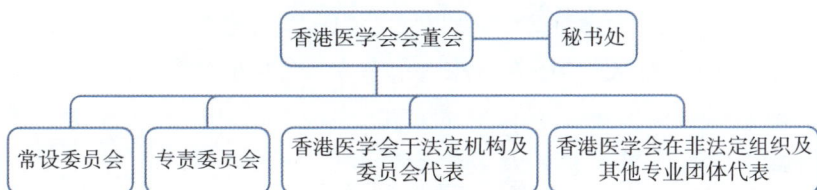

图 4-6　香港医学会内部管理架构

1. 会董会

会董会由 1 名会长，前任会长，1 名副会长，1 名义务秘书，1 名义务司库，1 名立法会议员，12 名会董，1 名义务核数师，以及 6 位义务法律顾问组成。会董会的成员均由专业人员构成，如职业医生和职业律师。

2. 秘书处

秘书处是学会的行政管理机构，分管学会的财务、项目、会计、行政等方面的工作内容。

3. 常设委员会

常设委员会是香港医学会的固定组织，不会因临时事件发生变动。常设委员会共有 28 个，分管学会的不同任务。其中，会董会的会长和义务秘书是各委员会的当然委员。这 28 个委员会包括：①传染病顾问委员会；②精神科药物咨询委员会；③周年晚会筹备委员会；④合唱团委员会；⑤生命晚期治疗委员会；⑥推广器官捐赠委员会；⑦病人阻止联络委员会；⑧香港医学会社区网络中央协调工作小组；⑨社区服务委员会；⑩投诉及调解委员会；⑪持续医学进修委员会；⑫医务道德委员会；⑬财务委员会；⑭健康教育委员会；⑮会所管理委员会；⑯资讯科技委员会；⑰国际事务委员会；⑱医疗保障计划管理委员会；⑲人力事务委员会；⑳会员服务委员会；㉑国家事务委员会；㉒会讯出版委员会；㉓管弦乐团委员会；㉔公共关系及公共事务委员会；㉕康乐及文化委员会；㉖体育活动委员会；

㉗ 青年委员会；㉘ 医疗人力咨询委员会。

4. 专责委员会

专责委员会主要根据学会的项目机动组成，会根据不同时间学会的项目变化而发生变化。专责委员会共有 12 个，分别是：①进阶心脏科持续医学进修活动专责委员会；②香港医学会 100 年周年庆组织委员会；③日间肠胃内视镜中心标准研讨专责委员会；④糖尿病性肾病专责委员会；⑤社区关注及管理认知障碍症专责委员会；⑥关注受私营医疗机构条例影响的洗肾中心转专责委员会；⑦全禁电子烟专责委员会；⑧推广健康运动专责委员会；⑨精神健康专责委员会；⑩公私营协作计划委员会；⑪普通科门诊公私营协作计划专责小组；⑫促进防疫注射服务公私营融合专责委员会。会董会的会长和义务秘书为所有委员会和小组的当然成员，通常会担任委员会的联席主席。

5. 香港医学会于法定机构及委员会代表

香港医学会于法定机构及委员会代表是指香港医学会在辅助医疗业管理局管辖的各委员会中的代表，向香港医学会会董会汇报。辅助医疗业管理局是 1981 年根据《香港法例》第 359 章《辅助医疗业条例》成立的组织，主要为 5 类专业人士提供注册和纪律监管服务，他们是医务化验师、职业治疗师、视光师、物理治疗师、放射技师。委员会由医务化验师管理委员会、职业治疗师管理委员会、视光师管理委员会、物理治疗师管理委员会及放射技师管理委员会组成。

6. 香港医学会在非法定组织及其他专业团体代表

香港医学会在非法定组织及其他专业团体代表是指香港医学会在非法定医疗方面的机构或其他领域的法定机构中的代表，包括建设健康九龙城协会有限公司、音乐版税关注小组、香港视光师管理委员会、运动科学与物理教育署等 40 个组织。他们均向会董会汇报。

4.9.2.3 会员体系

截至 2019 年 2 月底，香港医学会共有 12087 个会员，会员级别分类细致，共分 7 类会员。其中，普通会员共有 9627 名，占总会员数的 80%。比例示意图见图 4-7。

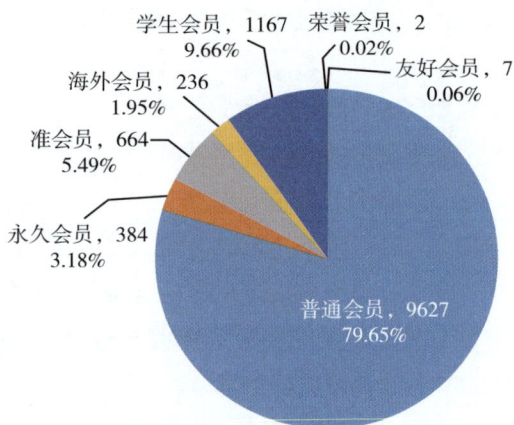

图 4-7 香港医学会会员结构

学生会员，1167
9.66%
荣誉会员，2
0.02%
友好会员，7
0.06%
海外会员，236
1.95%
准会员，664
5.49%
永久会员，384
3.18%
普通会员，9627
79.65%

会员可享受的服务如下。

1. 接受持续医学进修

为发展香港医学，提高学医人士的专业水平，使香港各区会员学习最新的医学资讯和科技发展，创造社区的健康环境，香港医学会为会员提供持续医学进修课程。持续课程分为线下授课和网上直播授课，会员可自行选择。

2. 香港医生注册认证

香港医学会会员可申请香港执业医师注册，获得正式注册执业证的医生可担任香港私立医生，具有独立为患者看病的资格。

3. 订阅香港医学会的电子刊物

香港医学会的会员可免费订阅香港医学会会讯，持续医学进修专讯，以及学会的年报及财务报告。

4.9.2.4　财务状况分析

2018—2019 财年，香港医学会的财务状况保持增长的状态。截至 2019 年 2 月底，香港医学会总收入为 1030 万港币，相比 2016—2017 财年，增长了 796 万港币。学会的主要收入来源为金融资产运营，包括从特别基金中转拨的认购费用、可用于买卖的金融资产的买卖和分红、投资产业的租金、管理费等，这部分资金占总收入的 83%。

4.9.2.5　主要业务活动

香港医学会的箴言是维护民康，旨在促进医疗界的福祉及提升市民的健康水平。香港医学会的主要业务活动如下。

1. 建立医生—患者沟通网络

香港医学会成立香港医生网，收录香港注册西医执业医师的网页，提供医生职业有关的基本资料，如注册科室及联系方式等，以方便市民接触适合的医生。

2. 提供社团关怀服务

为应对突发传染病、突发自然灾害等情况，香港医学会成立不同的社团关怀小组，并在香港四区成立了 9 个社区网络。香港医学会社区网络于 2003 年"非典"暴发期间成立，香港医学会联手医院管理局、卫生署、民政事务局、民政事务署、教育局及各非政府组织共同完善社区网络的发展，主要活动内容包括举办持续医学进修课程、促进公私营协作计划、推广公众健康教育，提升市民健康水平。2014 年成立社区服务委员会，帮助社会上的弱势群体，包括智障人士、肢体残疾人士、患有认知障碍症的长者及贫困学生等。倡导器官捐赠，在香港公司注册处注册成立香港医学会慈善基金会，以助于组织医生及医疗人员参与各种活动，推动医学和各专业医疗卫生的发展，出版印刷品，传播医学专业知识和技术，推动香港医学的教育，帮助弱势群体。

3. 提供持续教育进修

香港医学会为会员及社区提供持续教育进修，并设立了香港医学会持续教育进修网上课程，使会员在忙碌的生活中仍然有机会可以参加课程。持续进修课程仅为会员提供，且有效期通常为 1 个月，参与课程的会员需要在有效期内完成学习。

4. 参与公众健康教育

香港医学会利用电台、网络等对公众进行健康教育，并积极组织各种活动，如抗毒活动、健步 8000 大行动、推广公筷公勺、科学饮食、酒后驾驶知多少等。

4.9.3　香港科学会（Hong Kong Institution of Science, HKIS）

4.9.3.1　学会发展历史

香港科学会成立于 1992 年，在香港公司注册处注册为担保有限公司。香港科学会旨在促进香港科学的发展，加强中国和海外科学界的联系。学会共有近 400 名成员，涵盖物理科学、生命科学、工程科学和数学等领域。对香港的科学创新和技术的发展给予大力支持[1]。

香港科学会的主要宗旨与活动为：①增进公众科学文化知识；②促进公众对前沿科技知识的了解和应用；③推动和发展在基础科学和应用科学领域教育、培训和研究的发展和应用；④支持全球教育机构、政府和产业部门在科学领域的交流与合作；⑤通过策划组织培训课程、讨论会、论坛、展览、节目录制等，传播科学知识；⑥为促进科学发展作出优异贡献的个人颁发奖项、奖学金等；⑦组织竞赛等活动，促进科学发明创新、科学研究的发展；⑧提供科研基金和资金，促进技术创新和科学进步；⑨为地方、区域及全球的人们提供科学交流的平台。

4.9.3.2　治理结构

香港科学会的管理主体是理事会，执行委员会负责管理学会的日常事务。理事会共有 23 人，均为香港各大学的教授或博士。执行委员会的 10 名委员从理事会中选出。

4.9.3.3　会员体系

科学会的会员分为三个级别：会士、普通会员和学生会员。香港科学会会员构

---

[1] 信息来源：香港科学会官方网站，http://www.science.org.hk/。

成见表 4-7。

表 4-7　香港科学会会员构成

会员等级	会费	入会要求
会士	一次性缴纳 2600 港币	对科学技术的发展、研究或创新作出卓越贡献。会士由理事会按章程规定选出
普通会员	300 港币 1 年。交 1600 港币可延续 6 年会员	在香港特区工作或生活，科学领域的博士学位，对传播科学知识有贡献
学生会员	50 港币 1 年	科学领域相关专业在读全日制研究生

4.9.3.4　主要业务活动

1. 组织学术活动

香港科学会通过组织一系列的学术交流活动，促进科学领域的人士、产业部门、政府、非政府组织的交流与合作，包括组织香港科学会年会，成立科研课题等。在香港科学会年会上，会有学术演讲、颁奖、换届选举（只有会员可以参加）等活动。

2. 颁发奖项

香港科学会为优秀的青年科学工作者颁发青年科学家奖。每年 7 月底截止申报，当年 12 月在香港科学会年会上颁布获奖者名单。青年科学家奖共分三个领域：物理 / 数学科学、生命科学及工程科学。每个领域评选出一个获奖者和一个优秀奖。获奖者可获得 10000 美元的现金奖励，优秀奖可获得 5000 美元的现金奖励和一张证书。其他提名者可获得一张证书。

主要参考文献

[1] Lam W F, Perry J L.The Role of the Nonprofit Sector in Hong Kong's Development [J]. Voluntas International Journal of Voluntary & Nonprofit Organizations, 2000，11（4）：355-373.

[2] Lee E W Y. Nonprofit Development in Hong Kong: The Case of a Statist-Corporatist Regime [J]. Voluntas，2005，16（1）：51-68.

[3] 范丽珠. 全球化下的社会变迁与非政府组织 [M]. 上海：上海人民出版社，2003.

[4] 张少强，崔志晖. 香港后工业年代的生活故事 [M] 香港：三联书店（香港）有限公司，2015.

［5］思汇政策研究所. 三方合作研究：本地研究及参与［EB/OL］.［2021-01-22］. https://
www.pico.gov.hk/doc/tc/research_reports/Local%20Research%20and%20Engagement%20
（Chi）.

［6］邓伟平，张竣宇. 论香港立法会功能界别选举制度的合理性及发展前景［J］. 当代
港澳研究，2016.

［7］刘力. 香港非营利组织在内地活动合法性的法律适用问题［J］. 法学评论，2012.

［8］徐嫣. 对有关"社团式香港公司"内地活动监管问题的思考［J］. 中国社会组织，
2010.

［9］选举事务处. 申请登记为功能界别选民及选举委员会界别分组投票人资讯科技界
［EB/OL］.［2021-01-22］. https://www.reo.gov.hk/pdf/gn/it_c.

［10］杨兰. 香港、台湾、新加坡之非政府组织与政府关系的比较研究［D］. 上海：复
旦大学，2008.

［11］杨伟国，雷珂，张慧云. 中国香港社会保障政策的变迁及启示［J］. 北京航空航天
大学学报（社会科学版），2016，29（4）：1-7.